机 械 设 计 手 册

第6版

单行本

微机电系统及设计

主　编　闻邦椿
副主编　鄂中凯　张义民　陈良玉　孙志礼
　　　　宋锦春　柳洪义　巩亚东　宋桂秋

机 械 工 业 出 版 社

《机械设计手册》第6版 单行本共26分册，内容涵盖机械常规设计、机电一体化设计与机电控制、现代设计方法及其应用等内容，具有系统全面、信息量大、内容现代、突显创新、实用可靠、简明便查、便于携带和翻阅等特色。各分册分别为：《常用设计资料和数据》《机械制图与机械零部件精度设计》《机械零部件结构设计》《连接与紧固》《带传动和链传动 摩擦轮传动与螺旋传动》《齿轮传动》《减速器和变速器》《机构设计》《轴 弹簧》《滚动轴承》《联轴器、离合器与制动器》《起重运输机械零部件和操作件》《机架、箱体与导轨》《润滑 密封》《气压传动与控制》《机电一体化技术及设计》《机电系统控制》《机器人与机器人装备》《数控技术》《微机电系统及设计》《机械系统概念设计》《机械系统的振动设计及噪声控制》《疲劳强度设计 机械可靠性设计》《数字化设计》《工业设计与人机工程》《智能设计 仿生机械设计》。

本单行本为《微机电系统及设计》，主要介绍了微机电系统概述、微机电系统制造、微机电系统设计、微机电系统实例等内容。

本书供从事机械设计、制造、维修及有关工程技术人员作为工具书使用，也可供大专院校的有关专业师生使用和参考。

图书在版编目（CIP）数据

机械设计手册. 微机电系统及设计/闻邦椿主编. —6版. —北京：机械工业出版社，2020.4（2025.1重印）

ISBN 978-7-111-64897-0

Ⅰ.①机… Ⅱ.①闻… Ⅲ.①机械设计-技术手册②微电机-系统设计-技术手册 Ⅳ.①TH122-62②TM380.2-62

中国版本图书馆CIP数据核字（2020）第034474号

机械工业出版社（北京市百万庄大街22号 邮政编码100037）
策划编辑：曲彩云 责任编辑：曲彩云 高依楠
责任校对：徐 强 封面设计：马精明
责任印制：常天培
固安县铭成印刷有限公司印刷
2025年1月第6版第2次印刷
184mm×260mm · 9.75印张 · 239千字
标准书号：ISBN 978-7-111-64897-0
定价：39.00元

电话服务	网络服务
客服电话：010-88361066	机 工 官 网：www.cmpbook.com
010-88379833	机 工 官 博：weibo.com/cmp1952
010-68326294	金 书 网：www.golden-book.com
封底无防伪标均为盗版	机工教育服务网：www.cmpedu.com

出版说明

《机械设计手册》自出版以来，已经进行了5次修订，2018年第6版出版发行。截至2019年，《机械设计手册》累计发行39万套。作为国家级重点科技图书，《机械设计手册》深受广大读者的欢迎和好评，在全国具有很大的影响力。该书曾获得中国出版政府奖提名奖、中国机械工业科学技术奖一等奖、全国优秀科技图书奖二等奖、中国机械工业部科技进步奖二等奖，并多次获得全国优秀畅销书奖等奖项。《机械设计手册》已成为机械设计领域的品牌产品，是机械工程领域最具权威和影响力的大型工具书之一。

《机械设计手册》第6版共7卷55篇，是在前5版的基础上吸收并总结了国内外机械工程设计领域中的新标准、新材料、新工艺、新结构、新技术、新产品、新的设计理论与方法，并配合我国创新驱动战略的需求编写而成的。与前5版相比，第6版无论是从体系还是内容，都在传承的基础上进行了创新。重点充实了机电一体化系统设计、机电控制与信息技术、现代机械设计理论与方法等现代机械设计的最新内容，将常规设计方法与现代设计方法相融合，光、机、电设计融为一体，局部的零部件设计与系统化设计互相衔接，并努力将创新设计的理念贯穿其中。《机械设计手册》第6版体现了国内外机械设计发展的新水平，精心诠释了常规与现代机械设计的内涵、全面荟萃凝练了机械设计各专业技术的精华，它将引领现代机械设计创新潮流、成就新一代机械设计大师，为我国实现装备制造强国梦做出重大贡献。

《机械设计手册》第6版的主要特色是：体系新颖、系统全面、信息量大、内容现代、突显创新、实用可靠、简明便查。应该特别指出的是，第6版手册具有较高的科技含量和大量技术创新性的内容。手册中的许多内容都是编著者多年研究成果的科学总结。这些内容中有不少依托国家“863计划”“973计划”“985工程”“国家科技重大专项”“国家自然科学基金”重大、重点和面上项目资助项目。相关项目有不少成果曾获得国际、国家、部委、省市科技奖励、技术专利。这充分体现了手册内容的重大科学价值与创新性。如仿生机械设计、激光及其在机械工程中的应用、绿色设计与和谐设计、微机电系统及设计等前沿新技术；又如产品综合设计理论与方法是闻邦椿院士在国际上首先提出，并综合8部专著后首次编入手册，该方法已经在高铁、动车及离心压缩机等机械工程中成功应用，获得了巨大的社会效益和经济效益。

在《机械设计手册》历次修订的过程中，出版社和作者都广泛征求和听取各方面的意见，广大读者在对《机械设计手册》给予充分肯定的同时，也指出《机械设计手册》卷册厚重，不便携带，希望能出版篇幅较小、针对性强、便查便携的更加实用的单行本。为满足读者的需要，机械工业出版社于2007年首次推出了《机械设计手册》第4版单行本。该单行本出版后很快受到读者的欢迎和好评。《机械设计手册》第6版已经面市，为了使读者能按需要、有针对性地选用《机械设计手册》第6版中的相关内容并降低购书费用，机械工业出版社在总结《机械设计手册》前几版单行本经验的基础上推出了《机械设计手册》第6版单行本。

《机械设计手册》第6版单行本保持了《机械设计手册》第6版（7卷本）的优势和特色，依据机械设计的实际情况和机械设计专业的具体情况以及手册各篇内容的相关性，将原手册的7卷55篇进行精选、合并，重新整合为26个分册，分别为：《常用设计资料和数据》《机械制图与机械零部件精度设计》《机械零部件结构设计》《连接与紧固》《带传动和链传动　摩擦轮传动与螺旋传动》《齿轮传动》《减速器和变速器》《机构设计》《轴　弹簧》《滚动轴承》《联轴器、离合器与制动器》《起重运输机械零部件和操作件》《机架、箱体与导轨》《润滑　密封》《气压传动与控制》《机电一体化技术及设计》《机电系统控制》《机器人与机器人装备》《数控技术》《微机电系统及设计》《机械系统概念设计》《机械系统的振动设计及噪声控制》《疲劳强度设计　机械可靠性设计》《数字化设计》《工业设计与人机工程》《智能设计　仿生机械设计》。各分册内容针对性强、篇幅适中、查阅和携带方便，读者可根据需要灵活选用。

《机械设计手册》第6版单行本是为了助力我国制造业转型升级、经济发展从高增长迈向高质量，满足广大读者的需要而编辑出版的，它将与《机械设计手册》第6版（7卷本）一起，成为机械设计人员、工程技术人员得心应手的工具书，成为广大读者的良师益友。

由于工作量大、水平有限，难免有一些错误和不妥之处，殷切希望广大读者给予指正。

机械工业出版社

前　言

本版手册为新出版的第6版7卷本《机械设计手册》。由于科学技术的快速发展，需要我们对手册内容进行更新，增加新的科技内容，以满足广大读者的迫切需要。

《机械设计手册》自1991年面世发行以来，历经5次修订，截至2016年已累计发行38万套。作为国家级重点科技图书的《机械设计手册》，深受社会各界的重视和好评，在全国具有很大的影响力，该手册曾获得全国优秀科技图书奖二等奖（1995年）、中国机械工业部科技进步奖二等奖（1997年）、中国机械工业科学技术奖一等奖（2011年）、中国出版政府奖提名奖（2013年），并多次获得全国优秀畅销书奖等奖项。1994年，《机械设计手册》曾在我国台湾建宏出版社出版发行，并在海内外产生了广泛的影响。《机械设计手册》荣获的一系列国家和部级奖项表明，其具有很高的科学价值、实用价值和文化价值。《机械设计手册》已成为机械设计领域的一部大型品牌工具书，已成为机械工程领域权威的和影响力较大的大型工具书，长期以来，它为我国装备制造业的发展做出了巨大贡献。

第5版《机械设计手册》出版发行至今已有7年时间，这期间我国国民经济有了很大发展，国家制定了《国家创新驱动发展战略纲要》，其中把创新驱动发展作为了国家的优先战略。因此，《机械设计手册》第6版修订工作的指导思想除努力贯彻"科学性、先进性、创新性、实用性、可靠性"外，更加突出了"创新性"，以全力配合我国"创新驱动发展战略"的重大需求，为实现我国建设创新型国家和科技强国梦做出贡献。

在本版手册的修订过程中，广泛调研了厂矿企业、设计院、科研院所和高等院校等多方面的使用情况和意见。对机械设计的基础内容、经典内容和传统内容，从取材、产品及其零部件的设计方法与计算流程、设计实例等多方面进行了深入系统的整合，同时，还全面总结了当前国内外机械设计的新理论、新方法、新材料、新工艺、新结构、新产品和新技术，特别是在现代设计与创新设计理论与方法、机电一体化及机械系统控制技术等方面做了系统和全面的论述和凝练。相信本版手册会以崭新的面貌展现在广大读者面前，它将对提高我国机械产品的设计水平、推进新产品的研究与开发、老产品的改造，以及产品的引进、消化、吸收和再创新，进而促进我国由制造大国向制造强国跃升，发挥出巨大的作用。

本版手册分为7卷55篇：第1卷　机械设计基础资料；第2卷　机械零部件设计（连接、紧固与传动）；第3卷　机械零部件设计（轴系、支承与其他）；第4卷　流体传动与控制；第5卷　机电一体化与控制技术；第6卷　现代设计与创新设计（一）；第7卷　现代设计与创新设计（二）。

本版手册有以下七大特点：

一、构建新体系

构建了科学、先进、实用、适应现代机械设计创新潮流的《机械设计手册》新结构体系。该体系层次为：机械基础、常规设计、机电一体化设计与控制技术、现代设计与创新设计方法。该体系的特点是：常规设计方法与现代设计方法互相融合，光、机、电设计融为一体，局部的零部件设计与系统化设计互相衔接，并努力将创新设计的理念贯穿于常规设计与现代设计之中。

二、凸显创新性

习近平总书记在2014年6月和2016年5月召开的中国科学院、中国工程院两院院士大会上分别提出了我国科技发展的方向就是“创新、创新、再创新”，以及实现创新型国家和科技强国的三个阶段的目标和五项具体工作。为了配合我国创新驱动发展战略的重大需求，本版手册突出了机械创新设计内容的编写，主要有以下几个方面：

（1）新增第7卷，重点介绍了创新设计及与创新设计有关的内容。

该卷主要内容有：机械创新设计概论，创新设计方法论，顶层设计原理、方法与应用，创新原理、思维、方法与应用，绿色设计与和谐设计，智能设计，仿生机械设计，互联网上的合作设计，工业通信网络，面向机械工程领域的大数据、云计算与物联网技术，3D打印设计与制造技术，系统化设计理论与方法。

（2）在一些篇章编入了创新设计和多种典型机械创新设计的内容。

“第11篇 机构设计”篇新增加了“机构创新设计”一章，该章编入了机构创新设计的原理、方法及飞剪机剪切机构创新设计，大型空间折展机构创新设计等多个创新设计的案例。典型机械的创新设计有大型全断面掘进机（盾构机）仿真分析与数字化设计、机器人挖掘机的机电一体化创新设计、节能抽油机的创新设计、产品包装生产线的机构方案创新设计等。

（3）编入了一大批典型的创新机械产品。

“机械无级变速器”一章中编入了新型金属带式无级变速器，“并联机构的设计与应用”一章中编入了数十个新型的并联机床产品，“振动的利用”一章中新编入了激振器偏移式自同步振动筛、惯性共振式振动筛、振动压路机等十多个典型的创新机械产品。这些产品有的获得了国家或省部级奖励，有的是专利产品。

（4）编入了机械设计理论和设计方法论等方面的创新研究成果。

1）闻邦椿院士团队经过长期研究，在国际上首先创建了振动利用工程学科，提出了该类机械设计理论和方法。本版手册中编入了相关内容和实例。

2）根据多年的研究，提出了以非线性动力学理论为基础的深层次的动态设计理论与方法。本版手册首次编入了该方法并列举了若干应用范例。

3）首先提出了和谐设计的新概念和新内容，阐明了自然环境、社会环境（政治环境、经济环境、人文环境、国际环境、国内环境）、技术环境、资金环境、法律环境下的产品和谐设计的概念和内容的新体系，把既有的绿色设计篇拓展为绿色设计与和谐设计篇。

4）全面系统地阐述了产品系统化设计的理论和方法，提出了产品设计的总体目标、广义目标和技术目标的内涵，提出了应该用IQCTES六项设计要求来代替QCTES五项要求，详细阐明了设计的四个理想步骤，即“3I调研”“7D规划”“1+3+X实施”“5（A+C）检验”，明确提出了产品系统化设计的基本内容是主辅功能、三大性能和特殊性能要求的具体实现。

5）本版手册引入了闻邦椿院士经过长期实践总结出的独特的、科学的创新设计方法论体系和规则，用来指导产品设计，并提出了创新设计方法论的运用可向智能化方向发展，即采用专家系统来完成。

三、坚持科学性

手册的科学水平是评价手册编写质量的重要方面，因此，本版手册特别强调突出内容的科学性。

（1）本版手册努力贯彻科学发展观及科学方法论的指导思想和方法，并将其落实到手册内容的编写中，特别是在产品设计理论方法的和谐设计、深层次设计及系统化设计的编写中。

（2）本版手册中的许多内容是编著者多年研究成果的科学总结。这些内容中有不少是国家863、973计划项目，国家科技重大专项，国家自然科学基金重大、重点和面上项目资助项目的研究成果，有不少成果曾获得国际、国家、部委、省市科技奖励及技术专利，充分体现了本版手册内容的重大科学价值与创新性。

下面简要介绍本版手册编入的几方面的重要研究成果：

1）振动利用工程新学科是闻邦椿院士团队经过长期研究在国际上首先创建的。本版手册中编入了振动利用机械的设计理论、方法和范例。

2）产品系统化设计理论与方法的体系和内容是闻邦椿院士团队提出并加以完善的，编写者依据多年的研究成果和系列专著，经综合整理后首次编入本版手册。

3）仿生机械设计是一门新兴的综合性交叉学科，近年来得到了快速发展，它为机械设计的创新提供了新思路、新理论和新方法。吉林大学任露泉院士领导的工程仿生教育部重点实验室开展了大量的深入研究工作，取得了一系列创新成果且出版了专著，据此并结合国内外大量较新的文献资料，为本版手册构建了仿生机械设计的新体系，编写了“仿生机械设计”篇（第50篇）。

4）激光及其在机械工程中的应用篇是中国科学院长春光学精密机械与物理研究所王立军院士依据多年的研究成果，并参考国内外大量较新的文献资料编写而成的。

5）绿色制造工程是国家确立的五项重大工程之一，绿色设计是绿色制造工程的最重要环节，是一个新的学科。合肥工业大学刘志峰教授依据在绿色设计方面获多项国家和省部级奖励的研究成果，参考国内外大量较新的文献资料为本版手册首次构建了绿色设计新体系，编写了“绿色设计与和谐设计”篇（第48篇）。

6）微机电系统及设计是前沿的新技术。东南大学黄庆安教授领导的微电子机械系统教育部重点实验室多年来开展了大量研究工作，取得了一系列创新研究成果，本版手册的“微机电系统及设计”篇（第28篇）就是依据这些成果和国内外大量较新的文献资料编写而成的。

四、重视先进性

（1）本版手册对机械基础设计和常规设计的内容做了大规模全面修订，编入了大量新标准、新材料、新结构、新工艺、新产品、新技术、新设计理论和计算方法等。

1）编入和更新了产品设计中需要的大量国家标准，仅机械工程材料篇就更新了标准126个，如GB/T 699—2015《优质碳素结构钢》和GB/T 3077—2015《合金结构钢》等。

2）在新材料方面，充实并完善了铝及铝合金、钛及钛合金、镁及镁合金等内容。这些材料由于具有优良的力学性能、物理性能以及回收率高等优点，目前广泛应用于航空、航天、高铁、计算机、通信元件、电子产品、纺织和印刷等行业。增加了国内外粉末冶金材料的新品种，如美国、德国和日本等国家的各种粉末冶金材料。充实了国内外工程塑料及复合材料的新品种。

3）新编的“机械零部件结构设计”篇（第4篇），依据11个结构设计方面的基本要求，编写了相应的内容，并编入了结构设计的评估体系和减速器结构设计、滚动轴承部件结构设计的示例。

4）按照GB/T 3480.1～3—2013（报批稿）、GB/T 10062.1～3—2003及ISO 6336—2006等新标准，重新构建了更加完善的渐开线圆柱齿轮传动和锥齿轮传动的设计计算新体系；按照初步确定尺寸的简化计算、简化疲劳强度校核计算、一般疲劳强度校核计算，编排了三种设计计算方法，以满足不同场合、不同要求的齿轮设计。

5）在“第4卷　流体传动与控制”卷中，编入了一大批国内外知名品牌的新标准、新结构、新产品、新技术和新设计计算方法。在“液力传动”篇（第23篇）中新增加了液黏传动，它是一种新型的液力传动。

（2）“第5卷　机电一体化与控制技术”卷充实了智能控制及专家系统的内容，大篇幅增加了机器人与机器人装备的内容。

机器人是机电一体化特征最为显著的现代机械系统，机器人技术是智能制造的关键技术。由于智能制造的迅速发展，近年来机器人产业呈现出高速发展的态势。为此，本版手册大篇幅增加了“机器人与机器人装备”篇（第26篇）的内容。该篇从实用性的角度，编写了串联机器人、并联机器人、轮式机器人、机器人工装夹具及变位机；编入了机器人的驱动、控制、传感、视角和人工智能等共性技术；结合喷涂、搬运、电焊、冲压及压铸等工艺，介绍了机器人的典型应用实例；介绍了服务机器人技术的新进展。

（3）为了配合我国创新驱动战略的重大需求，本版手册扩大了创新设计的篇数，将原第6卷扩编为两卷，即新的“现代设计与创新设计（一）”（第6卷）和“现代设计与创新设计（二）”（第7卷）。前者保留了原第6卷的主要内容，后者编入了创新设计和与创新设计有关的内容及一些前沿的技术内容。

本版手册“现代设计与创新设计（一）”卷（第6卷）的重点内容和新增内容主要有：

1）在“现代设计理论与方法综述”篇（第32篇）中，简要介绍了机械制造技术发展总趋势、在国际上有影响的主要设计理论与方法、产品研究与开发的一般过程和关键技术、现代设计理论的发展和根据不同的设计目标对设计理论与方法的选用。闻邦椿院士在国内外首次按照系统工程原理，对产品的现代设计方法做了科学分类，克服了目前产品设计方法的论述缺乏系统性的不足。

2）新编了“数字化设计”篇（第40篇）。数字化设计是智能制造的重要手段，并呈现应用日益广泛、发展更加深刻的趋势。本篇编入了数字化技术及其相关技术、计算机图形学基础、产品的数字化建模、数字化仿真与分析、逆向工程与快速原型制造、协同设计、虚拟设计等内容，并编入了大型全断面掘进机（盾构机）的数字化仿真分析和数字化设计、摩托车逆向工程设计等多个实例。

3）新编了“试验优化设计”篇（第41篇）。试验是保证产品性能与质量的重要手段。本篇以新的视觉优化设计构建了试验设计的新体系、全新内容，主要包括正交试验、试验干扰控制、正交试验的结果分析、稳健试验设计、广义试验设计、回归设计、混料回归设计、试验优化分析及试验优化设计常用软件等。

4）将手册第5版的“造型设计与人机工程”篇改编为“工业设计与人机工程”篇（第42篇），引入了工业设计的相关理论及新的理念，主要有品牌设计与产品识别系统（PIS）设计、通用设计、交互设计、系统设计、服务设计等，并编入了机器人的产品系统设计分析及自行车的人机系统设计等典型案例。

（4）“现代设计与创新设计（二）”卷（第7卷）主要编入了创新设计和与创新设计有关的内容及一些前沿技术内容，其重点内容和新编内容有：

1）新编了“机械创新设计概论”篇（第44篇）。该篇主要编入了创新是我国科技和经济发展的重要战略、创新设计的发展与现状、创新设计的指导思想与目标、创新设计的内容与方法、创新设计的未来发展战略、创新设计方法论的体系和规则等。

2）新编了“创新设计方法论”篇（第45篇）。该篇为创新设计提供了正确的指导思想和方法，主要编入了创新设计方法论的体系、规则，创新设计的目的、要求、内容、步骤、程序及科学方法，创新设计工作者或团队的四项潜能，创新设计客观因素的影响及动态因素的作用，用科学哲学思想来统领创新设计工作，创新设计方法论的应用，创新设计方法论应用的智能化及专家系统，创新设计的关键因素及制约的因素分析等内容。

3）创新设计是提高机械产品竞争力的重要手段和方法，大力发展创新设计对我国国民经济发展具有重要的战略意义。为此，编写了“创新原理、思维、方法与应用”篇（第47篇）。除编入了创新思维、原理和方法，创新设计的基本理论和创新的系统化设计方法外，还编入了29种创新思维方法、30种创新技术、40种发明创造原理，列举了大量的应用范例，为引领机械创新设计做出了示范。

4）绿色设计是实现低资源消耗、低环境污染、低碳经济的保护环境和资源合理利用的重要技术政策。本版手册中编入了“绿色设计与和谐设计”篇（第48篇）。该篇系统地论述了绿色设计的概念、理论、方法及其关键技术。编者结合多年的研究实践，并参考了大量的国内外文献及较新的研究成果，首次构建了系统实用的绿色设计的完整体系，包括绿色材料选择、拆卸回收产品设计、包装设计、节能设计、绿色设计体系与评估方法，并给出了系列典型范例，这些对推动工程绿色设计的普遍实施具有重要的指引和示范作用。

5）仿生机械设计是一门新兴的综合性交叉学科，本版手册新编入了“仿生机械设计”篇（第50篇），包括仿生机械设计的原理、方法、步骤，仿生机械设计的生物模本，仿生机械形态与结构设计，仿生机械运动学设计，仿生机构设计，并结合仿生行走、飞行、游走、运动及生机电仿生手臂，编入了多个仿生机械设计范例。

6）第55篇为“系统化设计理论与方法”篇。装备制造机械产品的大型化、复杂化、信息化程度越来越高，对设计方法的科学性、全面性、深刻性、系统性提出的要求也越来越高，为了满足我国制造强国的重大需要，亟待创建一种能统领产品设计全局的先进设计方法。该方法已经在我国许多重要机械产品（如动车、大型离心压缩机等）中成功应用，并获得重大的社会效益和经济效益。本版手册对该系统化设计方法做了系统论述并给出了大型综合应用实例，相信该系统化设计方法对我国大型、复杂、现代化机械产品的设计具有重要的指导和示范作用。

7）本版手册第7卷还编入了与创新设计有关的其他多篇现代化设计方法及前沿新技术，包括顶层设计原理、方法与应用，智能设计，互联网上的合作设计，工业通信网络，面向机械工程领域的大数据、云计算与物联网技术，3D打印设计与制造技术等。

五、突出实用性

为了方便产品设计者使用和参考，本版手册对每种机械零部件和产品均给出了具体应用，并给出了选用方法或设计方法、设计步骤及应用范例，有的给出了零部件的生产企业，以加强实际设计的指导和应用。本版手册的编排尽量采用表格化、框图化等形式来表达产品设计所需要的内容和资料，使其更加简明、便查；对各种标准采用摘编、数据合并、改排和格式统一等方法进行改编，使其更为规范和便于读者使用。

六、保证可靠性

编入本版手册的资料尽可能取自原始资料，重要的资料均注明来源，以保证其可靠性。所有数据、公式、图表力求准确可靠，方法、工艺、技术力求成熟。所有材料、零部件、产品和工艺标准均采用新公布的标准资料，并且在编入时做到认真核对以避免差错。所有计算公式、计算参数和计算方法都经过长期检验，各种算例、设计实例均来自工程实际，并经过认真的计算，以确保可靠。本版手册编入的各种通用的及标准化的产品均说明其特点及适用情况，并注明生产厂家，供设计人员全面了解情况后选用。

七、保证高质量和权威性

本版手册主编单位东北大学是国家211、985重点大学、“重大机械关键设计制造共性技术”985创新平台建设单位、2011国家钢铁共性技术协同创新中心建设单位，建有“机械设计及理论国家重点学科”和“机械工程一级学科”。由东北大学机械及相关学科的老教授、老专家和中青年学术精英组成了实力强大的大型工具书编写团队骨干，以及一批来自国家重点高校、研究院所、大型企业等30多个单位、近200位专家、学者组成了高水平编审团队。编审团队成员的大多数都是所在领域的著名资深专家，他们具有深广的理论基础、丰富的机械设计工作经历、丰富的工具书编纂经验和执着的敬业精神，从而确保了本版手册的高质量和权威性。

在本版手册编写中，为便于协调，提高质量，加快编写进度，编审人员以东北大学的教师为主，并组织邀请了清华大学、上海交通大学、西安交通大学、浙江大学、哈尔滨工业大学、吉林大学、天津大学、华中科技大学、北京科技大学、大连理工大学、东南大学、同济大学、重庆大学、北京化工大学、南京航空航天大学、上海师范大学、合肥工业大学、大连交通大学、长安大学、西安建筑科技大学、沈阳工业大学、沈阳航空航天大学、沈阳建筑大学、沈阳理工大学、沈阳化工大学、重庆理工大学、中国科学院长春光学精密机械与物理研究所、中国科学院沈阳自动化研究所等单位的专家、学者参加。

在本版手册出版之际，特向著名机械专家、本手册创始人、第1版及第2版的主编徐灏教授致以崇高的敬意，向历次版本副主编邱宣怀教授、蔡春源教授、严隽琪教授、林忠钦教授、余俊教授、汪恺总工程师、周士昌教授致以崇高的敬意，向参加本手册历次版本的编写单位和人员表示衷心感谢，向在本手册历次版本的编写、出版过程中给予大力支持的单位和社会各界朋友们表示衷心感谢，特别感谢机械科学研究总院、郑州机械研究所、徐州工程机械集团公司、北方重工集团沈阳重型机械集团有限责任公司和沈阳矿山机械集团有限责任公司、沈阳机床集团有限责任公司、沈阳鼓风机集团有限责任公司及辽宁省标准研究院等单位的大力支持。

由于编者水平有限，手册中难免有一些不尽如人意之处，殷切希望广大读者批评指正。

主编　闻邦椿

目　录

第28篇　微机电系统及设计

第1章　微机电系统概述

第2章　微机电系统制造

第3章 微机电系统设计

第4章 微机电系统实例

第 28 篇　微机电系统及设计

主　编　黄庆安
编写人　黄庆安　周再发　宋竞　聂萌
审稿人　刘　杰

第5版
微机电系统及设计

主　编　黄庆安
编写人　黄庆安　周再发　宋　竞　聂　萌
审稿人　刘　杰

第 1 章　微机电系统概述

1　基本概念

微机电系统（MEMS）是指可以批量制造的、集微传感器、微执行器、微结构以及信号处理和控制电路等于一体的器件或系统。在美国称为 micro electro mechanical systems（缩写 MEMS，译为微机电系统或微电子机械系统），在欧洲称为 micro system technology（缩写 MST，译为微系统技术），在日本称为 micro machine（译为微机器）。在世界范围内，“微机电系统”已被广泛接受。

1.1　微传感器

微传感器是将非电信号转换为电信号的微型器件，如压力传感器将压力信号转换为电信号。微传感器的主要性能见表 28.1-1。

表 28.1-1　微传感器主要性能

性　　能	定义及说明
灵敏度	灵敏度定义为输出变化量与输入变化量之间的比值。必须注意，灵敏度可能是输入激励幅值和频率、温度、偏置以及其他变量的函数。当使用电信号放大时，一定要注意区分信号放大前和放大后的灵敏度值
线性度	如果输出信号随着输入信号的变化成比例地变化，那么就说响应是线性的。线性的响应可以降低信号处理电路的复杂度
响应特性	响应特性包括精度、分辨率或测量极限。它表明了微传感器能够有效测量出来的最小输入信号的大小，它通常受传感器元件和电路的噪声限制
信噪比	信噪比(SNR)表示信号幅值与噪声幅值之间的比值
动态范围	动态范围是指可测得的最高信号水平和最低信号水平之间的比值。在很多应用中都要求有较大的动态范围
带宽	对于常量和时变信号，微传感器会有不同的响应。通常，微传感器很难响应频率非常高的信号。有效响应的频率范围称为带宽
漂移	由于材料的机械和电学性质会随时间发生变化，故传感器的响应特性就会发生漂移。漂移较大的微传感器不能有效地测量缓慢变化的信号，如检测结构的应力随时间的变化
可靠性	微传感器的性能会随时间发生改变，特别是在恶劣的环境条件下。军用微传感器必须满足军用标准。这类用途的微传感器要求在比较大的温度范围内(-55~105℃)达到规定的可靠性和可信度。目前许多工业领域已经建立了很多微传感器使用指南和标准
串扰和干扰	用来测量某一变量的微传感器可能对另一变量也敏感。例如，应变微传感器可能对温度和湿度具有一定的灵敏度。用于测量某一特定方向加速度的加速度微传感器，可能会对垂直方向的加速度产生一定的响应。在实际应用中，需要将微传感器的交叉敏感性降低到最低

1.2　微执行器和微结构

微执行器是用来移动或控制物体的微型机械器件，如静电执行器将静电力转变为机械动作。微执行器的主要性能见表 28.1-2。

微结构是指无源的微型结构或机构，如微齿轮和微通道等。

表 28.1-2　微执行器主要性能

性　　能	定义及说明
转矩和力的输出能力	微执行器必须为所执行的驱动任务提供足够大的力或转矩。例如，用于反射光子的光学微镜阵列，由于光子非常轻，因此微执行器只需要提供非常小的力就满足要求了。但是在很多情况下，微执行器要与流体(空气和水等)相互作用，那么这些微执行器就必须能够提供足够大的力和功率才能达到预期的效果
行程	在一定条件和功耗情况下，执行器能产生的直线位移和角位移是重要的参数。例如，数字光处理器微镜阵列要求在 15°范围内转动。用于动态路由的光开关需要高达 35°~45°的角位移
动态响应速度和带宽	微执行器必须能够提供足够快的响应。从微执行器控制的观点来看，微执行器器件的本征谐振频率应该大于系统的最大振动频率
功耗和功率效率	很多微执行器都将用于小的移动系统平台。这类系统的总功率通常都非常有限。在这个领域以及其他的 MEMS 应用领域，都希望使用低功耗的微执行器，以延长系统的持续工作时间
位移与驱动的线性度	如果位移随输入功率或输入电压变化而线性变化，那么微执行器的控制就会变得非常简单
交叉灵敏度和环境稳定性	机械元件可能会在非目标轴方向上产生位移、力或转矩。微执行器必须长时间性能稳定，具有抗温度变化、抗吸附水汽及抗机械蠕变的能力。长期稳定性对于确保微执行器产品商业化成功，以及在商业竞争中保持优势极为重要

1.3　微机电系统的基本特征

表 28.1-3 列出了微机电系统的基本特征。

表 28.1-3　微机电系统的基本特征

特　征	说　明
小型化	单个典型 MEMS 器件的长度在 1μm 到 1cm 之间，而 MEMS 器件阵列或整个系统的尺寸会更大一些。小尺寸器件具有柔性支撑、高谐振频率和低热惯性等很多优点。例如，微加工器件的热传递速度通常较快，喷墨打印机喷嘴的喷墨时间常数大约为 20μs。由于 MEMS 器件尺寸小，因此在生物医疗方面的应用中不容易损伤生物体，在微流控应用中试剂用量少，并且可以满足卫星和航天器对高精度和有效载荷的需求 有些在宏观尺度下非常显著的物理效应，当器件尺寸变小以后，性能可能会变得很差，而有些对于宏观器件可忽略的物理效应，在微观尺寸范围内会突然变得突出，这称为比例尺度定律。例如，立方体边长为特征长度 L，体积为 L^3，总表面积为 $6L^2$，总表面积与体积比为 $6/L$。可见边长 L 越小，总表面积与体积比越大。因此，范德瓦耳斯力、摩擦力、表面张力等表面力对微尺度器件的行为有重要影响，而重力等与体积相关的力变得不那么重要了 例如，对于 Analog Device 公司的加速度微传感器，下面的几个参数与尺度相关：支撑梁的弹性常数（与灵敏度有关）、支撑梁的谐振频率（与带宽有关）以及总电容值（与灵敏度有关）。小型化可以使支撑梁的刚度更小、谐振频率更高和带宽更宽，但这同时会减小电容，使得接口电路变得复杂（因为要读取非常小的信号）
微电子集成	由于微传感器需要信号放大、信号处理和校准，微执行器需要驱动和控制，因此，在系统中，MEMS 器件需要和微电子电路集成，这种集成可以在很多层次上完成，包括仪器层次、电路板层次、封装层次和芯片层次。至于在哪个层次上实现集成，取决于系统性能和成本 芯片层次的集成又称为单芯片集成。它是将微传感器和微执行器与处理电路和控制电路同时集成在同一块芯片上。单片集成方式已经促成了多种 MEMS 产品商业化，如加速度传感器、数字光处理器以及喷墨打印机喷嘴。对于汽车加速度微传感器而言，与纯机械加速度传感器相比，单片集成使得 MEMS 传感器系统体积更小，减小信号传输的距离和噪声，提高了信号质量 单片集成是实现大面积、高密度微传感器和微执行器阵列寻址的唯一方法。例如，对于数字光处理器，每个微镜都由集成在其下方的 CMOS 逻辑电路控制。如果没有片上集成电路，那么是不可能对如此大面积、高密度阵列中的每个微镜实现寻址的
高精度的批量制造	MEMS 加工技术可以高精度地批量加工二维、三维微结构，而采用传统的机械加工技术不能重复地、高效率地或者低成本地加工这些微结构。结合光刻技术，MEMS 技术可以加工独特的三维结构，如倒金字塔状的孔腔、高深宽比的沟道、穿透衬底的孔、悬臂梁和薄膜，而且整片工艺的一致性、批量制造的重复性好

1.4　微机电系统技术和微电子技术的比较

MEMS 技术是在微电子技术基础上发展而形成的，表 28.1-4 列出了 MEMS 技术和微电子技术的比较。

表 28.1-4　MEMS 技术和微电子技术比较

类别	微电子技术	MEMS 技术
衬底材料	硅、砷化镓等半导体材料	硅、砷化镓等半导体材料，及玻璃、聚合物、金属和陶瓷材料。图 28.1-1 所示为目前 MEMS 使用衬底材料的比例
能量域	电能	电能、机械能、磁能、热能和化学能
器件	没有可动部件	有可动部件，如微型阀、微型泵和微型齿轮等
结构	主要是二维结构，且限制在半导体芯片表面	三维结构
与环境作用	微电子电路在封装后与环境隔离	一部分部件要与环境直接接触，如与流体、光等作用

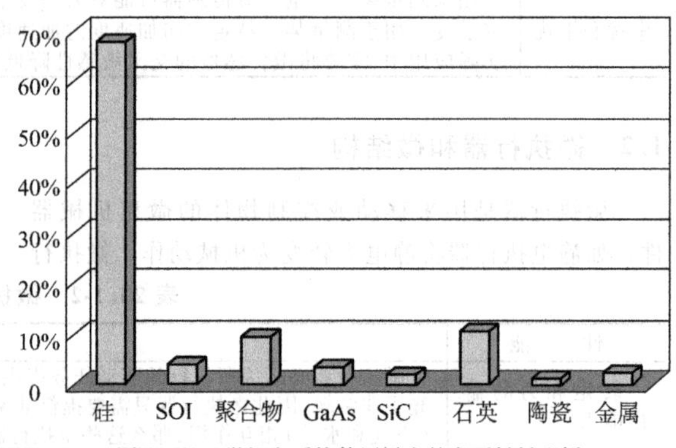

图 28.1-1　微机电系统使用衬底的主要材料比例

2　微机电系统发展历程

1987 年，在国际会议 Transducers'87 上，美国加利福尼亚大学伯克利分校的 R. S. Muller 小组报道了表面微机械加工的多晶硅静电微电动机，微电动机直径小于 120μm，厚度仅为 1μm，在 350V 的三相电压驱动下的最大转速为 500r/min；美国贝尔实验的 W. N. S. Trimmer 小组报道了表面微机械加工的多晶硅齿轮和连杆机构。自此，MEMS 一词被正式提出。每一种新技术都不是突然产生的，总有一定的技术积累。表 28.1-5 所列是 MEMS 技术发展过程中的重要历程。

表 28.1-5 MEMS 技术发展过程中的重要历程

年份	发展历程
1954	美国 Bell Lab 的 C. S. Smith 发现半导体压阻效应
1963	美国 Honewell 公司的 Tufte 等人研制出硅压阻传感器
1965	美国 Westinghouse 电气公司的 H. C. Nathanson 等人发明表面微机械加工技术并研制出谐振栅场效应晶体管
1967	美国 Bell Lab 的 H. A. Waggener 等人开发出硅各向异性深腐蚀
1968	美国 Mallory 公司的 D. I. Pomerantz 等人发明阳极键合技术
1970	美国 Kulite 公司研制出硅加速度传感器
1973	美国 Integrated Transducers 公司研制出带有双极集成电路的硅压力传感器
1974	美国 National Semiconductor 公司第一代硅压力传感器批量生产
1977	美国 Stanford 大学 J. B. Angell 小组研制出第一个硅电容式压力传感器
1978	美国 HP 公司发明喷墨打印机的硅微喷嘴阵列
1979	美国 Stanford 大学 J. B. Angell 小组研制出硅气相色谱仪
1980	美国 IBM 公司的 K. E. Petersen 发明硅扭转扫描微镜
1983	美国 Honeywell 公司开发出集成有传感器数字信号处理器的压力传感器，一次性血压计进入批量生产
1985	德国 W. Ehrfeld 小组开发出 LIGA(光刻电铸成型)技术
1986	美国 IBM 公司的 J. B. Lasky 等人和日本东芝公司的 M. Shimbo 等人分别独立开发出硅片直接键合技术
1987	美国加利福尼亚大学伯克利分校的 R. S. Muller 小组和 Bell Lab 的 W. N. S. Trimmer 小组利用多晶硅表面微机械加工技术，研制出自由移动的微机械结构。“微机电系统”一词进入人类舞台
1988	美国 Nova Sensor 公司将利用硅片直接键合技术的压力传感器商业化
1989	美国 UC Berkeley 的 R. T. Howe 小组研制出横向驱动梳状谐振器
1990	瑞士 Ciba-Geigy 制药公司的 A. Manz 等人研制出微全分析系统(μTAS)或称为芯片上实验室(Laboratory on a chip)
1990	美国 Hughes 实验室的 Larson 等人研制出微机械微波开关
1991	美国 UC Berkeley 的 Pister 小组研制出多晶硅铰链结构
1992	美国 Cornell 大学的 N. C. MacDonald 小组发明近表面微机械加工技术 SCREAM(单晶硅反应离子刻蚀与金属化工艺)
1992	美国 Stanford 大学 Solgaard 等人发明光栅光调制器
1993	美国 TI 公司开发出 768 × 576 微镜阵列的投影显示
1994	美国 Analog Device 公司多晶硅表面微机械加工的第一代加速度传感器商业化
1994	德国 Bosch 公司发明 DRIE(深反应离子刻蚀)技术
1998	美国 TI 公司数字微镜器件大规模生产
2000	美国 Minnesota 大学 Kelley 小组研制出基于 MEMS 技术的微型直接甲醇燃料电池
2012	意大利 ST 公司率先将硅通孔技术(TSV)引入 MEMS 传感器量产制备过程
2013	美国 MicroGen 公司推出 MEMS 振动能量收集器产品

3 微机电系统及相关技术

3.1 微机电系统组成

微机电系统本质上是一个“系统”，是为完成特定任务而设计的一种系统。图 28.1-2 所示为微机电系统组成的基本框图，其主要包括微传感器、微执行器、信号处理单元和能量供给装置。

表 28.1-6 列出了 MEMS 及其器件分类。

微机电系统的实现，主要依赖于设计、制造、封装与装配、可靠性和测试等关键技术。

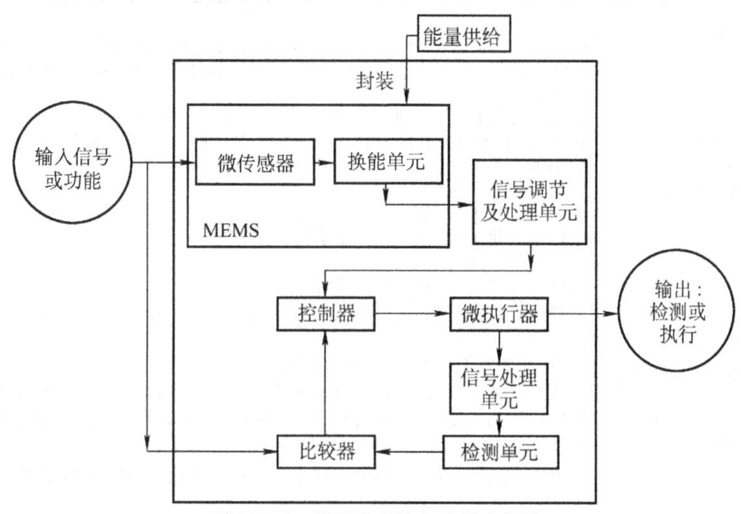

图 28.1-2 微机电系统组成基本框图

表 28.1-6 MEMS及其器件分类

类别	分 类	举 例
微机电系统	Inertial-MEMS(惯性微机电系统)	加速度传感器、角速度传感器及其驱动与控制系统
	Optical-MEMS(光微机电系统)	衍射/折射透镜、光栅、光连接器、耦合器、光开关、反光镜、微型光谱仪及其驱动与控制系统
	RF-MEMS(射频微机电系统)	电容、电感、开关、谐振器、移相器、滤波器、压控振荡器以及驱动与控制系统
	Bio-MEMS(生物微机电系统)	化学传感器、生物传感器、流量传感器、压力传感器、泵、阀、通道及其驱动与控制系统
	Medical-MEMS(医疗微机电系统)	压力传感器、流量传感器、微夹子、微刀具、泵、阀以及驱动与控制系统
	Acoustic-MEMS(声微机电系统)	麦克风、扬声器等以及驱动与控制系统
	Power-MEMS(动力微机电系统)	微型燃料电池、振动/热/光等能量收集器
微传感器	热学传感器	温度、热量和热流传感器等
	力学传感器	力、压力、速度、加速度、角速度和位置传感器等
	化学传感器	化学成分和反应速率传感器等
	磁学传感器	磁场强度、磁通密度和磁化强度传感器等
	辐射传感器	电磁波强度、波长、极化强度和相位传感器等
	电学传感器	电压、电流和电荷传感器
微执行器	静电执行器	以库仑定律为基础,如平行板、梳状、蹭式执行器等
	压电执行器	以库仑定律为基础,如双层晶片等
	热执行器	以固体、液体或气体的热膨胀或相变为基础,如双层结构、固体热膨胀、形状记忆合金执行器等
	磁执行器	以洛伦兹力为基础,如电磁、磁致伸缩、外磁场激励等

3.2 微机电系统设计

从单个MEMS器件再构成整个系统的方法称为自底而上（Bottom-up）的设计方法；而从整个系统性能出发，将系统分解成所要求的MEMS器件和电路性能的方法称为自顶而下（Top-down）的设计方法。显然，要优化系统性能，自底而上和自顶而下的设计方法需反复迭代。对于设计者而言，设计过程包括：器件构思、版图编辑、工艺及流程编辑、工艺仿真、三维结构可视化、网格划分、器件性能分析、封装作用、器件宏模型生成、系统级仿真等。

设计软件的核心模块有三类：工艺模块、器件分析模块和宏模型模块。同时，在器件或系统性能分析中需要有材料参数数据库。

3.3 微机电系统制造

微机电系统制造技术通常分为两类，即自顶而下和自底而上的加工技术，见表28.1-7。制造技术之间的组合可产生新的结构。

表 28.1-7 MEMS制造技术分类

分类	方 法	说 明
IC兼容的制造技术	湿法腐蚀体加工技术、表面微机械加工技术、干法深刻蚀体微机械加工技术、硅片直接键合技术等	硅材料是集成电路(IC)的主流材料,加工技术先进且成熟,可以利用业已建立起来的IC工业强大的基础设施;硅有良好的机械特性,容易将敏感、执行结构和信息处理电路集成 发展趋势: 其他半导体材料(如Ⅲ-Ⅴ材料、SiC等)的微纳加工技术 在IC加工线引入新的材料,以扩展IC兼容的微纳制造能力 缩小加工线宽 增加刻蚀的深宽比 表面加工技术中,增加结构层和牺牲层的数量 采用平面化工艺,如CMP(化学机械抛光) 缩小器件尺寸 微机械元件与IC器件的集成化 敏感与执行多功能芯片的制造工艺
非IC三维加工技术	LIGA与准LIGA技术、激光三维加工技术、微细电火花加工技术、热压成型三维加工技术、注射成型三维加工技术、快速成型技术、微纳米压印技术、双光子三维微加工技术等	非IC三维加工技术发展的驱动力是: MEMS需要不同的材料和结构(如金属、陶瓷、聚合物等),而IC技术无法提供 特定应用的需要(如生物化学分析、发动机高温环境等);执行器需要(如热驱动) 传统制造发展到微结构制造的趋势 非IC三维加工技术中的某些技术初步在生物化学MEMS和光MEMS中得到了应用

（续）

分类	方　法	说　明
自组装技术	自组装单层(SAM)、自组装双分子层(BLM)、层层自组装(LBL)等	这是一种自底而上的加工技术,其方法是借助分子、原子内的作用力(范德瓦耳斯力、静电力、疏水相互作用、氢键与配位键等),把特定物理化学性质的功能分子、原子精细地组成宏观尺度的结构 这种制造技术从原子和分子的层次上设计、组装材料、器件和系统,但目前还只是处于实验室研究阶段

3.4 微机电系统封装

集成电路封装的目的是为其提供物理支撑、散热，保护其不受环境的干扰与破坏，同时实现与外界信号、能源及接地的电气互连。MEMS 封装不仅需要达到这些封装要求，同时由于 MEMS 中含有可动结构或与外界环境直接接触，因此 MEMS 封装比集成电路封装更复杂。MEMS 封装层次见表 28.1-8，封装方法见表 28.1-9，封装外壳材料分类见表 28.1-10。

利用表面键合技术和密封技术可实现 MEMS 的真空封装、气密封装和非气密封装。

表 28.1-8　MEMS 封装层次

封装层次	说　明
芯片级封装	芯片级封装包括组装和保护微型结构中的微细部件。其主要目的是保护芯片或其他核心元件避免塑性变形或破裂,保护系统信号转换电路,对这些元件提供必要的电隔离和机械隔离等
器件级封装	器件级封装需要包含适当的信号调节和处理。该级封装的最大挑战是接口问题,如芯片和核心部件的界面与其他封装好的部件尺寸不匹配,器件与环境的接口界面需考虑温度、压力、工作场合以及接触媒介的特性等
系统级封装	系统级封装主要是对芯片和核心元件以及主要的信号处理电路的封装。系统级封装需要对电路进行电磁屏蔽、力和热隔离

表 28.1-9　MEMS 封装方法

封装方法	说　明
键合技术	键合技术分为引线键合和表面键合两种 引线键合的作用是从核心元件引入和导出电连接,根据键合时所用能量的不同,可分为热压键合、楔-楔超声键合和热声键合几种形式。引线键合要求引线具有足够的抗冲击和抗振动的能力,并且不会引起短路。常用的引线有金丝和铝丝。引线键合形成的内引线具有较大的引线电阻和电感,对电性能有重要的影响 表面键合是实现封装的基本技术,可以用来进行密封、微结构的粘结和固定,以及产生新的微结构。表面键合包括阳极键合和硅熔融键合、低温表面键合等
密封技术	MEMS 器件需要与外界直接接触,如压力传感器、微通道和阀等;或需要控制器件工作环境的气氛,如加速度传感器和陀螺等。因此,MEMS 器件都需要密封 主要的密封技术有黏合剂密封、微壳密封和化学反应密封

表 28.1-10　封装外壳材料分类

材　料	说　明
金属	金属封装是以金属材料为器件外壳的一种封装方式。由于具有良好的散热性和电磁屏蔽效果,金属封装常用于真空封装、恶劣环境使用的 MEMS 封装、微波集成电路和混合集成电路中的封装 金属外壳一般不能直接安装各种元器件,大多通过陶瓷基板完成元器件的安装和互连,然后将固定好元器件的基板与底座粘接,最后进行封帽。在完成最后组装前要进行烘焙处理,以去除残留的气体和湿气,从而减少可能的腐蚀现象
陶瓷	陶瓷封装可把厚膜或薄膜置于封装基板内部,而具有可直接安装元器件的金属化图形的陶瓷结构称作多层陶瓷封装。多层陶瓷封装能使器件尺度变小,成本降低,并能集成 MEMS 和其他元件的信号 陶瓷封装密封最常用的方法是钎焊密封和低熔点玻璃密封。陶瓷封装具有可靠、可塑、易密封、低成本和易于大批量生产等特点,在 MEMS 封装领域占有重要地位
塑料	塑料封装的主要优点是成本低廉,可塑性强,但是长期气密性不能保障。如果采用吸气剂可去除 MEMS 器件内部的湿气以及其他一些会影响器件可靠性的微粒。使用适量吸气剂的塑料封装能获得准密封的封装效果,从而在降低封装成本的同时保证了 MEMS 器件的可靠性。但由于在高温和潮湿的环境下,塑料封装容易分层和开裂,塑料封装一般不能用于真空封装和气密封装
多层薄膜	多层薄膜封装技术利用多层聚合物薄膜来代替陶瓷进行封装。多层薄膜封装主要有两种技术:一种是采用低温共烧陶瓷,将聚合物薄膜压叠在一起;另一种则是采用聚酰亚胺聚合物材料,将聚合物层采用旋涂的方法涂在基板上。聚合物薄膜介电常数低,可大大降低引线电容并减少引线之间的耦合

EVG、Karl Suss、Micro Montage 和 TNO 等许多公司已经拥有 MEMS 特定封装和装配设备，但是到目前为止，许多 MEMS 器件的开发使用了非专用的设备，即改进后的半导体加工设备。因此，目前的封装方式是用“试差”方法实现封装的设计和制造。MEMS 器件有朝着“产品家族”概念发展的趋势，根据器件最终使用的环境，制造商用不同的方法封装器件。如：体内生物 MEMS 器件必须包封，以实现无创性；发动机内的 MEMS 器件必然要耐高温；而在空间应用的 MEMS 器件则必然要抗辐射。

3.5　微装配

微装配和传统装配之间有许多不同，但两种尺度下的主要步骤是相似的。微装配过程见表 28.1-11。

表 28.1-11　微装配过程

动　作	采用的方法
零件的输送	如带状连续输送装置
零件的夹持	如微夹子、操作器和机器人等，要求智能化的操作器具有夹持、定位、传感和精确对准。微装配中的定位驱动不同于“宏”装配，它一般采用两级驱动。首先是粗定位，然后是精定位。粗定位一般采用脉冲步进电动机、超声电动机来驱动，精确定位采用电致伸缩器件、热膨胀材料等
零件的释放	在微米尺度，静电力和化学力在微夹子和零件之间或零件和零件之间起主要作用，微夹子要能够释放掉这些可能的粘连力 在传统装配中，夹具需克服的是重力；而在微装配中，由于器件的尺寸很小，重力的影响下降，表面粘连力影响增加 粘连力包括范德瓦耳斯力、静电力和表面张力。当微夹子接近要操作的器件时，这些力可使器件跳离放置的位置，吸附在微夹子上，它们虽然有助于夹取器件，但这些力不可控，在微夹子释放器件时不能使器件精确定位
零件的固定	可用键合技术、激光脉冲沉积、焊接以及化学粘接等固定微部件
传感和验证	可用三维立体成像系统（如立体显微镜、触觉传感器、热传感器等）实现零件图形的认定和对准

目前的微装配方法主要是串行方法，研究高速、高精度微装配的方法，探讨并行装配技术以实现高效率制造将是其发展方向。

3.6　系统封装（SiP）

随着 MEMS 技术在消费类电子产品、医疗设备以及无线传感网络等中的应用，为了实现低功耗和小体积，要求将完整的电子系统或子系统高密度地集成在只有封装尺寸的体积内。这种封装方法称为系统封装（System-in-Package，SiP）。封装内包含各种有源器件，如数字集成电路、射频集成电路、光电器件、传感器和执行器等，还包含各种无源器件，如电阻、电容、电感、无源滤波器、耦合器和天线等。未来电子产品能将所有的功能集成在一个很小的体积内，如将电脑、音响、游戏、电视、导航（GPS）、MP3、无线通信、PDA、电子照相和摄像等集成在一个手表大小的体积内。在医学上，可将传感器、数据处理器和无线传输等集成在一个很小的胶囊里，通过将胶囊植入人体、吞服或注入血管的方式，可适时监测病人的身体状况或进行其他医学检查和治疗。图 28.1-3 所示为系统级封装的示意图。

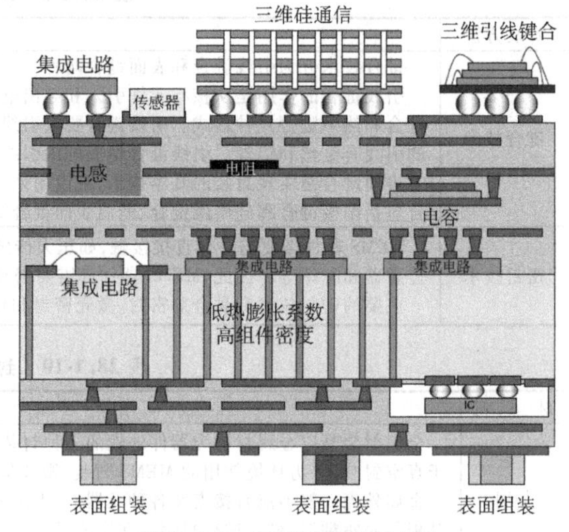

图 28.1-3　系统级封装的示意图

除使用上述封装技术和装配技术外，还有如下一些关键技术：

1）窄节距的倒装芯片技术。
2）窄节距的组装。
3）无源器件的集成、基板的设计和制作。
4）新型介质材料的应用等。

在未来的新型 SiP 解决方案中，下列技术将发挥重要作用：

1）非常窄节距的倒装芯片凸点。
2）穿透硅片的互连（TWEI）技术。
3）薄膜互连技术。
4）三维芯片堆叠技术。
5）封装堆叠技术。

6）高性能的高密度有机基板技术。

7）芯片、封装和基板协同设计与测试技术。

3.7　微机电系统可靠性

可靠性指长期暴露在外界时 MEMS 可靠工作的能力。MEMS 可靠性一般分为制造过程中的可靠性、工作过程中的可靠性以及环境影响可靠性。表 28.1-12 总结了 MEMS 器件在使用中的可靠性分类及主要失效机制。

影响制造过程中的可靠性与环境影响可靠性的因素有如下几个方面：

表 28.1-12　MEMS 器件在使用中的可靠性

分类	第Ⅰ类	第Ⅱ类	第Ⅲ类	第Ⅳ类
	没有活动部件	有活动部件，但没有摩擦或作用表面	有活动部件，有作用表面	有活动部件，有摩擦或作用表面
实例	一些加速度计 压力传感器 打印机喷头	陀螺 梳状驱动器 谐振器 滤波器	继电器 阀 泵	光开关 直角发射器 光栅 扫描仪
主要失效机制	粒子沾污	粒子沾污 冲击诱致的黏附 机械疲劳	粒子沾污 黏附 冲击诱致的黏附 机械疲劳 表面作用损伤	粒子沾污 黏附 冲击诱致的黏附 机械疲劳 表面作用损伤

1）封装制造过程所诱致的应力。因为力学量传感器的设计就是对外部施加的力敏感（如压阻压力传感器、电容压力传感器与加速度计），但是封装应力会引起性能改变。芯片应该与应力隔离。

2）外部负载诱致的应力。温度变化、外部激励也要隔离。

3）时间相关的形变所引起的应力。这些应力会引起输出或灵敏度漂移。

4）使用期间能够防止封装的机械失效（断裂或脱落）。

5）振动。一般器件设计是在它的谐振频率工作，因此，封装的整个系统频率应位于系统工作频率之外。因此，封装材料、封装结构（引脚的长度和尺寸）都要考虑。

应力变化来源于两个方面：

1）材料蠕变。材料蠕变是由于材料特性或残余应力受温度影响而产生的。

2）界面分层。界面分层或分离是由于残余应力、温度、界面的化学制备、湿度和环境而引起的。应力变化会引起电输出漂移。

MEMS 器件在使用前均需进行可靠性考核，虽然目前国际上还没有可靠性考核标准，但一般环境试验包括电压循环、温度循环、热冲击、振动循环和蒸汽压循环等。热循环与热冲击会影响裂纹生长、分层、漏气、芯片粘接失效及键合失效，最主要的问题是封装的气密性。在加速试验过程中，通过器件设计参数、工作模式和封装工艺的协同优化，可以降低材料缺陷密度、应力和应力梯度、多层材料的热膨胀失配。这种优化消除了裂纹生长与传播、疲劳有关的断裂和通过滑动与扩散机制的质量转移。机械失效机制主要是由于 MEMS 器件表面接触、滑动和摩擦引起的。表 28.1-13 中总结了 MEMS 器件失效模式。

3.8　微机电系统测试

微机电器件或系统在加工、封装与装配过程中需要测试与表征，才能使制造工艺可以控制。微机电系统测试与表征技术见表 28.1-14。

表 28.1-13　MEMS 器件失效模式

失效模式	机械失效模式	光学失效模式	电学失效模式
	摩擦、磨损、黏附、疲劳、加工硬化、断裂、热膨胀失配、残余应力、蠕变、补偿、流动、输运	反射表面、腔面氧化、晶粒生长	绝缘击穿、放电、漂移、短路、开路、电弧、静电放电、烧蚀
测试方法	冲击测试仪 振动测试仪 加速循环 加速储存	谐振模态（机械过冲） 热漂移 电压 电/机械过冲	类似于微电子测试方法

表 28.1-14　微机电系统测试与表征技术

类　型	内　容
材料的测试与表征	如微观力学性能测试技术，弹性模量、泊松比、抗拉强度、残余应力、抗冲击性能、疲劳强度等的测试；微观热力学性能测试技术，热导率、热扩散率、热膨胀系数等，以及材料其他性能测试技术
加工、封装与装配过程的测试与表征	如微机电系统结构形貌、尺寸精度、键合孔洞等检测可以实现工艺监控
器件性能测试与表征	如微机电、微泵、微涡轮、微探针等的速度、加速度、力、力矩、排量等的测试技术；微型器件和微型系统性能的表征和测试技术；微型系统动态特性测试技术
可靠性测量与评价技术	电压循环、温度循环、热冲击、振动循环、蒸汽压循环、盐雾、辐射等条件下，与上述三类测试技术结合

4　微机电系统应用领域

据有关咨询机构（如 Yole，SPC，MANCEF，NEXUS，ITRS）的统计与预测分析，MEMS 产业在 2014 年全球销售总额约为 130 亿美元，到 2020 年全球销售总额将超过 250 亿美元，年复合增长率约为 10.0%。目前的主要产品包括微型压力传感器、惯性测量器件、微流量系统、读写头、光学系统、打印机喷嘴等。根据咨询机构预测的各领域 MEMS 年增长率（CAGR）分别为：汽车工业 4%；航空航天 17%；消费类 16%；军事 21%；工业 16%；医疗与生命科学 19%；电信 30%；能量收集 20%。

4.1　微机电系统在汽车中的应用

在汽车中，MEMS 产品应用得越来越多，车越好所用的 MEMS 产品就越多，如 BMW740i 上就有 70 多支 MEMS 传感器。德国海拉集团在欧洲售后市场提供 250 种汽车传感器，很多传感器已用 MEMS 传感器替代。飞利浦电子公司和 Continental Treves 公司在 2010 年销售 10 亿支用于汽车 ABS（制动防抱死系统）的传感器芯片。MEMS 在汽车中的应用可以分为以下四类：

（1）发动机和动力系统（图 28.1-4）

（2）安全

防撞气囊系统（加速度传感器）、制动防抱死系统（位置传感器）、悬架系统（位移、位置、压力传感器以及微型阀）、目标回避（压力和位移传感器）。

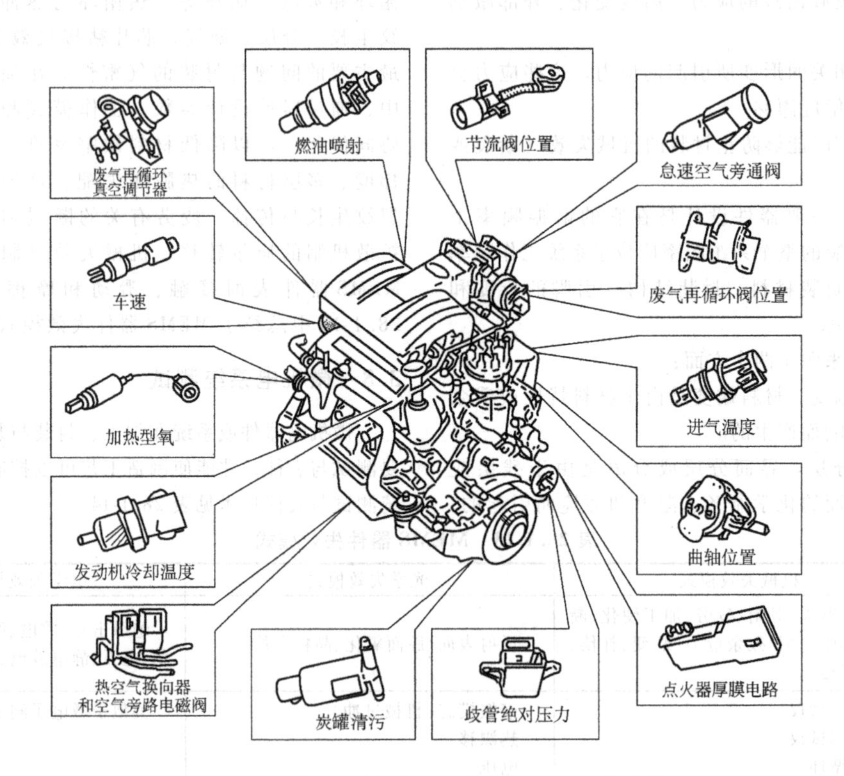

图 28.1-4　汽车发动机和动力系统中的 MEMS 传感器

（3）汽车诊断和监测

发动机冷却液的温度和质量，发动机润滑油压力、液面和质量，轮胎压力，制动液压力，变速器油液，燃料压力等监测。

（4）舒适和便利

座椅控制（位置传感器和微型阀）、驾驶员舒适（空气质量、气流、温度和湿度控制）、安全（远距离状态监测和控制传感器）、用于风窗玻璃除雾的传感器、卫星导航传感器。

4.2　微机电系统在医疗和生命科学领域中的应用

MEMS 在医疗和生命科学领域中的主要应用有：一次性血压计（DPT）、用于监测分娩过程的子宫内压力传感器（IUP）、血管重建压力传感器、输液泵压力传感器，以及诊断和分析系统（如毛细管电泳系统）等。微流控科技在生物领域的应用是近年来 MEMS 最活跃的方向之一，具有降低分析成本、缩短反应时间、增加精度、多功能集成等优点。目前，仅有少数微流控器件实现了商业化（主要是药物筛选或用于科学研究），另有部分器件已经进入临床应用阶段。

4.3　微机电系统在电信领域中的应用

光微机电系统的主要应用领域包括：显示、红外成像、光谱仪、条码读出、无掩膜光刻、自适应光学、指纹传感器和头盔显示器等。据统计，光微电子机械系统市场 2015 年约为 24 亿美元，预计 2019 年将达到 35 亿美元。其中最大的市场仍然是数字光处理投影仪、数字光处理电视和微型热辐射计。其他器件包括：光互联器件、光衰减器件、微型光谱仪等。需要注意的是，新出现的产品中包括了干涉调制显示仪（iMoD）。

射频微机电系统的主要市场有：移动电话、宽带局域网、消费类与信息技术、基站、微波通信、汽车雷达、仪器、卫星、相控阵雷达等。据统计，射频微机电系统 2014 年市场达 7.4 亿美元，预计 2020 年接近 16 亿美元，主要市场是移动电话和消费类与信息技术产品。

移动电话中的 MEMS 器件主要有：薄膜体声谐振器（FBAR）、硅送话器、加速度计、自动聚焦部件、微型燃料电池、多频振荡器、嵌入式 RF MEMS、图像稳定化器件等。随着智能手机的蓬勃发展，2014 年，用于手机的 MEMS 器件市场达到 16 亿美元，预计 2020 年将达到 24 亿美元。

MEMS 还在工业过程控制、环境监测、消费品等领域得到越来越多的应用。

第2章 微机电系统制造

1 体硅微机械加工技术

1.1 硅晶体的描述

晶体在生长过程中产生出由不同取向的平面所组成的多面体外形，这些多面体外形中的平面称为晶面。特定取向的晶面必定与晶体中对应的一组互相平行的平面点阵相平行。可以规定一套整数 *hkl* 来反映某特定晶面及其相应平面点阵组的取向，这一套整数称为晶面指数。国际上通用密勒指数来统一标定晶面指数。晶面指数定义为晶面在三个晶轴上的倒易截距之比。设 a、b、c 为晶体的一套基矢量，晶面在 a 轴、b 轴、c 轴上截距长度分别为 r、s、t，那么 $1/r$、$1/s$、$1/t$ 为倒易截距。将晶面在三个晶轴上倒易截距之比化为一组互质整数，即 $1/r:1/s:1/t=h:k:l$，则这一套互质整数即为晶面指数，用（*hkl*）符号来表示，如图 28.2-1 所示。例如，某晶面的截距是 2，2，3（即 *XYZ* 空间坐标上，与 *X*、*Y*、*Z* 轴截得 $X=2$，$Y=2$，$Z=3$ 的一个平面），则 $1/2:1/2:1/3=3:3:2$，该晶面指数就是（332）。如果和任一个坐标轴平行，比如平行于 *X* 轴，这时 *X* 的截长为无穷大，倒数就记为 0。晶面指数所代表的不仅是某一晶面，而是代表着一组相互平行的晶面。另外，在晶体内凡晶面间距和晶面上原子的分布完全相同、只是空间位向不同的晶面可以归并为同一晶面族，以｛*hkl*｝表示，它代表由对称性相联系的若干组等效晶面的总和。

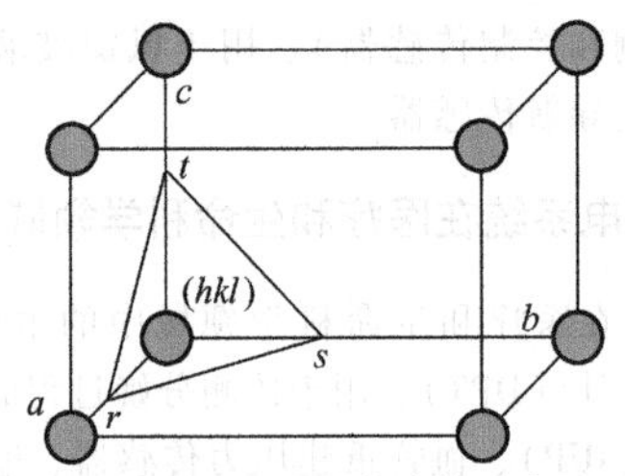

图 28.2-1 晶面指数定义示意图

硅的晶体是金刚石结构，其晶格常数 $a=5.43\text{Å}$（$1\text{Å}=0.1\text{nm}$）。硅单晶晶胞由一面心立方晶格沿另一面心立方体晶格的空间对角线位移四分之一长度套构而成，如图 28.2-2 所示。每个原子周围都有四个最近邻的原子，组成正四面体结构。这四个原子分别处在正四面体的顶角上，任一顶角上的原子和中心原子各贡献一个价电子为该两个所共有，形成共价键。对于单晶硅来说，按照上面介绍的方法确定不同晶面［如（100），（110）晶面等］后，这些晶面的法线方向就是相应的晶向。用［ ］表示单个晶向，如［100］，［110］等，用<>表示同类性质的晶向。由于不同晶面的腐蚀速率不同，最后可以加工得到成某些固定倾角（由某些特定晶面组成）的三维微结构。

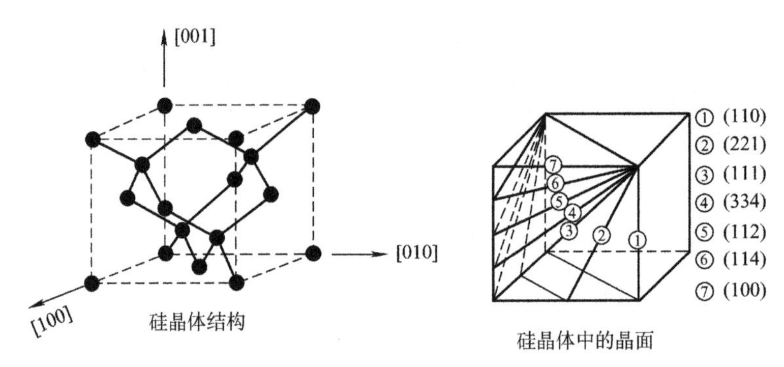

图 28.2-2 硅的晶格结构和几个硅晶面的示意图

1.2 各向同性腐蚀

硅腐蚀技术是硅微机械加工中最基础、最关键的技术，它通常有两种：干法腐蚀和湿法腐蚀。根据腐蚀剂的不同，硅的湿法腐蚀又可分为各向同性腐蚀和各向异性腐蚀。各向同性腐蚀是指各个晶面腐蚀速率相等，没有选择性，所有方向均匀刻蚀。各向异性腐蚀则是指硅的不同晶向具有不同的腐蚀速率，也即腐蚀速率与单晶硅的晶向密切相关。

目前，硅各向同性湿法腐蚀广泛采用硝酸和氢氟酸（$HF-HNO_3$）腐蚀系统，他们主要是 HF、HNO_3 和 H_2O 混合物腐蚀剂，或者是 HF、HNO_3 和 CH_3COOH 混合物腐蚀剂。硅各向同性湿法腐蚀的基本过程是将硅材料氧化，然后通过化学反应使一种或多种氧化物溶解。在同一腐蚀液中混有完成上面两种功能的各种成分，所以在腐蚀过程中上述两个过程是同时进行的。这种氧化化学反应要求有阳极与阴极，而腐蚀过程没有外接电压，所以硅表面上的点便作为随机分布的局域化阳极与阴极。每个局域化区在一段时间内既起阳极作用又起阴极作用。如果起阴、阳两极作用的时间大略相等，就会形成均匀腐蚀。反之，若两者的时间相差很大，则出现有选择性的腐蚀。在 $HF-HNO_3$ 腐蚀系统中，一般会加入少量的含有 NO_2^- 的盐类（如 NH_4NO_2 或 $NaNO_2$）以诱发反应。为了后面叙述方便，把加入 NO_2^- 的腐蚀系统称为（外部）催化反应，否则称为非（外部）催化反应。硅在 $HF-HNO_3$ 腐蚀系统中的腐蚀速率受到环境温度、腐蚀液成分配比等多种因素的影响。本章 6 节介绍了 MEMS 加工中常用的腐蚀液配比及腐蚀条件。

1.3　各向异性腐蚀

硅的各向异性腐蚀是指硅在某些腐蚀液中表现出不同晶面具有不同的腐蚀速率。基于这种特性，可以在硅衬底上加工出各种各样的微结构。各向异性腐蚀剂一般可分为两类：一类是有机腐蚀剂，包括 EPW（乙二胺、邻苯二甲酸和水）、TMAH（四甲基氢氧化胺）等；另一类是无机腐蚀剂，如 KOH、NaOH、LiOH、CsOH 等碱性溶液。这两类腐蚀剂具有非常类似的腐蚀现象，因此可得出 OH^- 在硅各向异性腐蚀过程中起着重要作用。在某种条件下，为了得到硅腐蚀的各向异性以及满意的腐蚀表面，常在这些腐蚀液中加入添加剂，如配合剂异丙醇（IPA）、强氧化剂亚氯酸盐等。目前硅各向异性腐蚀最为广泛使用的腐蚀液是 EPW、TMAH 和 KOH。在此，只讨论这三种腐蚀液的特性。KOH 腐蚀液的缺点是钾离子与 IC 工艺过程不相容，EPW 毒性较强，TMAH 无毒且与 IC 工艺兼容，但是目前针对 TMAH 腐蚀液的研究还不是十分系统。

虽然 EPW、TMAH 和 KOH 具有非常类似的腐蚀现象，但对应于不同的腐蚀液，硅不同晶面的腐蚀速率有比较大的差异。对于同一种腐蚀液，随着腐蚀液含量、温度、衬底掺杂含量等各参数的变化，腐蚀速率和腐蚀表面都会发生很大变化。

1.3.1　不同腐蚀液中的腐蚀速率

图 28.2-3～图 28.2-5 所示分别为 EPW、TMAH 和 KOH 三种腐蚀液中，（100）和（110）衬底不同晶面的侧面腐蚀速率图。由这三个图可以看出，在不同的腐蚀液中，不但硅不同晶面的绝对腐蚀速率不相同，而且不同晶面的腐蚀速率比也不相同。图 28.2-6 所示的硅在 KOH 和 TMAH 溶液中的等高线图进一步说明了这个问题。硅不同晶面的腐蚀速率比在这两种溶液中相差很大。

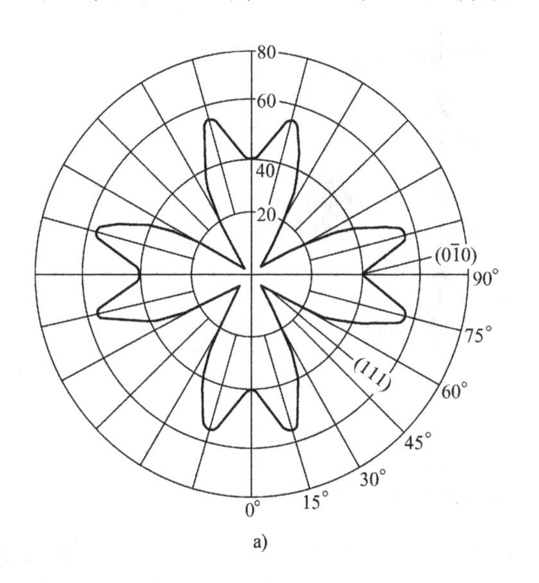

a)

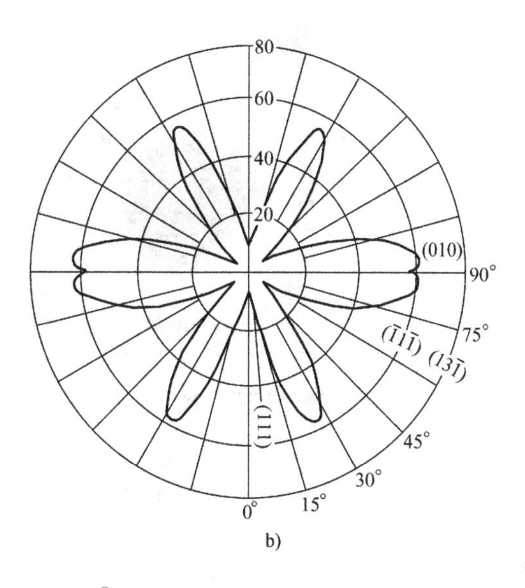

b)

图 28.2-3　硅横向腐蚀速率与晶面的关系［w[①]（KOH）50%，78℃］

a)（100）衬底　b)（110）衬底

①　w 为质量分数符号，后同。

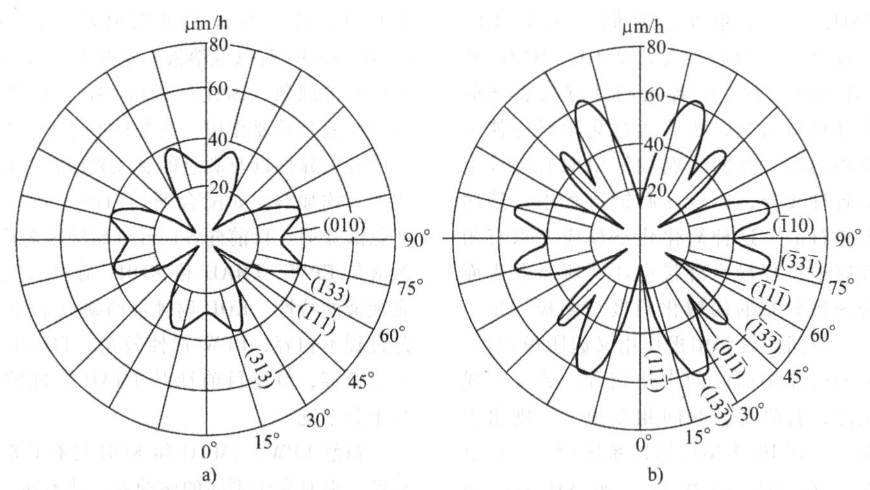

图 28.2-4　硅横向腐蚀速率与晶面的关系（EPW“T”型腐蚀液，95℃）

a)（100）衬底　b)（110）衬底

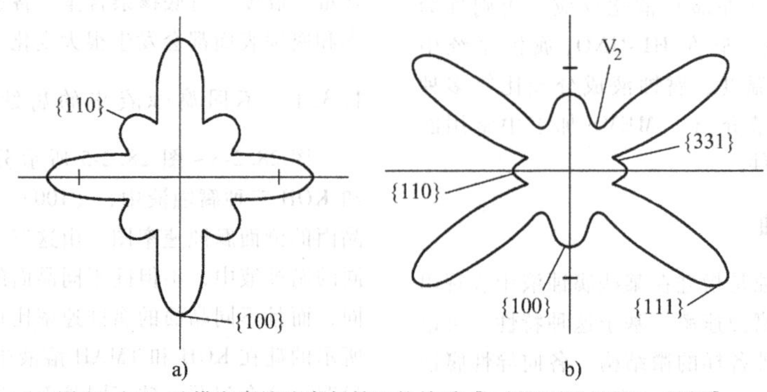

图 28.2-5　硅横向腐蚀速率与晶面的关系［w(TMAH) 25%，60℃］

a)（100）衬底　b)（110）衬底

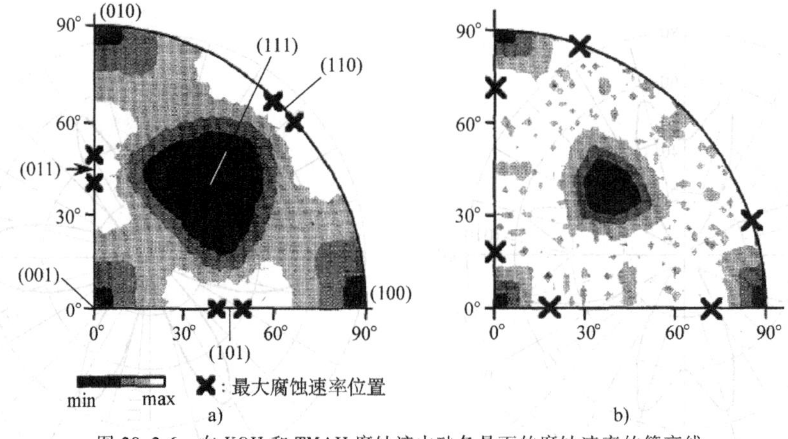

图 28.2-6　在 KOH 和 TMAH 腐蚀液中硅各晶面的腐蚀速率的等高线

a) w(KOH) 34%，70.9℃　b) w(TMAH) 20%，79.8℃

1.3.2　腐蚀速率与温度的关系

硅在 KOH、EPW 和 TMAH 三种腐蚀液中的腐蚀速率随温度变化的关系都近似满足 Arrhenius 定律，$R=R_0e^{-\Delta E_a/k_BT}$。从实验中可以确定出各种腐蚀剂的激活能 ΔE_a 和预指数因子 R_0。图 28.2-7 所示为（100），（110），（221）等几个晶面在 KOH 和 TMAH 腐蚀液中的腐蚀速率与温度的关系。

1.3.3　腐蚀速率与腐蚀液含量的关系

硅在 EPW、TMAH 和 KOH 三种腐蚀液中的腐蚀速率随腐蚀液含量变化的关系非常类似。在腐蚀液含量较低时，各晶面的腐蚀速率比较低。随着腐蚀液含量逐渐升高，各晶面的腐蚀速率也会随之加快。腐蚀液含量升高到某一值时，各晶面的腐蚀速率会达到一个峰值。当腐蚀液含量再进一步升高时，各晶面的腐蚀速率会随之减小，出现相反的趋势。图 28.2-8 所示为几个晶面的腐蚀速率随 TMAH 和 KOH 腐蚀液含量（质量分数）变化的关系。

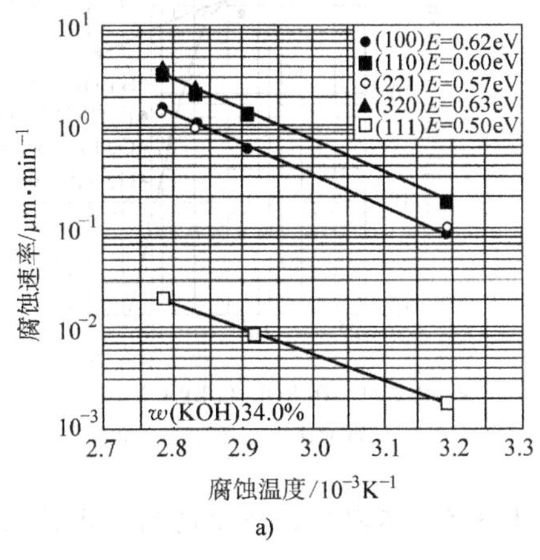

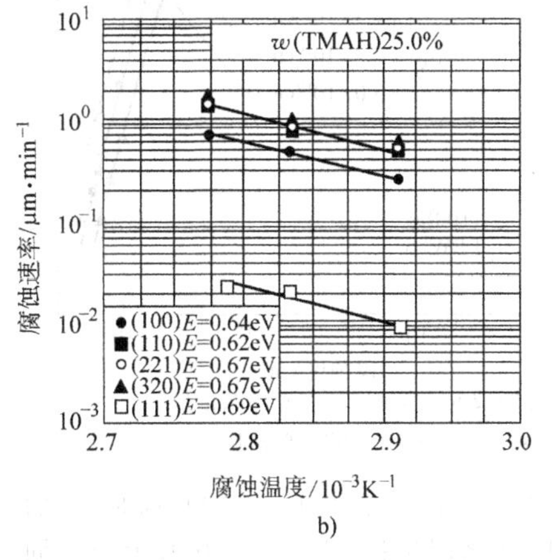

图 28.2-7　几个晶面在 KOH 和 TMAH 腐蚀液中的腐蚀速率与温度的关系

a) w(KOH) 34%　b) w(TMAH) 20%

1.3.4　腐蚀速率与衬底掺杂浓度的关系

改变衬底掺杂浓度时，两个主要晶向<100>和<110>在 KOH 和 EPW 腐蚀液中的腐蚀速率变化趋势非常类似。对于 EPW 腐蚀液，<100>和<110>的腐蚀速率 R 在硼掺杂浓度 N_B 小于 $1\times10^{19}\mathrm{cm}^{-3}$ 时为常数，超过该浓度时，腐蚀速率与硼浓度的 4 次方成反比。由此，腐蚀速率 R 与硼掺杂浓度 N_B 的关系分为两个区：恒定腐蚀速率和快速下降区。这两个区渐进线所对应的浓度定义为阈值浓度 N_0。同时，随着腐蚀温度升高，腐蚀速率曲线近似向上平移，而阈值浓度 N_0 也有较小的增大，如图 28.2-9 所示。因此，可将腐蚀速率看作是低掺杂浓度时的腐蚀速率 R_i 随掺杂浓度的变化和阈值浓度 N_0 随温度变化的叠加。假设 R_i 和 N_0 的活化能分别为 E_1 和 E_2，那么可以得到在 EPW 腐蚀液中硅腐蚀速率与硼掺杂浓度的关系式：

$$R = \frac{R_0 e^{-E_1/KT_1}}{\{1+[N_B/(N_0 e^{-E_2/KT})]^a\}^{4/a}} \quad (28.2\text{-}1)$$

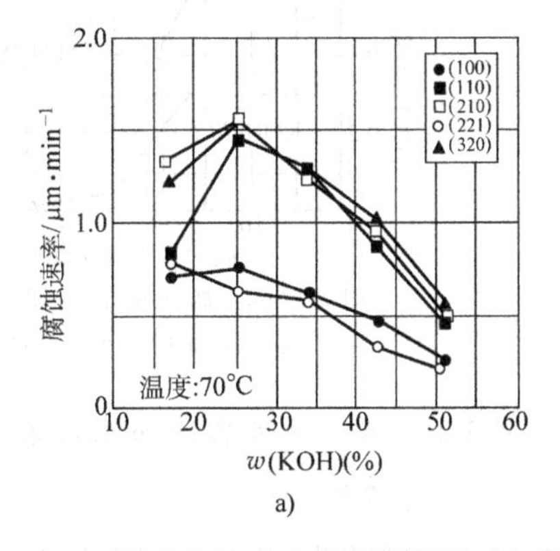

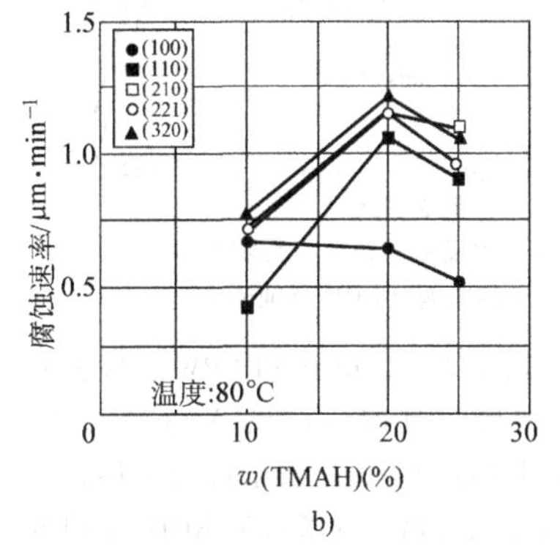

图 28.2-8　几个晶面的腐蚀速率与腐蚀液含量（质量分数）变化的关系

a) KOH　b) TMAH

对于不同浓度的 KOH 腐蚀液，也可以用公式（28.2-1）来描述腐蚀速率与掺杂浓度的关系。不过对于不同腐蚀液含量，参数值 a 的取值需要做相应的调整。比如，w(KOH)10%腐蚀液，$a=4$；w(KOH) 24%

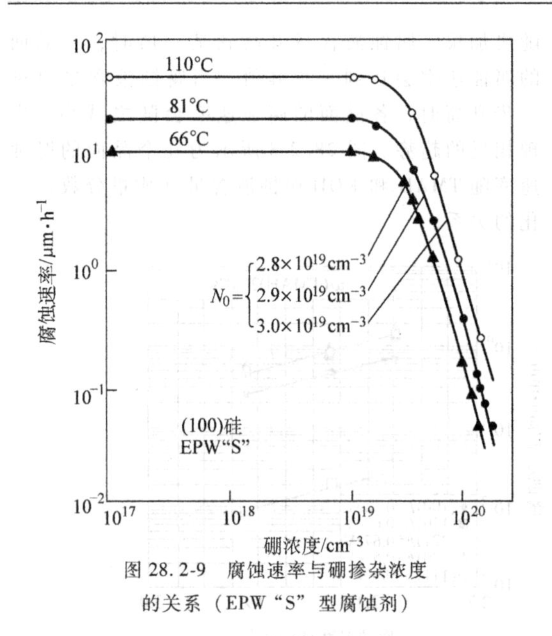

图 28.2-9　腐蚀速率与硼掺杂浓度的关系（EPW"S"型腐蚀剂）

腐蚀液，$a=2$ 比较合适；但腐蚀液含量更高时，a 的取值可在 1～2 之间选择。图 28.2-10 所示为不同 KOH 腐蚀液温度条件下，腐蚀速率与掺杂浓度的关系图。

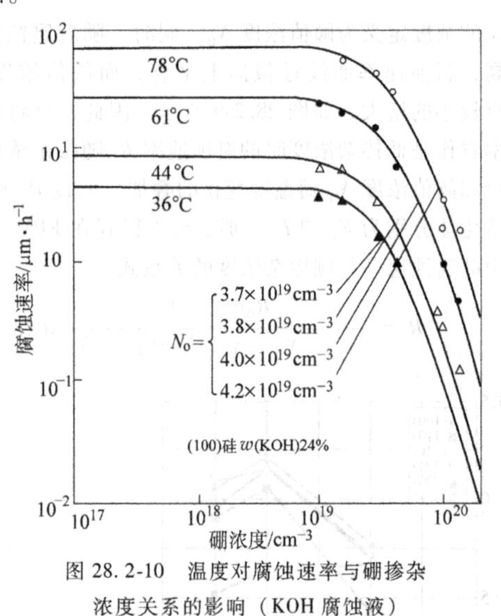

图 28.2-10　温度对腐蚀速率与硼掺杂浓度关系的影响（KOH 腐蚀液）

上面的结果与讨论表明，KOH 和 EPW 腐蚀液对硅的腐蚀在掺杂浓度超过阈值浓度 N_0（约为 $5\times10^{19}\mathrm{cm}^{-3}$）时，腐蚀速率很小，轻掺杂硅与重掺杂硅的腐蚀速率之比高达数百倍，可以认为 KOH 和 EPW 腐蚀液基本上不腐蚀重掺杂硅。微加工工艺中利用这一效应实现硅各向异性腐蚀的自停止。必须指出，通常情况下采用重掺杂硼的技术实现自停止，而不采用重掺杂磷的技术来实现自停止，主要原因在于硅的腐蚀速率随磷掺杂浓度的增加降低较缓慢，腐蚀速率降低的阈值含量约为 $1\times10^{21}\mathrm{cm}^{-3}$，如图 28.2-11 所示。达到这个掺杂浓度在掺杂工艺上较难实现，而且即便能达到这个掺杂浓度，腐蚀速率的下降相对也比较少。

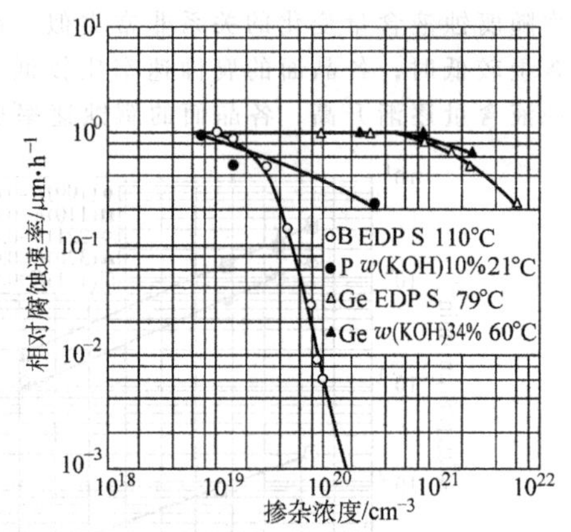

图 28.2-11　在 KOH 和 EPW 腐蚀液中（100）硅的腐蚀速率与掺硼、磷和锗的关系

1.3.5　不同腐蚀液中的腐蚀表面状况

KOH、EPW 和 TMAH 腐蚀液得到的腐蚀表面的粗糙度有一定的差异。一般来说，三种腐蚀液得到的腐蚀表面的粗糙度关系为：KOH<EPW<TMAH。对应于同一种腐蚀液，随着腐蚀液含量的变化，腐蚀表面的粗糙度也会随之改变。通常情况下，随着腐蚀液质量分数的增加，腐蚀表面的粗糙度会下降，如图 28.2-12 所示。

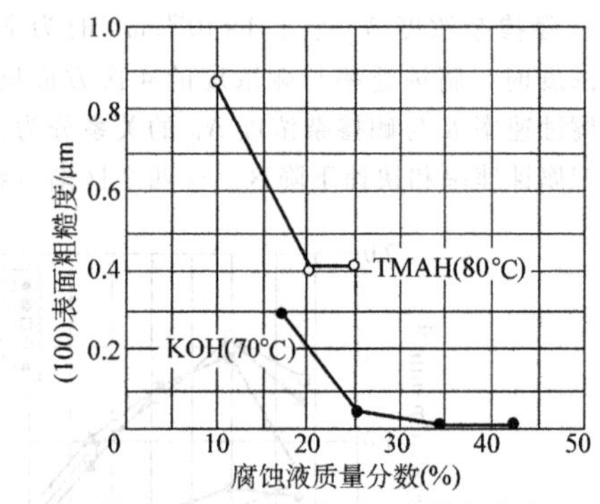

图 28.2-12　腐蚀液质量分数变化对腐蚀表面粗糙度的影响

1.3.6　各向异性腐蚀加工技术中的凸角补偿方法

在硅的腐蚀过程中，台面的顶部会产生严重的削角现象，从而使得台面有效面积减小，同时台面结构形状也发生某些规律性的变化。为了得到方形台面等比较规则的台面结构，必须对台面凸角加以补偿。目前已提出了很多补偿结构，以获得表面平整和凸角完整的腐蚀结

果。图 28.2-13 所示为一些最常用的凸角补偿结构，这些补偿结构在一些微结构的设计和加工中起着重要作用。表 28.2-1 列出了图 28.2-13 所示的这些补偿结构的优缺点，器件设计者可以根据器件加工的要求，选择合适的补偿结构。文献中详细介绍了补偿结构的具体尺寸设计与需要腐蚀深度的关系。

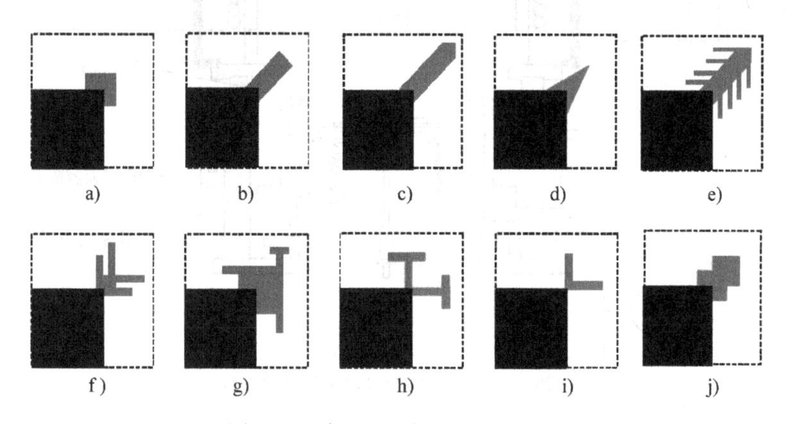

图 28.2-13　硅各向异性腐蚀过程中经常采用的一些凸角补偿结构

表 28.2-1　图 28.2-13 中不同凸角补偿结构的优缺点

补偿结构	补偿结构名称	凸角(台面)结构的棱线形态		凸角周围的腐蚀表面
		顶部	底部	
图 a	方形补偿	清晰	扭曲	平整
图 b 和 c	<100>条形补偿	清晰	清晰	平整
图 d	三角形补偿	清晰	扭曲	平整
图 e	有<110>窄条的<100>条形补偿	清晰	清晰	可能不平整
图 f 和 g	叠加<110>条的方形补偿	扭曲	扭曲	平整
图 h	弯折的<110>条形补偿	扭曲	扭曲	平整
图 i	叠加的矩形补偿	清晰	清晰	平整
图 j	叠加的方形补偿	清晰	塌陷扭曲	平整

1.4　深反应离子刻蚀

深反应离子刻蚀（DRIE）是一种特殊的反应离子刻蚀技术，它可以加工侧壁陡直的高深宽比结构。这种技术最先是基于德国 Robert Bosch Gmbh 和美国德州仪器公司（TI）拥有的专利发展起来的。英国 STS 公司研发出了基于 Bosch 方法的 ASE（先进硅刻蚀）技术，并将其应用于该公司生产的干法刻蚀设备当中。电感耦合等离子体刻蚀系统基本构成如图 28.2-14 所示。

刻蚀系统主要包括四部分：真空腔室与下电极、真空泵机组、射频电源、气路流量与压力控制。刻蚀反应的过程为：真空泵机组将真空腔室抽到 10^{-4}Pa左右的真空环境，通过气路流量与压力控制使反应气体 SF_6 或 C_4F_8 进入真空腔室，射频电源在下电极与真空腔室内壁之间使气体辉光放电产生等离子体，硅片就会与气体进行物理、化学反应，生成气态产物，真空泵机组将气态产物抽走，使反应得以继续进行。

1.4.1　刻蚀原理

深反应离子刻蚀技术将聚合物钝化层的淀积和对单晶硅的刻蚀分为两个独立的加工过程并循环交替进行，这样就避免了淀积和刻蚀之间的相互影响，保证了钝化层的稳定可靠，从而能够得到侧壁陡直的高深宽比结构。最典型的 Bosch 工艺为采用 SF_6 和 C_4F_8 在常温下实现刻蚀过程。SF_6 为刻蚀气体，用于对沟槽侧壁和底部的刻蚀，C_4F_8 为保护气体，通过在侧壁表面生长一层 $(CF_2)_n$ 有机聚合物保护膜，实现对已刻蚀侧壁的保护作用。如图 28.2-15 所示，刻蚀过程如下：先在侧壁上淀积一层钝化膜；通入 C_4F_8 气体，C_4F_8 在等离子体状态下分解成离子态 CF_2 基与活性 F 基，其中 CF_2 基与 Si 表面反应，形成 $(CF_2)_n$ 高分子钝化膜；然后进行刻蚀，通入气体 SF_6，以增加 F 离子解离，刻蚀掉钝化膜，接着进行 Si 基材的刻蚀。在刻蚀的步骤中，附着在先前附着层上的部分侧壁聚合物，在非垂直离子碰撞侧壁的影响下，脱离侧壁再次移动，重新在更深的侧壁上附着。这样，侧

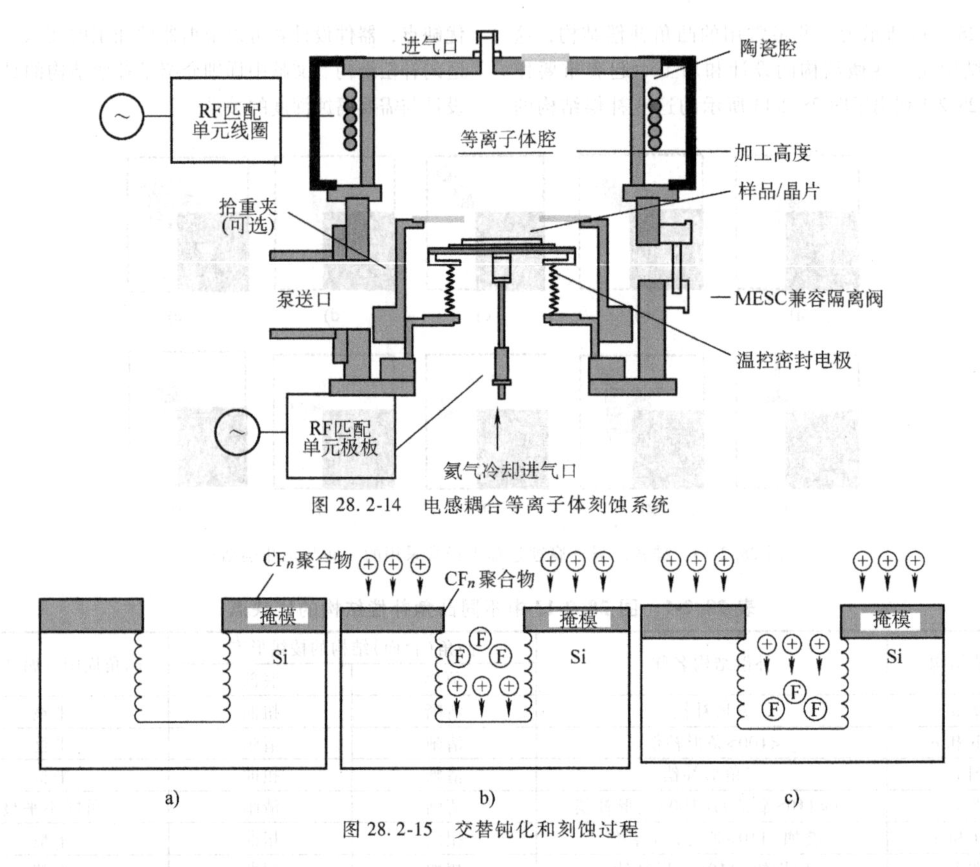

图 28.2-14　电感耦合等离子体刻蚀系统

图 28.2-15　交替钝化和刻蚀过程

壁上的聚合物薄膜不断地被驱赶向下附着，从而形成一个局部的各向异性刻蚀。

但是 ASE 技术要在淀积和刻蚀过程间来回切换，通常的周期为数十秒，这对刻蚀设备的稳定性和自动控制水平提出了很高的要求。另外，该项技术是 STS 的专利，只能在该公司提供的刻蚀设备上进行。最后，采用刻蚀钝化交替进行的方法加工得到的高深宽比结构侧壁表面粗糙，轮廓凹凸不平。

为了得到侧壁平滑陡直的高深宽比结构，开发了基于 SF_6/O_2 反应气体的等离子体低温刻蚀方法。这种低温刻蚀技术的主要出发点是通过降低被刻蚀表面温度，以降低表面反应生成物质的挥发性，在刻蚀过程中同时生成钝化层（无机钝化层），有效防止刻蚀过程中对侧壁的横向刻蚀。在载片台温度为-150～-30℃的低温刻蚀过程中，钝化层不是难以控制的 $(CF_2)_n$ 有机聚合物而是刻蚀过程中生成的 SiF_xO_y 薄膜。因此，反应气体组分中不需要有 C，但需要有 O 和 F。SiF_xO_y 钝化层由反应腔中的 F、O 原子在 Si 表面通过吸附作用和化学反应生成，在足够低的表面温度下保持不挥发的固态，阻挡了反应活性粒子与下层硅原子的进一步化学反应。刻蚀过程中，由于等离子体产生的离子轰击将提升槽底 SiF_xO_y 钝化层原子的能量，促使其脱离表面，即进行所谓的溅射刻蚀，从而将槽底钝化层下的硅重新暴露在反应气体中，因此，在槽底不断反应生成钝化层的同时，又不断地溅射刻蚀去除材料，刻蚀得以持续进行。而侧壁由于受到较少的离子轰击，其上的 SiF_xO_y 钝化层在槽底钝化层被溅射去除的同时还可以得到部分保留。也就是说，侧壁上完全可以一直存有足够厚度的阻蚀层以避免横向刻蚀的发生。刻蚀速率和刻蚀结果与 SF_6/O_2 的配比、载片台温度、刻蚀气体流量与感应耦合等离子体功率等因素有关。在此，以 Unaxis USA Inc. 生产的 Plasma Therm SLR770 和 Plasma Therm SLR7100 感应耦合等离子体刻蚀机的刻蚀过程为例，了解这些因素对刻蚀结果的影响，分析等离子体低温刻蚀的机理。必须指出，由于刻蚀设备间存在的差异，针对一台设备或者一家公司生产的设备，得到的工艺优化方案对于其他设备来说并不一定适用。但掌握不同工艺条件对刻蚀结果的影响，对所有设备的工艺参数优化还是有比较大的参考价值。

1.4.2　载片台温度与 SF_6/O_2 配比的影响

纯 SF_6 气体在各个温度下的刻蚀各向异性值都低

于 0.5，如图 28.2-16a 所示，是因为低温条件下 F 刻蚀硅的产物 SiF_x 仍然具备较强的挥发性，侧壁上没有形成明显的钝化层，刻蚀的各向异性差。刻蚀之所以没有表现出完全的各向同性，主要是因为槽底的硅受到更充分的离子诱导刻蚀。当 SF_6 气体加入 20%或 30%（体积分数，下同）的 O_2 后，随着载片台温度的降低，刻蚀的各向异性会出现明显的提高，并且在同样温度下，30%的 O_2 比 20%的 O_2 得到更高的各向异性。由于刻蚀腔内不存在 C 元素，有机聚合物无法产生，因此作为阻蚀层的物质是刻蚀表面生成的含 O 的化合物 SiF_xO_y。该物质随着 O_2 的体积分数的增大而有所增加，而且随着载片台温度的下降，其挥发性大幅度降低。刻蚀气体中，O_2 比例适当时，载片台低温工作时可以得到近乎完全的各向异性。但是，过多的 O_2 或过低的载片台温度将得到向外伸出的侧壁，即这时的各向异性值超过了 1。反应腔内 O 可以置换出 F 原子，所以一定量的 O_2 的加入可以提升 F 的体积分数，但过量的 O_2 会稀释 F 的体积分数，因此 20%比 30%的 O_2 有着更高的刻蚀速率和选择比。另外，低温会降低刻蚀速率和刻蚀选择比，其原因可以有两种解释，其一是较低的温度导致了刻蚀表面较低速率的化学反应；其二是较低的温度使得表面钝化层更不易挥发，离子溅射更不易去除钝化层，如图 28.2-16b 和 c 所示。

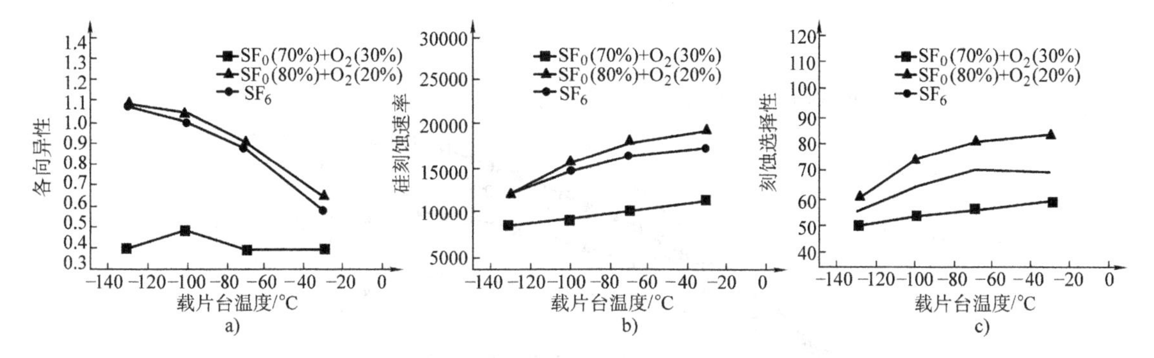

图 28.2-16　载片台温度和气体配比体积分数对刻蚀的影响
a）各向异性与载片台温度和气体配比的关系　b）刻蚀速率与载片台温度和气体配比的关系　c）选择比与载片台温度和气体配比的关系

1.4.3　SF_6 流量与 ICP 功率的影响

在 SF_6 流量较小的区域，ICP 功率较高时，刻蚀速率随着 SF_6 流量增大近似线性增加，与 ICP 功率无关，如图 28.2-17a 所示。在 SF_6 流量较大的区域，ICP 功率较低时，刻蚀速率随着 ICP 功率的变大近似线性增大，而与 SF_6 流量变化无关，如图 28.2-17b 所示。

基于上面的结果，可得到近似的经验公式，用于计算硅的刻蚀速率 $ER_{Si}(Q, P)$ 与 ICP 功率和 SF_6 流量的关系：

$$ER_{Si}(Q,P)=\frac{\alpha Q_{SF_6}\cdot\beta P_{ICP}}{\alpha Q_{SF_6}+\beta P_{ICP}} \quad (28.2\text{-}2)$$

式中，Q_{SF_6} 和 P_{ICP} 分别为 SF_6 流量和 ICP 功率，参数 α 和 β 的值可以分别由图 28.2-17a 和 b 中的虚线的斜率确定。

1.4.4　滞后效应和凹缺效应

在 DRIE 刻蚀过程中，会出现刻蚀速率随刻蚀结构深宽比的增加而明显下降的现象，这就是常说的 DRIE 滞后效应（Lag effect）。这是由于较高深宽比结构侧壁的覆盖效应较明显，只有较垂直的离子会到达槽底，于是槽底受到的离子轰击相对较少，因而溅射去除钝化层的溅射刻蚀较弱，结果整体的刻蚀速率较低。如图 28.2-18 所示，在相同的刻蚀条件和时间内，宽沟槽的刻蚀深度要大于窄沟槽的刻蚀深度。实验表明，较低的沟槽密度、低的压力、高的离子能量可以减小滞后效应的影响。此外，随着绝缘体上硅（SOI）结构在 MEMS 器件中的广泛应用，实验上发现刻蚀过程中出现凹缺效应（Notching effect）或称为底部效应（Footing effect）。当刻蚀硅材料遇到绝缘层（通常是 SiO_2）时，会在界面附近继续横向刻蚀，即发生硅在绝缘层界面附近的过刻蚀，也就产生所谓的凹缺效应，如图 28.2-19 所示。凹缺效应产生的主要原因在于硅和二氧化硅界面处电场分布的变化，改变了刻蚀离子的运动轨迹，同时，电荷在二氧化硅层中的积累进一步改变了沟槽底部的电场分布，从而底部硅的侧壁有较大的刻蚀速率。

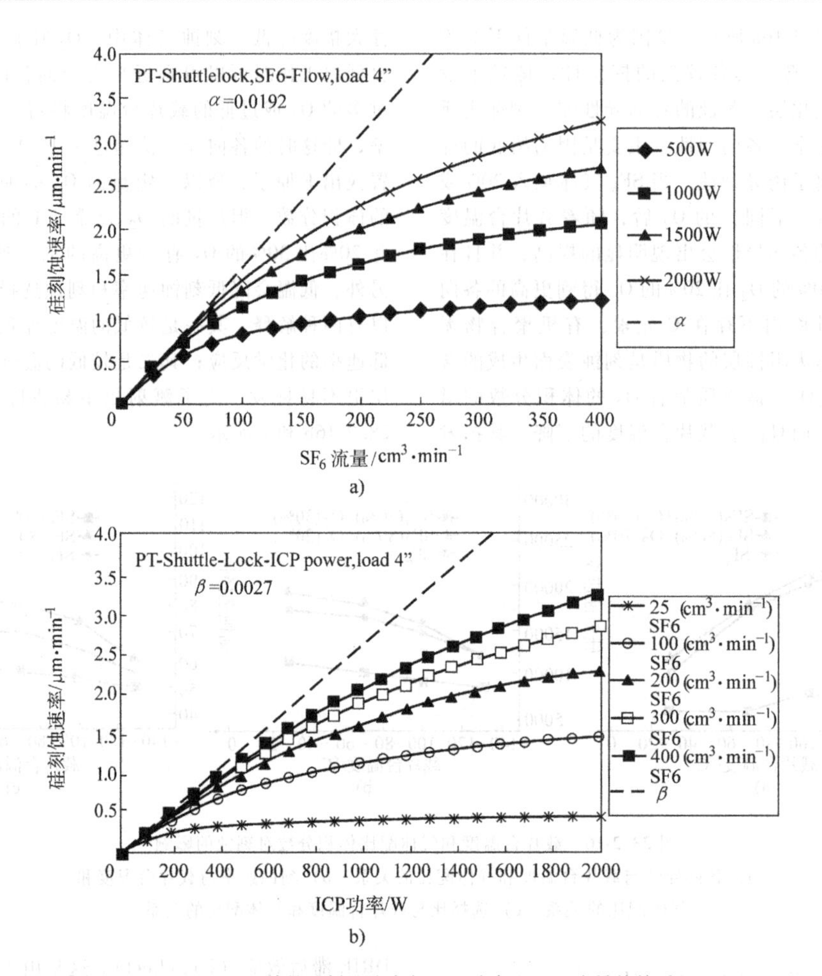

图 28.2-17　单晶硅刻蚀速率与 ICP 功率和 SF_6 流量的关系

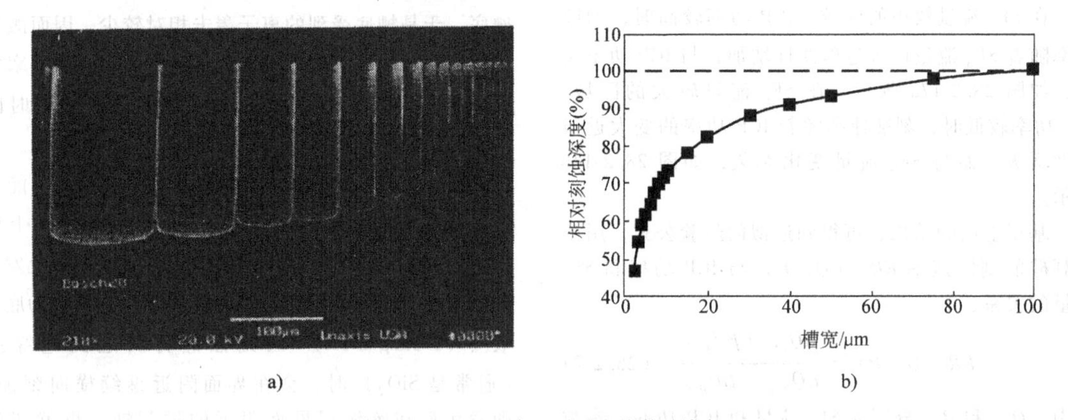

图 28.2-18　DRIE 加工过程中的滞后效应

a）实验结果　b）特征刻蚀深度与刻蚀窗口的关系

1.4.5　深反应离子刻蚀工艺优化

因 DRIE 刻蚀速率和刻蚀结果与 SF_6/O_2 的配比、载片台温度、刻蚀气体流量、感应耦合等离子体功率等因素有关，故在工艺中对这些参数进行优化，可以得到比较好的效果。表 28.2-2 列出了 Unaxis USA Inc. 生产的 Plasma Therm SLR770 感应耦合等离子体刻蚀的优化结果。

图 28.2-19　DRIE 加工过程中的凹缺效应

1.5　硅直接键合技术

直接键合是指将两片具有平整抛光镜面的硅片直接贴合并粘接在一起，不需要任何的粘接层，可在室温下、空气或者真空中完成。粘接是由长程范德华力或氢键力实现。键合前的表面必须光滑平坦。室温下粘接的界面键合能较低，键合强度不高，因此需要通过更高温度的退火提高键合强度。硅直接键合技术又被称作硅熔融键合技术或直接样品键合技术。

基本的硅直接键合工艺包括以下几个步骤：抛光硅片（氧化或未氧化）的清洗和活化；在室温下将两硅片贴合在一起；将贴合好的硅片在 O_2 或 N_2 环境中经数小时的高温处理形成良好的键合。

表 28.2-2　Plasma Therm SLR770 感应耦合等离子体刻蚀的优化结果

参数范围	刻蚀形貌							
O_2(cm^3/min) 0.12	0	2~4	5	6	8~10	11	12	
COP(Watts) 0.32	—	—	24~32	4~24	2~3	1	0	
S. F. (cm^3/min) 50~150	—	—	—	125~150	100	125	50~75	
Electr. (℃) 80~150	—	—	—	150~140	130~120	100~110		90~80
ICP(Wals) 750~2000	—	—	2000~1500	1150~1050	1050~750			
He(Tecc) 1.5~9.8	—	—	—	10	6.0			1.5
p(Turl) 7~9	—	—	—	—	7~5	9		
clamp(Bar) 0.5~3.0	—	—	—		1.5~0.5			
time(min) 5~25	—	—	—		5~25	—	—	—

1.5.1　硅直接键合技术的分类

三种不同的键合方式包括：亲水键合、疏水键合、超高真空（UHV）键合。表 28.2-3 列出了键合技术的分类。其中，亲水和疏水键合是由范德华力或氢键力促成的。在室温下键合后强度很低。而 UHV 键合在室温下即形成共价键，因此强度很高，它等效于一般的键合和其后的退火过程。亲水键合是现今常用的键合技术，常被用于制备 SOI 硅片。

表 28.2-3　键合技术的分类

键合方法	工艺描述
亲水键合	亲水键合通常在大气中进行，硅片表面覆盖有 1~2nm 的本征氧化层。在使用强氧化溶液清洗硅片时，本征氧化层被去除，形成一层化学氧化层。这种氧化层具有不稳定的化学计量比，因此可以与水迅速反应，在硅片表面形成所谓的硅羟基(Si-OH)，如图 28.2-20 所示，使得硅片表面亲水。硅烷醇基被数层水分子层覆盖，带有水分子层的表面通过氢键键合在一起，图 28.2-21 所示。此时形成的键合能较低，但是，通过进一步的热退火可以实现高强度的键合
疏水键合	在某些应用场合，键合界面处的绝缘氧化硅层是不需要的。它可以由稀释的氢氟酸或者氟化铵去除。这种处理方法使得硅片表面暂时被共价氢原子覆盖，这样的表面是疏水的。氢原子通过单氢化物和二氢化物的形式与衬底连接在一起。不同的连接方式决定于氢氟酸的浓度以及硅片的晶向。疏水表面更易被碳氢化合物沾污，因此经过 HF 处理后应该尽快进行键合。贴合后硅片通过弱极化 Si-H 键产生的范德华力键合在一起。这种键合的强度比氢键键合的强度低。通过热退火可以产生更高的键合能。此时，Si-H 键已经被共价键 Si-Si 所替代，如图 28.2-22 所示

（续）

键合方法	工艺描述
超高真空键合	首先在超高真空中，通过适当的加热(450℃)，硅片(已经经过适当的 HF 处理)表面的氢原子被去除。冷却至室温后将两硅片贴合在一起，在超高真空中，即使是室温，界面处也可以迅速形成 Si-Si 键。和前面提到的两种键合方式相比，由于共价键的形成，即使在室温下进行的键合，键合能依然很高。如果考虑到硅片可能已经进行了某些加工，不能承受较高的温度，如金属互连限制了在 450℃以下的加工温度，则 UHV 的优势就体现了出来。如果硅片上没有金属(如只有注入的 pn 结)，温度的限制可以放宽(<900℃)。在实际应用中，希望不通过加热，在键合前实现氢原子的释放，如可通过短时间的脉冲激光照射来完成

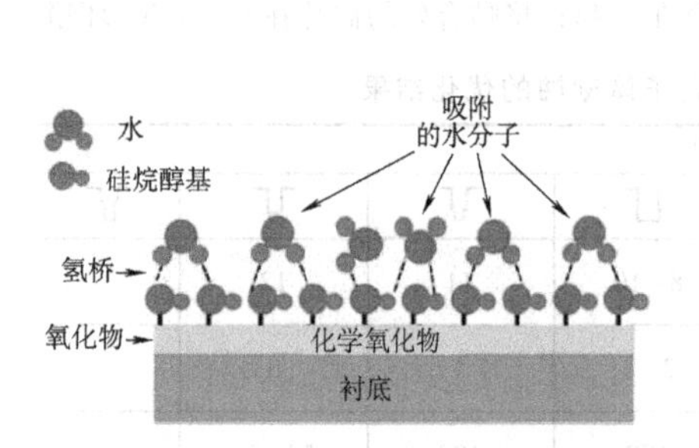

图 28.2-20　亲水氧化硅表面示意图（在硅烷醇基上吸附有水分子）

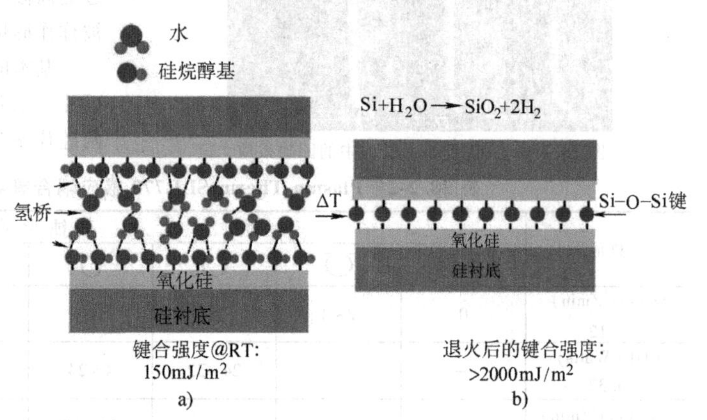

图 28.2-21　吸附有单层水分子的亲水氧化硅片间的键合
a）室温下的低键合强度键合　b）退火后的高键合强度键合

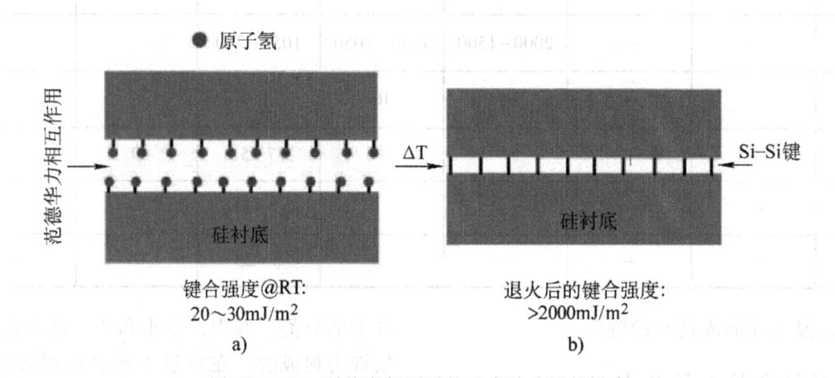

图 28.2-22　覆盖有氢原子的疏水硅片间的键合
a）室温下的低键合强度键合　b）退火后的高键合强度键合

1.5.2　键合前的清洗

直接键合对键合表面具有较高的要求，必须是平整、光滑、洁净的表面，不能有沾污。在键合中起主要有害作用的沾污有：颗粒沾污、有机物沾污、离子沾污。其中颗粒沾污往往是引起问题的主要原因，即使几微米大的颗粒也会引起远大于颗粒尺寸的键合失效面积。因此，键合通常是在超净环境中完成。有机沾污，如碳氢化合物分子等会引起键合强度的下降，并被怀疑与键合空洞的形成有关。在最初的低温步骤，它们并不会影响硅片的键合，但是在随后的热处理中，空洞会进行扩展。金属沾污（如镊子或器皿带来的金属离子）对最初的键合和空洞都没有影响。因此，对于大部分键合来说并不重要，但是它会对周围半导体器件的电子特性造成影响。

键合前的清洗需要去除硅片表面的所有沾污，并不破坏硅片的光滑性。基于双氧水的 RCA 湿法清洗是半导体工业最常使用的清洗方法。典型的 RCA 溶液的配比及使用条件等见表 28.2-4。

RCA1 用于去除有机物沾污，RCA1 中的 NH_4OH 对 Cu、Ag、Ni、Co 和 Cd 等金属也具有腐蚀作用。同时，RCA1 溶液可以减小毛细力和表面电荷并修改颗粒表面，使得颗粒沾污从硅片表面去除。在 RCA1 清洗之后，通过去离子水进行冲洗，接着使用 RCA2

溶液去除钾离子以及 Al、Fe、Mg、Au、Cu、Cr、Ni、Mn、W、Pb、Nb、Co、Na 等金属。

如果清洗前硅片经过了 HF 处理，则 RCA1 中的 NH_4OH 会腐蚀硅，虽然反应立即被 H_2O_2 作用产生的氧化层所阻止，但是硅片表面的粗糙度将从 1Å 左右上升到 5Å 左右，于是，采用改进的 RCA1 来解决这一问题。其缺点是过低的 NH_4OH 配比将减弱对颗粒的去除能力。折中的方案是将 NH_4OH 的配比设计为 0.25。

1.5.3　键合表面的活化

由于范德华力的作用，在理论上，任何平整洁净的材料可以在室温下进行键合，只要键合表面足够贴近即可。但是在实际情况中，为了满足如此理想的平整度必须付出昂贵的成本，并且不是对于所有的材料都适用。因此，希望制备出活化的键合表面以降低对平整度的要求。表 28.2-5 列出了表面活化方法。

表 28.2-4　标准 RCA1、改进的 RCA1 和标准 RCA2 溶液的成分和使用条件

腐蚀液	成分	处理温度/℃	处理时间/min	去除物种类
RCA1	NH_4OH : H_2O_2 : H_2O = 1 : 1 : 5~1 : 2 : 7	75~85	10~20	颗粒,有机物,某些金属
改进的 RCA1	NH_4OH : H_2O_2 : H_2O = 0.01~0.25 : 1 : 5	70~75	5~10	颗粒,有机物,某些金属
RCA2	HCl : H_2O_2 : H_2O = 1 : 1 : 6~1 : 2 : 8	75~85	10~20	钾离子和重金属

表 28.2-5　表面活化方法

活化类别	工 艺 描 述
湿法化学	具有本征氧化层或热氧化层的硅表面可以通过基于氧化硅与 H^+ 基团或 OH^- 基团的反应进行活化。常用的处理溶液包括 NH_4OH、H_2SO_4 等。经过处理的硅片表面吸附有大量的羟基。表面的羟基是极化的，因此具有活性，它们是亲水键合的重要吸附点 疏水键合的活化处理是将硅片放入稀释的 HF 中漂洗，去掉本征氧化层。处理后硅片表面主要由 H 原子覆盖，这样的硅片也可以进行室温下的键合。但是，需要注意，为了避免 HF 漂洗过程中 Si 表面变得粗糙，必须使用很稀的 HF(0.6%~1%)，漂洗时间也不能太长(室温下 15s~5min)
等离子体	利用等离子体可以对硅表面进行活化处理。将带有本征氧化层或热氧化层的硅片置于低压(约 13.3Pa)气体放电形成的等离子体中 6min，温度约为 300℃。经过等离子体处理后的表面表现出很强的化学活性 由于不同的气体，包括 O_2、N_2 和 NH_3 等形成的等离子体产生的处理效果相似，因此除了清洁表面之外，等离子体引起的表面化学键缺陷对化学活性的增强起到了主要作用。与标准 RCA 溶液预处理后进行的室温下键合相比，等离子活化键合具有更高的键合强度。NH_3 等离子体处理常被用于活化各种衬底上的氮化硅表面，进而进行低温键合(90~300℃)。另一方面，氧等离子体轰击实现的表面活化或者利用 RF 磁控溅射一层 SiO_x(x<2)的方法亦可增加键合强度。通过 10min、200℃、Ar : H = 1 : 1 的氢等离子体处理可以去除本征氧化硅和覆盖在本征氧化硅上的碳氢化合物。处理后硅片表面的化学键终端完全由氢原子覆盖，超过 50% 的终端氢原子可以由下一步 600℃、时间为 4min 的高真空退火去除，形成洁净活泼的疏水硅表面
高真空退火	RCA 溶液清洗后，硅表面留下的本征氧化层可以在 30min、850℃、2.66×10^{-6}Pa 的高真空退火中去除。这种异常洁净的硅表面必然是活泼的，可以通过它的亲水性证明。将超高真空处理后的硅片立刻进行键合，可以得到接近完美的键合界面，这是由于键合的硅片表面上几乎没有其他原子 另一方面，如果将选定的气体通入反应腔中，则硅片表面可以覆盖特定的分子层，这种干法活化工艺具有一个潜在的优点，在一些特殊应用中，可以在键合前自由地选择所需的表面化学键

1.5.4　平整度对键合的影响

抛光硅片的表面或热氧化硅片的表面并不是理想的镜面，而总是有一定的起伏和表面粗糙度。图 28.2-23 所示为一个典型抛光硅片表面的起伏和表面粗糙度情况。由图可见，表面存在数千 Å 的起伏及数十 Å 的表面粗糙度，若硅片有较小的粗糙度，则在键合过程中，会由于硅片的弹性变形或者高温下的黏滞回流，使两键合片完全结合在一起，界面不存在空洞，但对于表面粗糙度较大的硅片，因为有限的弹性变形会使界面产生空洞，因此，就键合工艺而言，对硅片表面的平整度有一定要求。

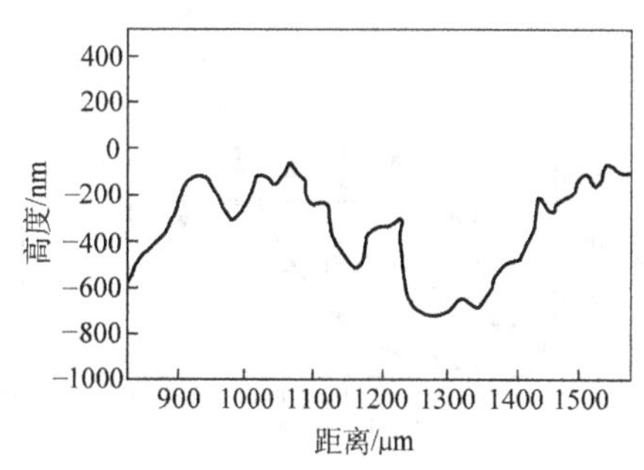

图 28.2-23　硅片的表面起伏

对于圆片键合所需的表面平整度已有一定的研究。实验证实，一般来说圆片的粗糙度不能大于10Å，弯曲小于5μm（在四寸硅片上）。此外，大于10Å的表面凸起（由于前面的工艺产生的）在键合过程中会产生问题。

1.5.5　键合后的热处理

键合过程的最后一步是高温退火，温度从室温升到1200℃。如果在室温下样品贴合得很好，更高温度（800~1200℃）的退火可以使键合强度提高一个数量级以上。在高温下（>800℃），键合强度在退火几分钟内达到饱和。在更低的退火温度下，键合强度的提高需要很长时间（数天）。

（1）键合强度与退火温度的关系

无论进行亲水键合还是疏水键合，硅片间的键合能随温度增加而提高，如图28.2-24所示。在长时间的退火处理下，亲水表面的键合能在110℃附近已经有了迅速的增加，此时羟基因获得热能而具有更大的表面迁移率，有更多的氢键跨越间隙，硅片被紧密地吸在一起。温度继续增加，氢键被Si-O-Si键逐步取代，多余的水或氢从界面扩散出来。同时，硅片的弹性变形增加，使得未键合的微小区域键合，键合能增加。当温度达到150℃左右时，键合的有效接触面积受到限制，键合强度维持稳定。到800℃左右，SiO_2因塑性变形、固态扩散和黏滞流动，使得键合界面处的微观间隙逐步消失并形成共价键，键合强度增加。

对于疏水键合，150℃以下，键合强度保持稳定，表明此时界面处没有进一步键合反应的发生；温度进一步升高，HF分子发生分解、重构，形成额外的化学键，键合强度增加；当温度上升到300℃以上时，H元素解吸附，形成牢固的Si-Si键，键合强度进一步增加；当温度上升到700℃时，键合面的能量与体硅相当，硅原子在键合界面处进行扩散，使得界面间的微间隙减小，键合强度增强。

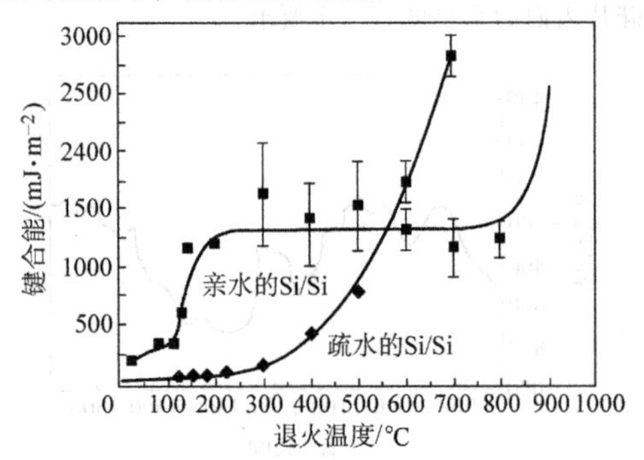

图28.2-24　键合能与退火温度的关系

（2）界面空洞与退火温度的关系

键合形成空洞的主要原因是：①室温下贴合时陷入界面的气体；②表面不平整；③外界粒子的沾污；④退火过程中产生的气体。前三种空洞在退火过程中不会发生明显的改变，只能通过提高键合表面质量和良好的超净环境来改善。而最后一种空洞与退火条件有关。

对于疏水键合，温度在300~400℃之间时，氢化物变得不稳定，氢元素被释放出来形成氢气沿着键合面扩散。由于界面上没有吸收氢的氧原子，因此疏水键合在退火时特别容易形成空洞。然而，在更高的温度下（一般>800℃），随着H_2扩散到体硅中，这些空洞可能消失。需要指出的是，氢从硅片表面解吸附是通过热激活来实现的，因此决定于退火的时间和温度。气泡通常只会在疏水键合也就是没有中间氧化层的键合中才会出现，并通常是由于碳氢化合物的污染产生的。

鉴于前面的讨论，要消除上述空洞可以采取两种方法：一种方法是键合硅片需要经过大于900℃的高温处理，通常是采用1100℃退火数小时；另一种方法是对于某些应用，如高掺杂含量硅片键合，不希望采用1100℃的高温处理，则可以在键合前，将硅片放在高温下先进行退火，如在800℃ Ar气环境中退火30min，然后再进行正常的键合，这样，在退火的过程中，硅片表面的碳氢化合物已经被解吸附。

1.5.6　键合质量的表征

最常见的技术是键合成像、横截面分析和键合强度测试[8-10,27-29]。键合成像是非破坏性的，并且可以用作工艺过程的监测方法，而横截面分析和键合强度测试是破坏性的。

键合片的成像方法主要有红外成像、超声成像和X射线拓扑成像等。两组四寸键合片红外成像的结果如图28.2-25所示。由于颗粒和陷入气体，右边一组的键合片中出现了空洞。一个简化的红外成像系统示意图如图28.2-26所示。系统由红外光源（白炽光灯泡）和红外敏感照相机组成。利用硅电荷耦合技术

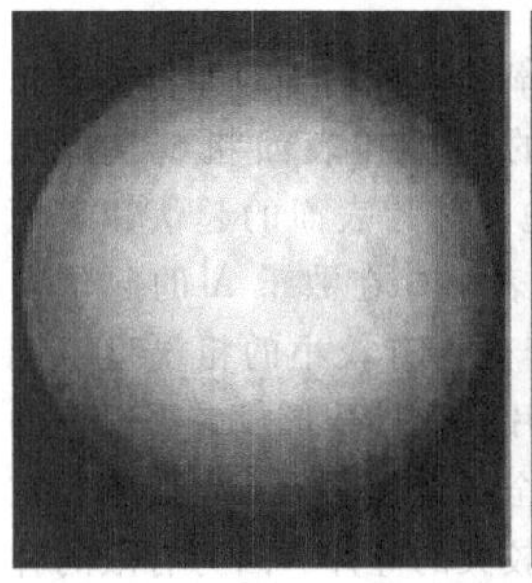
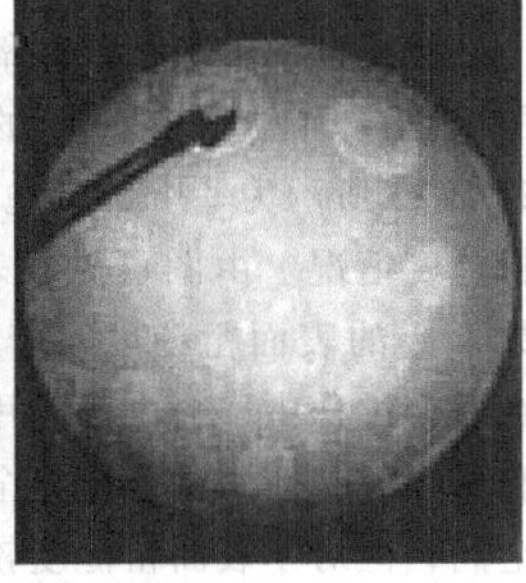

图28.2-25　两组键合片的红外成像

实现的照相机在红外区域具有足够的灵敏度，在安装了可见光滤波器后就可以使用。将键合片放在光源和照相机之间。对照红外图像，不理想的键合区域就会显现出来。大的未键合区域（“空洞”）显示出“牛顿环”的特征。这种成像方法一般不能对表面间隙小于红外光源波长四分之一的空洞进行成像。对于典型的微粒空洞，它具有数毫米的横向分辨力。图 28.2-27 所示为利用相同的硅片对三种成像方法的比较，在红外成像中显示没有空洞，但是其他方法却显示出空洞。红外成像方法对于表面光滑、普通掺杂含量的硅片是有效的。重掺杂层，或者粗糙表面（硅片背面）有可能限制成像的质量。尽管存在分辨力的限制，红外成像还是具有简单、迅速和成本低的优点。它可以在超净环境中对退火前后的圆片直接进行成像。其他两种成像技术能提高分辨力，但却是以牺牲速度和费用为代价。

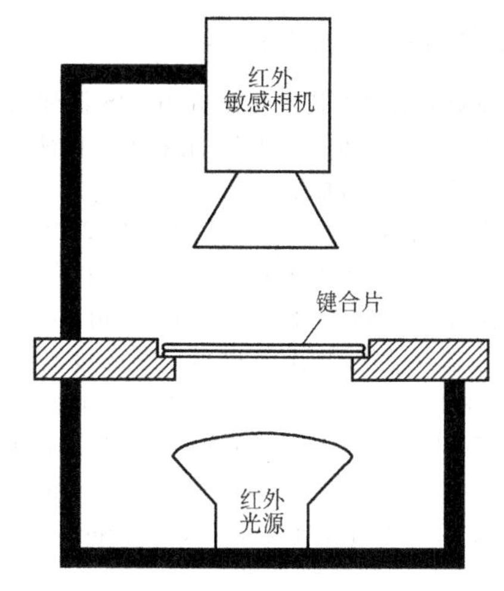

图 28.2-26　红外成像系统示意图

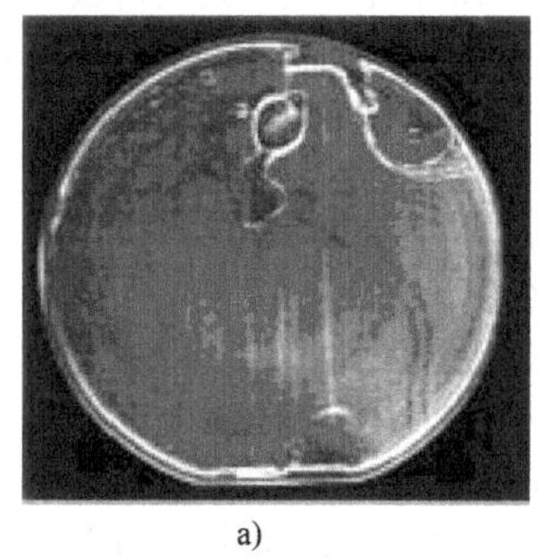

a)

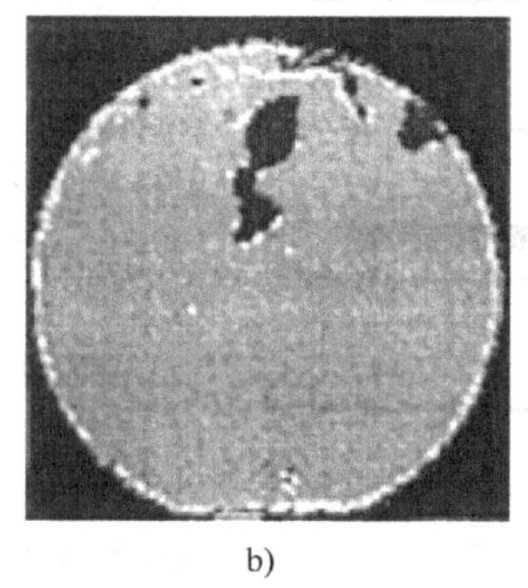

b)

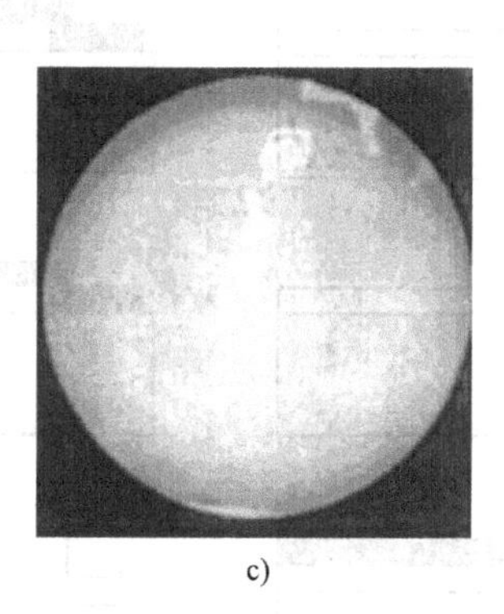

c)

图 28.2-27　对于同一键合片，三种成像方法的比较

a）X 射线拓扑成像　b）超声成像　c）红外成像

横截面分析可以通过劈开样品的键合面来实现。扫描电镜（SEM）和透射电镜（TEM）技术已经用于键合界面的亚微米成像。这些研究有助于理解键合界面的组成。此外，还可以通过简单的缺陷腐蚀获取很多关于键合界面的信息，它尤其体现在对数十微米空洞（“微空洞”）的观测上。

键合强度可以有不同的技术表征。图 28.2-28 所示为最常用的几种测试技术。压力鼓胀测试（见图 28.2-28a）可以为传感器器件设计提供一个重要的参数，但是加载界面复杂。切应力测试（见图 28.2-28b）可以更好地表征键合质量，但是在不同加载和样品夹持方面受到限制。刀片插入技术（见图 28.2-28c）的优点是可以对键合界面精确加载，将给定厚度的刀刃插入键合界面，使键合面产生裂缝，再使用红外成像技术测量裂缝的长度，由此，键合界面的表面能可以从刀刃的厚度和硅片的弹性特性等推测出。这种方法使用十分成功，但是需要注意裂缝的长度是和时间（及湿度）相关的。表面能和裂缝长度是 4 次方的关系，因此裂缝长度的不确定性造成表面能的提取具有很大的不确定性。

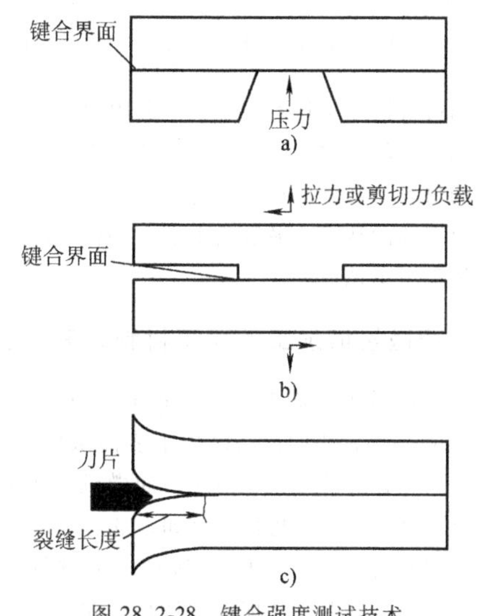

图 28.2-28　键合强度测试技术

a）压力鼓胀　b）切应力　c）刀片插入

2　表面微机械加工技术

表面微机械加工技术是制造 MEMS 器件的一种重要技术，其工艺特征是对淀积在衬底上的薄膜材料进行加工以获得微机械结构。

基本的表面微机械加工过程如图 28.2-29 所示。

表面微机械加工工艺的优点在于：①单面加工，无需双面对准光刻；②加工精度高，适用于制作微小结构；③器件占用芯片面积小，集成度高；④与 CMOS 工艺具有较好的兼容性；⑤加工材料多样。

表面微机械加工工艺也存在着一些局限：①结构层厚度受到淀积薄膜材料厚度的限制（通常小于数个微米）；②黏附与残余应力（或应力梯度）易于造成器件的失效。

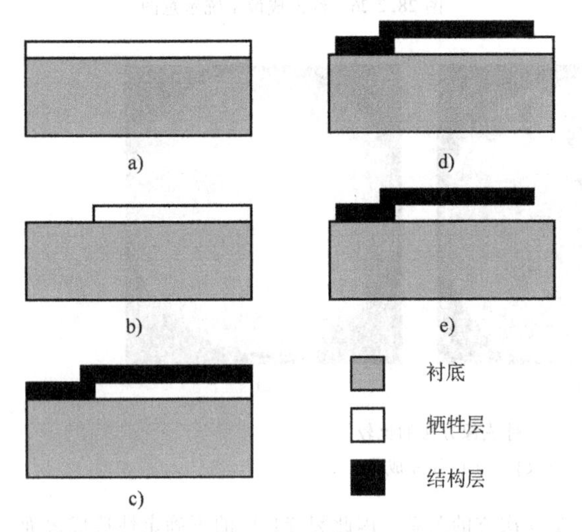

图 28.2-29　基本的表面微机械加工过程

a）淀积牺牲层材料　b）牺牲层图形化　c）淀积结构层材料　d）结构层图形化　e）去除牺牲层（释放）

表面微机械加工技术的关键是薄膜材料的淀积技术以及牺牲层的释放腐蚀技术。本节首先对表面微机械加工的材料及其制备技术进行介绍，然后总结了牺牲层释放腐蚀的技术，最后给出了一些标准的商用表面微机械加工工艺流程。

2.1　表面微机械加工的薄膜材料及其特性

表面微机械加工起源于集成电路（IC）制造工艺，IC 工业一些常用的材料已用于表面微机械加工，如多晶硅、氧化硅等。为了适应表面微机械加工的需要，改进了某些材料的特性。例如，通过在氧化硅中掺磷，形成磷硅玻璃（PSG），这种回流材料提高了释放腐蚀速率。同时，其他各种材料，如金属、有机物等也用于表面微机械加工。

作为表面微机械加工的结构层材料，材料淀积考虑的问题主要是薄膜的机械特性与应力优化等；而作为牺牲层材料，淀积材料考虑的问题主要是台阶覆盖和腐蚀速率等。下面介绍一些常用的表面微机械薄膜材料、制备工艺以及主要特性。

2.1.1　多晶硅

在电子器件中，多晶硅具有广泛的应用，如多晶硅发射极、多晶硅栅和多晶硅互连线等。而在表面微机械加工中，多晶硅是一种最常见、应用最广的结构层材料。

多晶硅薄膜作为一种机械材料，其特性和单晶硅不同，如多晶硅比单晶硅具有更低的弹性模量，且更易发生非弹性形变，这可能是由淀积条件的变化、晶粒尺寸效应等引起。多晶硅断裂特性由材料的几何微缺陷决定，而多晶硅对这些不规则的微缺陷并不敏感，因此工业制备的多晶硅材料有较好的可控性，其特性随加工工艺的变化相对较小，如对 5 种不同条件下制备的多晶硅进行的 48 次测试给出：弹性模量 =（170±6）GPa，泊松比 = 0.22±0.01，抗拉强度 =（1.2±0.15）GPa。

在表面微机械加工工艺中，多晶硅通常采用低压化学气相淀积（LPCVD）的方法制备。淀积温度在 550～700℃之间，反应气体为硅烷。在反应气体中混入磷烷或硼烷，可以在淀积的同时对多晶硅进行掺杂。工艺参数对多晶硅的电学和力学特性具有显著的影响。在淀积的多晶硅中往往存在残余应力，较高的残余应力可能使表面微机械结构发生变形甚至失效，因此需要优化淀积条件并进行一定的后处理工艺，来改善多晶硅中的残余应力。

常用于减小多晶硅残余应力的方法是在高温下（>1000℃）退火 1h 以上。图 28.2-30 所示为多晶硅残余应变与退火温度的关系。显然，这种方法无法在集成了电子器件的芯片上使用。为了避免这一问题，可用快速热退火技术。将多晶硅结构的温度快速上升到 1150℃，并保持 3min，可以顺利地释放多晶硅中的应力并对某些电子器件不造成影响。但是这样的高温，即使持续时间很短，也会使 PSG 牺牲层发生回流，由此造成多晶硅结构的变形。改进的方法是将 PSG 淀积在一层很薄的无掺杂氧化硅上或降低退火温度。

在多晶硅淀积的过程中，温度会对多晶硅的结构产生影响，在某一转化温度以上，多晶硅形成完整的晶粒和晶界，在转化温度以下的多晶硅结构是半非晶的，转化温度与气压以及气体流量有关。淀积材料的结构对其电学特性以及力学特性都有很大的影响，即使之后经过了高温热处理也依然如此。

图 28.2-31 所示为淀积温度与残余应变之间的关系。工艺条件为：多晶硅淀积的反应气压与硅烷流量分别为 150×133mPa 和 45cm^3/min；通过离子注入实现掺杂，注入能量为 80keV，剂量为 1×10^{15}cm^{-2}；注入后的退火条件为 N_2 环境下 850℃、30min。

在转化温度以上，多晶硅中的应力是压应力；在转化温度以下，应力得到了改善，但是无掺杂的样品仍然是压应力。原因在于：在淀积之后紧接着在氮气环境中进行热退火，多晶硅晶界的形成是在退火的过程中形成的，而不是在淀积过程中形成的。非晶层中多晶颗粒的结晶化使得薄膜发生收缩，因此应力向张应力转变。从图 28.2-31 可以看出，过多的降低淀积温度不会对应力产生更大的影响，因此将淀积温度设定在转化温度附近，可以提高淀积速率并获得所需的力学特性。

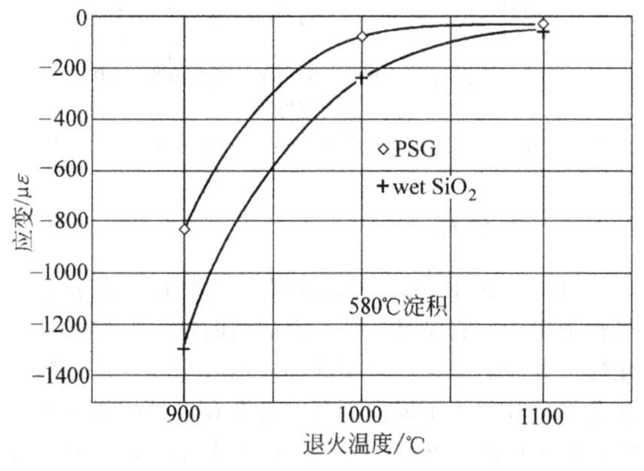

图 28.2-30　多晶硅残余应变与退火温度的关系（退火时间 1h）

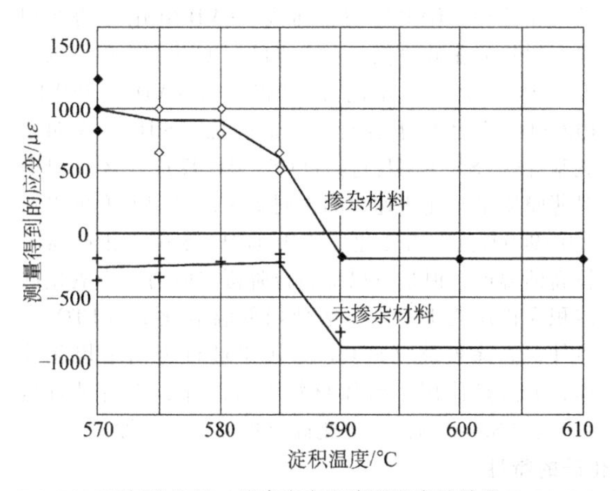

图 28.2-31　残余应变和淀积温度的关系

图 28.2-32 所示为多晶硅残余应变与退火时间的关系。工艺条件为：淀积温度为 575℃；磷注入剂量为 1×10^{15} cm^{-2}；注入后在 850℃、N_2 环境中时间 30min。

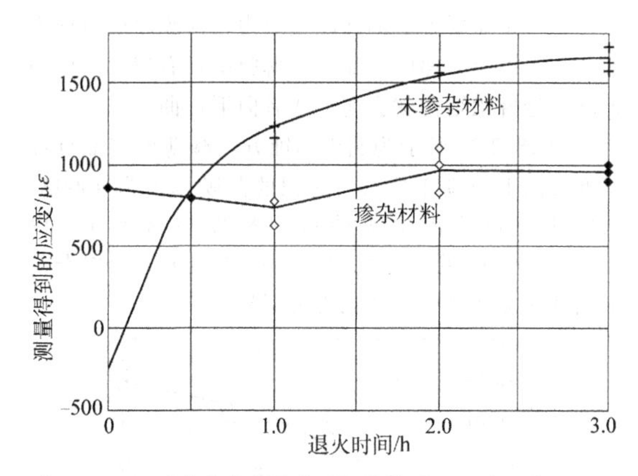

图 28.2-32　残余应变与退火时间的关系（退火温度 600℃）

无掺杂的多晶硅从 -300με 的压应变转化成了 +1000με的拉应变，而注入后的薄膜受退火的影响较小。如果在淀积过程中没有形成晶界，较低的退火温度就可以去除张应力。退火温度只要在转化温度以上即可。但是如果在淀积过程中多晶结构已经形成，这样低的温度就不适用，必须使用高于 1000℃ 的温度才能有效地改变材料结构。因此晶界的形成而非晶粒的尺寸主导了残余应力。

在表面微加工中，退火的目的有两个：一是去除残余应力，另一个是激活杂质。如前所述，如果退火只用来激活杂质，则 850℃ 的温度就足够了。如果多晶硅以半非晶的形式淀积，增加退火温度，拉应力减小，当温度大于 1000℃ 时，应力变为压应力。对于在转化温度以上淀积的薄膜，应力始终是压应力，但是当退火温度增加时，应力趋向于 0。

图 28.2-33 给出了 570℃（转化温度以下）以及 610℃（转化温度以上）下淀积的多晶硅薄膜，在经过 1×10^{15}cm^{-2}的磷掺杂之后，残余应变与退火温度的关系。可见，如果淀积参数没有经过优化，为了去除压应力，高温退火是必需的。在氮气环境中进行 850℃、30min 的退火，可以得到合适的力学特性，但是增加温度将减小拉应力，甚至使应力变为压应力。

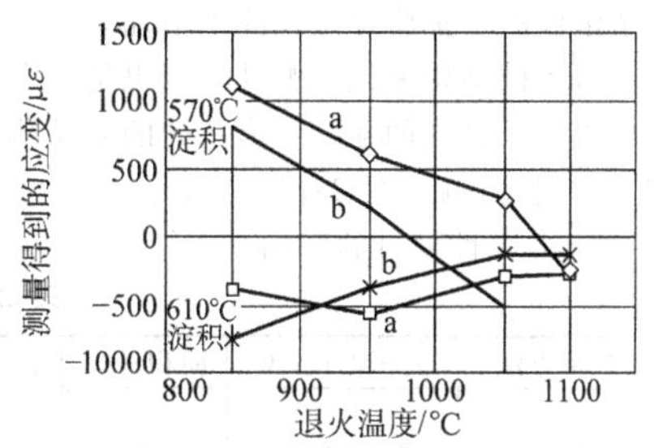

图 28.2-33　离子注入后退火温度对多晶硅残余应变的影响

a—牺牲层为氧化硅　b—牺牲层为 PSG

另一个需要考虑的问题是应力在薄膜厚度方向上的分布，即应力梯度。如果在薄膜中具有较大的应力梯度，悬臂梁结构就会向上或者向下弯曲。

图28.2-34所示为利用刻蚀方法减薄的多晶硅在厚度方向上的应变分布，淀积的薄膜厚度为4000Å。从图中可以看出退火使应力梯度显著减小。图28.2-35表明薄膜厚度也与残余应变相关。无掺杂的多晶硅应力随厚度的变化更为明显。

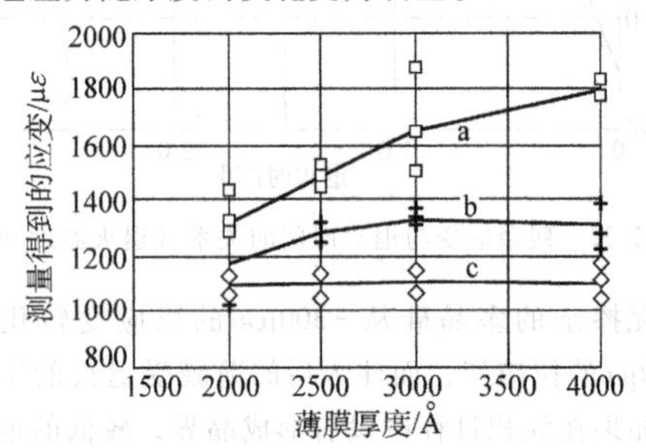

图28.2-34　残余应变在多晶硅减薄过程中的变化
a—没有处理的无掺杂多晶硅　b—经过850℃退火的无掺杂多晶硅　c—磷注入多晶硅（$1\times10^{15}cm^{-2}$）并在850℃下退火30min

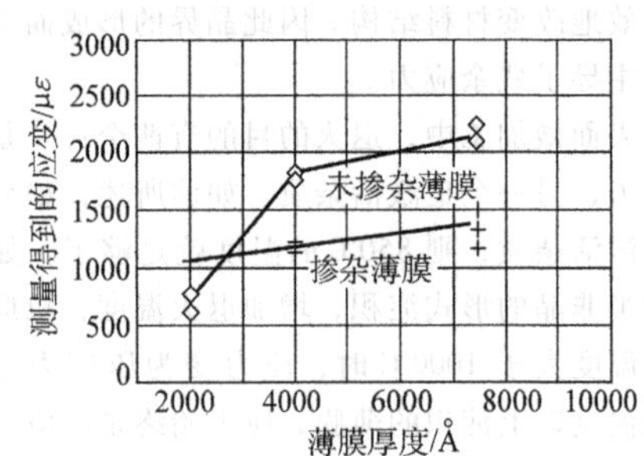

图28.2-35　残余应变与薄膜厚度的关系
◇—无掺杂薄膜　+—磷离子注入（$1\times10^{15}cm^{-2}$）薄膜，注入后850℃下进行退火

更高的掺杂浓度对应力有更大的影响。图28.2-36所示为$1\times10^{15}\sim3\times10^{16}cm^{-2}$磷掺杂或砷掺杂条件下、1μm厚多晶硅的残余应变与注入剂量的关系，其中多晶硅经过了1050℃的退火。当掺杂浓度增加时，应变向压应力变化。另一方面，对于硼掺杂来说，掺杂浓度的增加将导致拉应力增加。

对于微机械结构来说，弹性模量也是一个重要的参数，它决定了材料的强度。多晶硅的多晶结构对弹性模量会产生影响。图28.2-37所示为退火温度对LPCVD多晶硅弹性模量的影响。

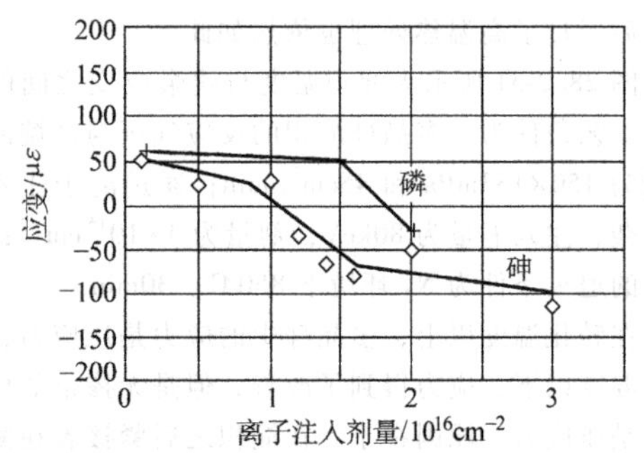

图28.2-36　残余应变与砷离子和磷离子注入剂量的关系

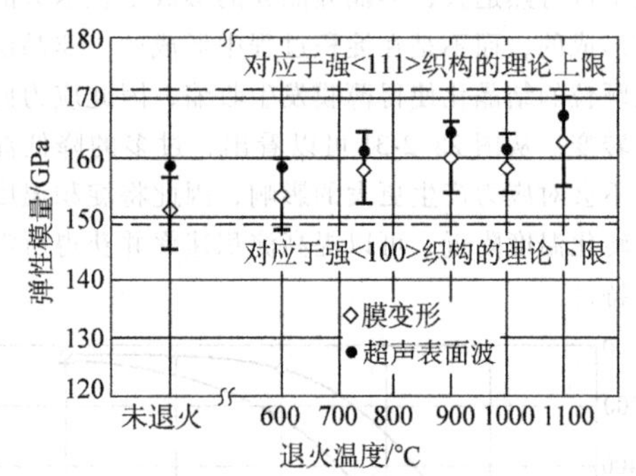

图28.2-37　弹性模量与退火温度的关系（退火时间2h）

2.1.2　氧化硅

氧化硅是IC工艺最常用的介质材料。在表面微机械加工中，它又是一种广泛应用的牺牲层材料。氧化硅可分为热氧化二氧化硅和淀积氧化硅两种。热氧化是将硅片置于干燥的氧气或者混有水气的氧气环境中，在温度高于900℃的条件下将硅衬底氧化为二氧化硅。淀积氧化硅是将含硅的气体与氧气反应（化学气相淀积，CVD）制备而成。CVD氧化硅的淀积温度比热氧化硅要低。在适当的温度下，淀积可以在大气压、低压、等离子增强（APCVD、LPCVD、PECVD）等条件下进行。通常硅烷（SiH_4）或四乙氧基硅烷[$Si(OC_2H_5)_4$，TEOS]用作反应气体。根据对薄膜质量和淀积速率的不同要求，淀积温度可以在200~900℃范围内变化。使用TEOS淀积氧化硅需要较高的温度，但是可以提高台阶覆盖能力。当氧化硅淀积在铝层之上时，一般使用低温氧化硅（LTOs）。另外，旋涂玻璃（SOG）常用于进行表面平坦化处理，方法是使用半流体材料进行旋涂，之后进行退火。表28.2-6列出了氧化硅及相关工艺特性。

表28.2-6　氧化硅的特性

氧化硅制备方法	淀积温度/℃	淀积速率	台阶覆盖	1%HF的腐蚀速率[①]	备　注
热氧化	800~1200	低	保形	低(Å/s)	薄膜质量很好 厚度易于控制 压应力
LPCVD	600~900	低	保形	低	薄膜质量好 压应力

（续）

氧化硅制备方法	淀积温度/℃	淀积速率	台阶覆盖	1%HF 的腐蚀速率①	备　注
LPCVD-LTO	400~500	低	差	高 250Å/s(7Å/s)	通常为 PSG 和 BPSG(回流) 含氢
LPCVD-TEOS	650~750	中等	保形	中等	较低的压应力
APCVD	300~500	高	好	高 150Å/s(10Å/s)	薄膜含有杂质 出现裂痕 拉应力(淀积时)
APCVD-TEOS	300~500	高	好	中等	薄膜含有杂质
PECVD	200~400	中等	保形	高 400Å/s(12Å/s)	与 H、N 结合 压应力
PECVD-TEOS	350~400	中等	保形	中等 10Å/s [w(P)4%](3Å/s)	与 H、N 结合
SOG	<200(软烘)	高	平坦化	高 400Å/s(12Å/s)	牢固性差 200~400℃卷曲

注：为了比较，在括号中给出了相应淀积方法形成 w(PSG) 15%的腐蚀速率。
① 1%为质量分数。

MEMS 牺牲层材料的氧化硅与传统 IC 工艺的氧化硅所需的特性是不同的，表 28.2-7 列出了两者的特性对比。例如，作为一种介质材料，在 IC 工艺中氧化硅的长期稳定性和化学纯度至关重要，而作为表面微机械加工牺牲层材料，要求更高的腐蚀速率和腐蚀选择比。化学纯度可以显著地改变腐蚀速率和选择比。吸收水分将大大减小掺磷氧化硅（未退火）的腐蚀速率。一般而言，更高的淀积温度或者退火温度将导致更高的密度和更低的腐蚀速率。台阶覆盖也是一个重要问题。牺牲层材料的保形覆盖（见图 28.2-38a）可以很好地定义结构层与衬底之间的间隙，而平面覆盖（见图 28.2-38b）则可以在台阶上实现平坦的结构。在后道工序的热循环中，牺牲层收缩可能导致应力和微机械结构的分离。

表 28.2-7　IC 工艺中氧化硅与 MEMS 牺牲层所需氧化硅的特性比较

IC 介质层的要求	MEMS 牺牲层的要求	建　议
低介电常数		需要退火
光刻胶以及下层材料的腐蚀选择比	衬底和结构层材料的腐蚀选择比	选择适当的腐蚀液
适中的腐蚀速率	高腐蚀速率	选择适当的杂质掺杂和腐蚀液
高腐蚀均匀性	更高的腐蚀速率	需要更高的腐蚀液扩散率
	腐蚀产物具有较强的溶解性以防止残余反应物	腐蚀后进行适当的清洗，清洗工艺与 MEMS 结构兼容
好的黏附性	低收缩率	致密化与退火
长期稳定性		低应力
更低的热处理温度	更低的热处理温度	为了与离子注入和金属化工艺进行更好地兼容，采用低的淀积、回流和退火温度

对于各种 CVD 方法，可以通过在反应气体中加入含有杂质的气体以实现氧化硅的掺杂。磷和硼都是较为典型的杂质，用于改变薄膜的化学特性，降低回流时间，增加腐蚀速率。根据掺杂的杂质不同，CVD 氧化硅又进一步分为磷硅玻璃（PSG）、硼硅玻璃（BSG）和硼磷硅玻璃（BPSG）。

LPCVD-BPSG 经常用于克服 LPCVD-LTO 氧化硅的台阶覆盖问题。掺杂后，氧化硅可以在 700~1000℃的条件下进行回流。当氧化硅中磷的质量比超过 6%时，氧化硅表面吸湿，形成磷酸，结果使得裸露的铝发生破坏。w(B)>5%将不会进一步降低回流温度，只会加剧表面吸湿。PSG 由于在 HF 中具有较高的腐蚀速率，因此被广泛应用于牺牲层材料。

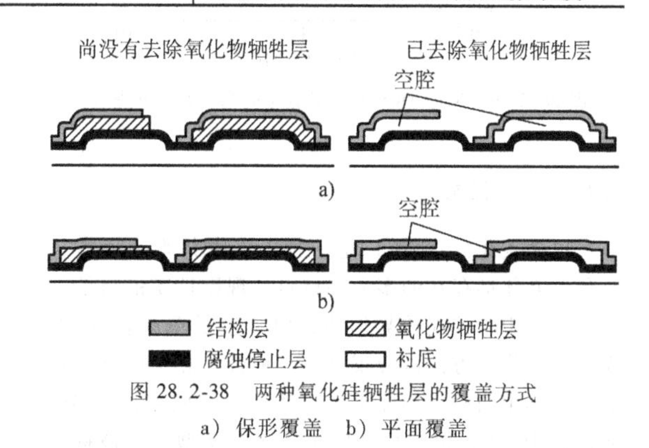

图 28.2-38　两种氧化硅牺牲层的覆盖方式
a）保形覆盖　b）平面覆盖

在 LPCVD、APCVD 和 PECVD 氧化硅中，预应力为压应力。应力大小主要决定于掺杂浓度和退火温度。过高的应力将导致牺牲层和结构层的分离。

2.1.3　氮化硅

另一种用于表面微机械层的材料是氮化硅。氮化硅具有较好的力学强度和较低的光吸收率。与多晶硅一样，氮化硅中的应力与淀积参数以及之后的热处理过程有着密切的关系。

氮化硅的淀积方式主要是 LPCVD 和 PECVD。在这两种系统中，控制应力的方式完全不同。等离子体增强系统的优点是淀积温度与铝兼容，因此在淀积过铝之后仍然可以用 PECVD 淀积氮化硅。如果没有温度限制，LPCVD 则是更好的选择。

LPCVD 使用二氯甲硅烷（DCS）和氨气（NH_3）作为反应气体，淀积温度为 750 ~850℃，气压为 80 ~ 300mTorr（10.64 ~40Pa）。在这样的淀积条件下，应变可以从 100$\mu\varepsilon$ 变化到 3600$\mu\varepsilon$，应力为张应力。更高的淀积温度可产生更低的应力，但是增加淀积温度可能带来其他一些问题。淀积温度一般选择 850℃。减小淀积气压也能改善应力，但是效果不太明显。增加硅的含量可以减少氮化硅的应变，如图 28.2-39 所示，但提高硅的含量也存在两个问题：①薄膜质量的改变；②为保持系统洁净，高 DCS 会带来更多的问题。淀积完成之后的退火也会对氮化硅残余应变产生显著的影响，如图 28.2-40 所示。

氮化硅的弹性模量也决定于淀积工艺，影响它的主要因素是硅的含量。氮化硅的弹性模量可以从 230GPa 变化到 330GPa。

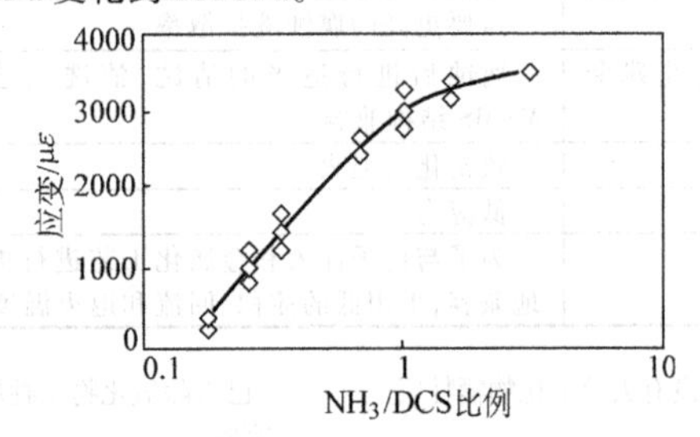

图 28.2-39　NH_3/DCS 比例对氮化硅参与应变的影响

2.1.4　碳化硅

单晶碳化硅（SiC）是一种以立方体形、六方体形和菱方体形存在的多形态材料。现已证实的可能远远超过了 100 种同质异形体，但从生长单晶衬底和/或外延薄膜的方法区分仅存在三种技术相关的异形体结构。其中两种异形体是六方体形，它们被称为 4H-SiC 和 6H-SiC，第三种异型体是立方体型，它被称为 3C-SiC。3C-SiC 具有像 Si 一样的金刚石晶格结构，因而在 Si 片上可外延生长 3C-SiC 薄膜。此外，3C-

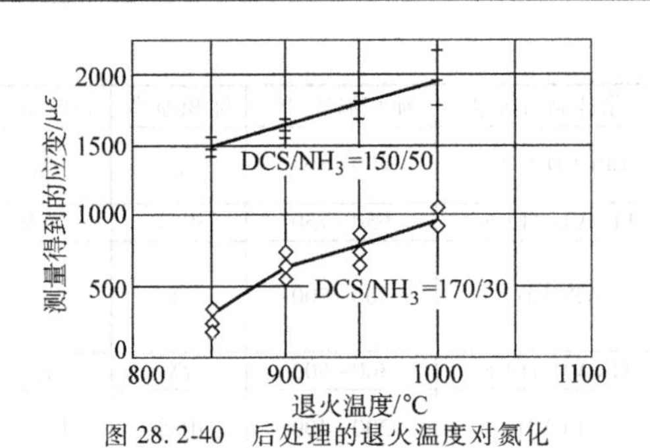

图 28.2-40　后处理的退火温度对氮化硅残余应变的影响

薄膜淀积气压为 150mTorr（19.95Pa）、DCS/NH_3 比例分别为：170/30，150/50

SiC 具有良好的材料性能，因此它成为严苛环境 MEMS 器件中一种较为理想的硅的替代材料。3C-SiC 的弹性模量范围在 350~450GPa 之间，这跟微观结构和测量技术相关。

在 MEMS 应用领域中，多晶 SiC（poly-SiC）比单晶 SiC 具有更多的特性，这是因为它不受单晶衬底的限制，可淀积在多晶硅、SiO_2 和 Si_3N_4 等各种材料上，且可使用 LPCVD 和 APCVD 等常用的淀积技术。Poly-SiC 薄膜的微结构决定于衬底材料和淀积工艺。如果在 SiO_2 和 Si_3N_4 等非晶材料的衬底利用 APCVD 工艺中 SiH_4 和 C_3H_8 反应生成 poly-SiC 薄膜，淀积出来的会是晶向随机的等轴晶体，而如果在晶体材料衬底上淀积 poly-SiC，如多晶硅衬底，它的晶向就会和衬底的晶向相匹配。相比之下，利用 LPCVD 中 SiH_2Cl_2 和 C_2H_2 反应生成的 poly-SiC 薄膜，淀积出来的会是晶向（111）柱状微结构的薄膜。不同 LPCVD 工艺条件下获得的 poly-SiC 的弹性模量范围在 246~530GPa 之间。APCVD 和 LPCVD 生成的 SiC 薄膜具有较大的残余应力，在某些淀积工艺条件下能达到几百 MPa 的张应力。

在 MEMS 中，poly-SiC 薄膜作为结构层可淀积在 Si 衬底上，但它的应用受到了大的残余应力（主要是张应力）和应力梯度的限制。目前，已开发出了单前体和双前体两种方法来解决 LPCVD poly-SiC 薄膜的应力问题，即在淀积过程利用这两种方法可控制残余应力。在基于 SiH_2Cl_2 和 C_2H_2 的双前体中，人们已发现淀积压强和残余应力的关系，利用这种关系可使未掺杂 poly-SiC 薄膜在淀积过程中具有几乎为零的残余应力和可忽略的应力梯度。淀积工艺在 MRL™ Model 1118 LPCVD 炉内进行，以实现在 900℃ 生长 poly-SiC 薄膜。在较低压强［< 5Torr（666.6Pa）］范围下，残余应力呈现为张应力，应力值可从 0.5Torr（66.7Pa）压强时 700MPa 减小到 2.5Torr（333.3Pa）时 50MPa。在压强大于 3Torr

(400.0Pa) 时，残余应力呈现出中度压应力，其值为-100MPa。类似双前体方法，可利用单前体DSB进行poly-SiC薄膜淀积，制备得到低应力、高导电性薄膜。在利用DSB进行poly-SiC薄膜淀积过程中，目前已提出了几种方法用来修改残余应力和应力梯度。一种方法是使用多层-多晶（Multi-poly）工艺。在掺杂氮的DSB基poly-SiC薄膜中，它的电阻率是在0.02~0.03Ω·cm之间，平均应变约为0.2%。然而，在未掺杂薄膜中，一旦薄膜的电阻率增大到20Ω·cm，平均应变将下降到0.1%。通过适当安排掺杂和未掺杂poly-SiC层的顺序，可制备出3μm厚的薄膜，该薄膜具有5×10^{-5}μm的应变梯度和0.024Ω·cm的电阻率。第二种方法是利用含Si前体调整DSB基poly-SiC薄膜中化学组成，从而修改薄膜中残余应力。在此方法中，DCS用来作为额外的Si源。在800℃，采用45sccm DSB流率反应生长出薄膜，为了实现DCS和总气体流量的比例在0~0.5之间，DCS流率是变化的。在这些条件淀积生成的薄膜，薄膜中Si和C的比例在1~1.2之间。同样，残余应力的变化范围为在Si：C=1（没有DCS流量）时1.2GPa和在Si：C=1.2时240MPa之间。第三种方法是淀积后对poly-SiC薄膜进行退火，从而修改残余应力。已有研究结果表明，利用DSB和DCS前体，在800℃淀积并掺杂生成的poly-SiC薄膜，在925~1050℃退火后，薄膜的残余应力可从400MPa减小至约300MPa，且电阻率可从大约0.07Ω·cm减小到约0.03Ω·cm。

与LPCVD或APCVD方法相比，PECVD SiC的温度较低，可在25~400℃温度范围内进行。在PECVD SiC薄膜中，最常用的前体是SiH_4和CH_4。该薄膜在微结构中是非晶态的，并具有电绝缘性质。淀积生成的薄膜通常具有残余压应力，但在退火温度低于450℃时可转变为张应力。SiC薄膜与其高温多晶相似物相比呈现出较低的弹性模量，相应于不同的PECVD工艺条件，测得的其弹性模量的范围在21~180GPa之间。类似大多数PECVD薄膜，PECVD SiC膜的性能很大程度上依赖于工艺参数，特别是温度，温度对控制进入薄膜中氢的含量具有重要作用。PECVD SiC薄膜很适合要求耐化学腐蚀材料的应用中。据文献报道，PECVD中非晶SiC薄膜的刻蚀速率在KOH（85℃时质量分数为33%）中为<2nm/h，在TMAH（80℃时质量分数为25%）中为<2nm/h，在HF（质量分数为40%）中为<1nm/h，在HF/HNO_3（2：5）中为90~120nm/h。只要薄膜中Si：C比例接近于整数，这些刻蚀率一般与加工条件无关。

2.1.5 其他表面微机械加工材料

为满足薄膜对残余应力、弹性模量、薄膜形貌、硬度、导电性、光反射率、热预算、腐蚀特性和生长的简易性等不同要求，其他一些材料也用于表面微机械加工。

由于铝具有良好的光反射率，美国德州仪器公司应用铝制作了数字微镜显示器（DMD），Berkeley传感器与执行器中心制作了一种表面微机械低噪声压控振荡器。铝的薄膜电阻是相同厚度的掺磷多晶硅的1/100倍。为便于与CMOS工艺集成，铝膜牺牲层技术需要较低的加工温度。其他的金属，包括CVD钨、电镀镍、铜以及镍铁合金等也应用于表面微机械加工。

在金属表面微机械加工技术中，使用了不同的牺牲层材料，包括一些旋涂和气相淀积的有机物，如有机光刻胶、聚酰亚胺、聚对二甲苯等。这些材料可以通过氧等离子体刻蚀去除，也可以进行硬化处理，便于铝的淀积和腐蚀。

2.2 牺牲层释放腐蚀技术

实现可动微结构的最后一步是释放腐蚀牺牲层。对于常用的氧化硅牺牲层，可以在氢氟酸（HF）溶液中进行腐蚀。

对于壳状结构下方的牺牲层腐蚀，释放腐蚀液需要从结构边缘经过较长的路径渗透到内部，因此释放需要很长的时间。氢氟酸可以渗透进入淀积在PSG上的薄多晶硅层（厚度小于0.2μm）。氢氟酸通过亚微米级的缺陷，可以透过薄多晶硅传输腐蚀产物，为后续水和甲醇的清洗、超临界CO_2干燥带来了方便。表28.2-8对一些结构层、牺牲层及其腐蚀方法进行了总结。

2.2.1 氧化硅牺牲层的腐蚀

氧化硅可以溶于某些碱性氢氧化物或者碳酸盐，形成可溶于水的碱性硅酸盐。但是在硅微机械加工中一般避免使用碱性溶液腐蚀氧化硅，这是由于它对硅具有较高的腐蚀速率。另一方面，在酸性溶液当中，只有含有氢氟酸的溶液可以破坏牢固的Si-O键，这是由于氟离子具有较强的负电性。

表28.2-8　常用结构层、牺牲层及其腐蚀方法

牺牲层	结构层	腐蚀液
PSG	多晶硅	BHF(NH_4F：HF的质量比为5：1)
PSG	聚酰亚胺	HF
SiO_2	多晶硅,SiC,SiN,TiN	HF
SiO_2	Ti Au	73% HF,Pad etch

（续）

牺牲层	结构层	腐蚀液
SiO_2	CVD 钨	CHF_3BHF(6∶1)等离子体刻蚀
玻璃	多晶硅	HCL∶HF∶H_2O 的质量比为 32∶5∶63
多晶硅	Si_3N_4,SiC,SiN	KOH,TMAH,EDP
多晶硅	SiO_2	TMAH
非晶硅	Al	SH_6 ICP
Al	PECVD Si_3N_4,Ni	$H_2O/H_3PO_4/CH_3COOH/HNO_3$ 的质量比为 5∶8∶1∶1(PAN)
Cu	聚酰亚胺	$FeCl_3$
Au	Ti	NH_4I/碘酒
聚酰亚胺	Al,Au,Ni,SiC,SiN,Ti Pt	氧等离子体刻蚀,90℃ microstrip 2001 溶液
光刻胶	Au,Ni,Al	丙酮氧等离子体刻蚀,O_2/CHF_3 等离子体刻蚀
聚合物	SiO_2	425℃下热分解

浓氢氟酸［w(HF) 50%的水溶液］及其稀释液［w(HF) 0~50%］已广泛应用于氧化硅牺牲层的腐蚀，而加入氟化铵的缓冲 HF（BHF）广泛应用于 IC 制造工艺。高纯度的 HF 和 BHF 易于获得。图 28.2-41 给出了 $w(NH_4F)$ 40%∶w(HF) 50%从 100∶1 变化到 5∶1 的腐蚀速率。图中的点对应于腐蚀液的配比，配比采用的是质量比，图中的实线为热氧化硅腐蚀速率分别为 500 Å/min、1000 Å/min 时的等位线。

另一种腐蚀液由 HNO_3/HF 溶液组成，HF 也可以与其他酸或碱联合使用，如盐酸和 NH_4OH 等用于控制 pH 值以及腐蚀速率。

为了减小腐蚀液的表面张力，改善腐蚀特性，提高腐蚀的均匀性，碳氢化合物、碳氟化合物、氟化衍生物等也被加入 BHF 腐蚀液中。

铝是微电子互连常用的材料，而以上讨论的所有腐蚀液，对铝的腐蚀选择性都不好，将甘油加入 BHF 或 HNO_3/HF 可克服这一问题。

为了提高对铝的选择性，可使用 Pad-etch 溶液，它

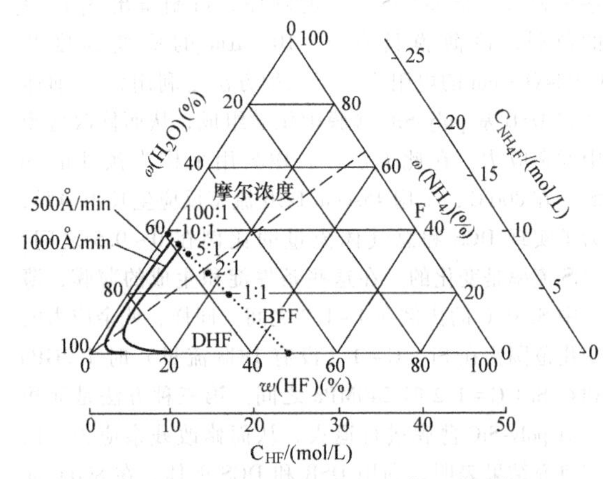

图 28.2-41 HF，NH_4F 和 H_2O 的三元相图

对铝具有较高的腐蚀选择比，其酸碱度为 4.6（与 pH=4.9 的 7∶1 BHF 相近）、密度为 1.06g/cm³。成分为：$w(NH_4F)$ 13.5%，$w(CH_3COOH)$ 31.8%，$w(C_2H_6O_2)$ 4.2%与水。表 28.2-9 列出了牺牲层腐蚀方法。

表 28.2-9 牺牲层腐蚀方法

腐蚀液	特点
HF	1）对于无掺杂的氧化硅，1~4M HF，腐蚀速率与 C_{HF} 近似为线性关系，在更高的浓度下，近似为二次关系 2）掺磷显著增加了腐蚀速率，而掺硼的效果相反 3）无论是热氧化硅还是退火后的无掺杂 LTO，24M HF 典型的腐蚀速率为 1.3μm/min，对于 8%（质量分数，表中余同）磷掺杂的 PSG，腐蚀速率增加到 25μm/min。高浓度的 HF 对氮化硅和金属的选择性较差，这是由于它具有较低的 pH 值（pH<2），因此限制了它在 IC 兼容表面微机械工艺中的应用 4）随掺磷浓度增加，横向腐蚀速率显著增加，如图 28.2-42 所示，腐蚀速率与磷含量呈指数关系。对于 PH_3/SiH_4 流量比大于 15%淀积的 PSG，1%HF 的纵向腐蚀速率大于 50Å/s。对于热氧化硅，1%HF 的纵向腐蚀速率为 0.3Å/s，而横向腐蚀速率为 0.3μm/min 5）在 850℃条件下进行退火，将引起腐蚀速率的显著减小，如图 28.2-43 所示，一旦退火完成，在相同或者更低的温度下退火，对 PSG 都不会产生进一步的影响。因此如果 PSG 已经过退火，则在下面的工艺过程中，薄膜保持稳定
BHF	1）腐蚀速率随 CHF 线性增加（0.5%~8%范围内的标准 BHF），对于各种氧化硅和各种 HF 浓度，腐蚀速率随 NH_4F 浓度上升而一直增加，直到 10%~12%时达到最大值 2）和 HF 的情况一样，磷掺杂会增加腐蚀速率，而硼掺杂降低反应速率 3）标准的 BHF 并不是为了更高的腐蚀速率，而是为了更好的均匀性，更少的反应物沉淀，更佳的光刻胶稳定性以及对 IC 制造中常见杂质浓度的不敏感性而设计的 4）最快的腐蚀速率由 NH_4F 与 HF 浓度几乎相等的 DBHF 给出。对于热氧化硅，它的腐蚀速率为 1.8μm/min，对于退火和未退火的无掺杂 TEOS 氧化层，它的腐蚀速率分别为 0.56μm/min 和 1.4μm/min。对于未退火，磷含量为 6%的 PSG，5%NH_4F、5%HF 的腐蚀液可以实现超过 2μm/min 的腐蚀速率。但是这些速率仍然比浓（24M）HF 低两个数量级 5）BHF 对铝腐蚀 5min，其厚度减少 400Å，晶粒边界严重破坏，将产生粗糙度为 2000Å（最初为 100Å）的不良表面

（续）

腐　蚀　液	特　　点
Pad-etch	1）Pad-etch 对氧化硅的腐蚀速率约为 7∶1BHF 的 3 倍。常见 IC 材料 20℃时的腐蚀速率见表 28.2-10 2）相比于 BHF，Pad-etch 对铝具有很好的选择性。经过 5min 和 30min 的腐蚀之后，铝的厚度减少分别小于 100Å 和 200Å。经过 2min 的腐蚀之后，表面最大粗糙度从 100Å 增加到 500Å，经过 30min 的腐蚀之后，最大粗糙度增加到 700Å。这表明经过最初 2min 的腐蚀之后铝表面被钝化，阻止了腐蚀液对铝进一步的破坏 3）氮化硅（由 SiH_4/NH_3 在 300℃下淀积）的腐蚀速率很慢（40Å/min），但是对于表面微机械加工腐蚀工艺，这样的腐蚀速率也不可忽视。用 Pad-etch 溶液，通过对 200Ω · cm、n 型（111）和（110）硅片进行腐蚀，经过 12h，体硅没有出现明显的腐蚀，而标准 CMOS 工艺的多晶硅，由于应力侵蚀，性能有所下降，其最大的腐蚀速率为 2Å/min

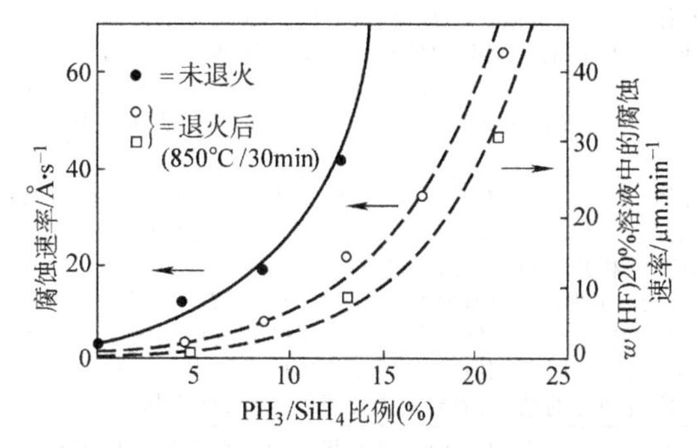

图 28.2-42　PSG 的腐蚀速率与磷掺杂浓度的关系

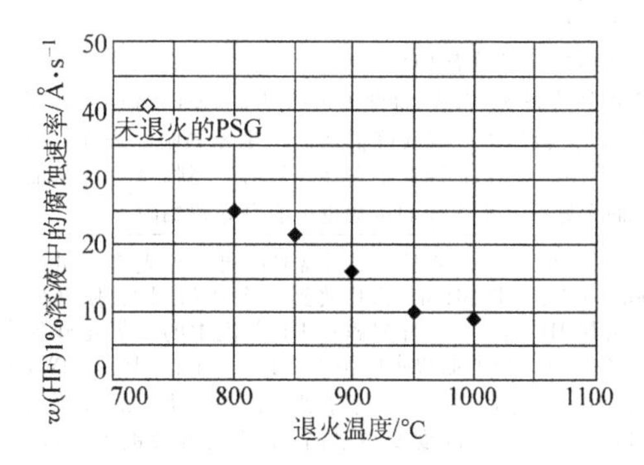

图 28.2-43　PSG 的腐蚀速率与退火温度的关系

表 28.2-10　Pad-etch 和 7∶1 BHF 的腐蚀速率及破坏性比较

材料	Pad-etch 腐蚀速率/(Å/min)	BHF 腐蚀速率/(Å/min)
Si(100)	<1	<1
Si(111)	<1	<1
多晶硅	2	≤6
SiO_2，热氧化 1100	220	620
SiO_2，BPSG，回流	450	600
SiO_2，PECVD	700～1600	1200～2000
Si_3N_4，PECVD	40	50Å
Al	粗糙，≈400	粗糙，≈2000

注：铝的破坏程度由腐蚀 5min 后的最大粗糙度来表示。

2.2.2　黏附问题及其解决方案

释放碰到的一个重要问题是黏附，当结构释放后，在溶液中仍然是自由的。当经过去离子水清洗，干燥之后，毛细力可能将结构拉向衬底。目前已有下列方法用于释放腐蚀：特丁醇溶液升华干燥；干冰超临界法干燥；蒸发干燥；释放前涂敷疏水的自组装单层（SAM）；聚合物凸钉辅助技术；HF 蒸汽腐蚀（牺牲层是氧化硅）等。

干燥过程中，由弯月形液滴产生的毛细力比静电力和范德华力大得多。当这些力大于柔性微结构的本征回复力时，就会导致微结构的坍塌以及和衬底的黏附。由图 28.2-44 可以看出，毛细力是无法克服的。一般亲水的释放表面会产生凹月形的液滴，导致表面张力使得微结构下拉，并容易产生黏附。具有凸月形液滴的疏水表面，释放干燥后结果更令人满意。

早期的表面微机械加工是通过在结构层下制作支撑凸点（如悬臂梁自由端下的凸点）或者使表面粗糙化来实现。而 SAM 涂层能够减小表面黏附并且减小轴承间的摩擦力。氟化 SAM 工艺产生了一种含氢端基的极端疏水硅表面，它能够有效地减少释放后黏附。在释放的多晶硅结构层下方，材料层的表面改性技术已经用来减小黏附。方法如下：①HF 溶液由覆盖微结构的紫外聚合单体置换；②在去除掉聚合物层之前，淀积氟碳化合物支撑结构，这对于 500μm 长的梁也显示出了较好的抗黏附效果。

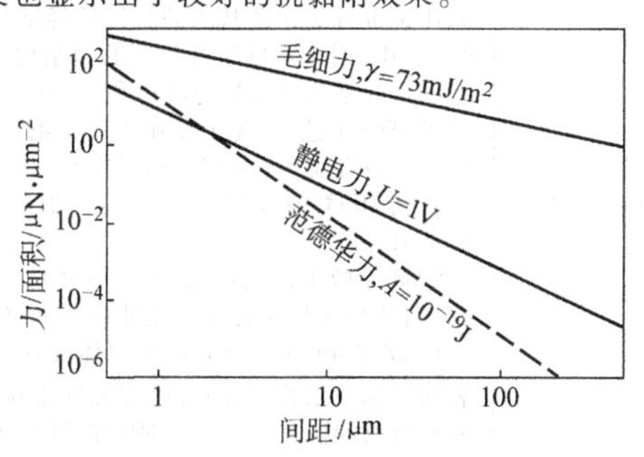

图 28.2-44　释放干燥过程中作用于微结构单元的表面力比较

氟化 SAM 涂层在多晶硅微结构的疏水钝化中也显示出了很好的效果，涂敷了 SAM 的微结构在使用过程中黏附会减少四个数量级。基于氟化 SAM 的疏水抗黏附表面钝化技术，能够经受封装时的温度循环并可延长器件的工作寿命。已经被工业界接受的释放、干燥和钝化技术，包括聚合物凸钉辅助技术、超临界 CO_2 技术（在单独使用 HF 释放的情况下使用）和 SAM 涂敷技术。前两者足够防止释放导致的黏附，后者还可以防止使用中的黏附。表 28.2-11 列出了释放腐蚀方法。

表 28.2-12 列出了各种释放方法之间的比较。其中悬臂梁由 MUMPS 工艺制作，悬臂梁为多晶硅结构，厚度为 2μm，梁与衬底的间隙为 2μm。可释放的长度与宽度的关系如图 28.2-45 所示。

表 28.2-11 释放腐蚀方法

释放方法	工 艺 描 述
蒸发干燥法	蒸发干燥是最简单的释放干燥方法，其典型的操作过程是：当牺牲层腐蚀后，将样品浸入大量流动的去离子水中 30min。高质量的去离子水有助于减少梁下残余颗粒的聚集和固体桥接效应。液体的搅动可能使长而脆弱的梁发生显著的变形甚至破损。对于甲醇蒸发干燥法，分三次将芯片浸入新鲜的甲醇中 10min，后由甲醇置换去离子水。将芯片从去离子水或者甲醇中取出放置在 100℃ 的烤箱中约 20min 以保证样品中的液体全部被去除
升华干燥法	首先用甲醇置换去离子水，接着甲醇又被升华液体（如特丁醇或对二氯苯）置换。特丁醇的熔点（26℃）接近室温。在置换了甲醇之后，升华液必须在冷却系统中凝固并升华。另一方面，对二氯苯的熔点是 56℃。在置换甲醇之前将它必须放在热板上进行融化，而凝固和升华则在室温下进行 特丁醇在温度下降到室温或持续暴露在空气中时会从周围环境中吸收水气。在冷却装置中会凝固，将芯片转移到真空装置的过程中也会导致水汽凝结。任何样品上的水分都会在升华过程中沉积到微小的间隙中，从而使成品率显著下降。对于对二氯苯，室温下的快速凝固使其产生较大的应力，受约束的结构由于应力而遭到破坏，但柔软结构所受的破坏却小很多。要得到好的结果，需要对温度进行控制，使冷却速度下降
超临界干燥法	超临界干燥技术使用 CO_2 作为超临界流体置换其他溶液，这是由于 CO_2 具有相对低的超临界压（1073lbf/in²①）和超临界温度 CP（31.1℃）。以氧化硅牺牲层为例，释放/干燥的步骤包括：浸入 HF 水溶液释放；浸入过氧化硫或者过氧化氢溶液使衬底和结构亲水钝化，从而产生亲水硅表面；用去离子水清洗，接着用甲醇浸泡去除水；将用甲醇浸泡过的样品放入超临界干燥腔中干燥 一旦放置在压力腔中，在 1200lbf/in² 压力的作用下，甲醇完全被液态 CO_2 分离，干燥就发生在液相变成气相的超临界区域。如图 28.2-46 所示，从状态 1 到状态 2 再到状态 3。首先，加热 CO_2 压力腔，使液相 CO_2 转变为超临界相（T>31.1℃）。在超临界温度以上放出腔内气体，使得压力等温线降低从而产生无黏附的表面。因为气相到液相的转换发生在超临界区，所以在干燥过程中不存在毛细力，因此不会导致黏附。超临界 CO_2 只能在干燥步骤中防止微结构接触，解决释放导致的黏附，然而干燥后亲水表面的接触也可能会导致黏附
HF 蒸汽释放法	图 28.2-47 所示为一种简易的 HF 蒸汽释放装置，它只需要一套通风柜和塑料器皿即可。首先将少量高浓度 HF[w(HF)50%，30mL] 倒入聚四氟乙烯烧杯（100mL）中，并将 MEMS 芯片放到一个塑料网上，使其处于液面之上。再在烧杯上扣压一个聚四氟乙烯的盖子，留住 HF 蒸汽。这样暴露在 HF 蒸汽中的二氧化硅就会被选择性地去除。注意 SiF_4 和 H_2O 在室温下都是易挥发的。为了加快水的蒸发，可用一个白炽灯（40W）来加热，它和聚四氟乙烯盖子相距 10cm。假如距离再长 10cm，反应温度就会不够高，水蒸气就不能有效地去除，刻蚀的结果会与湿法刻蚀相似。假如距离再近 10cm，那么反应温度变得过高，水蒸气就会被去除，此时由于缺乏水的催化作用，刻蚀速率反而会降低 图 28.2-48 所示为侧向刻蚀长度与刻蚀时间的关系。HF 蒸汽的典型腐蚀速率（第一个小时中约 0.12μm·min^{-1}）与稀释的 HF 溶液[w(BHF)17%]相当。如果采用无应力 SOI（顶层硅 10μm 厚）圆片可以使防黏附效果达到最佳，此时成功释放的悬臂梁最长可达 5mm
SAM 涂层法	SAM 涂层已用于多晶硅和金属表面微机械器件防止释放后的黏附和使用过程中的黏附，它也可以作为润滑剂使用。SAM 涂层极度疏水（测得的水接触角为 114°），与一般疏水表面相比极大地减少了黏附。SAM 原体是带有氯化硅基团的长链烷烃结构。少量的 SAM 原体混合在有机溶液（如四氯化碳、十六烷、氯仿异辛烷等）中，用于释放带有衬底的微结构 十八烷基三氯硅烷（OTS）和三氟丙基三氯硅烷（TFP）可以有效地改善多晶微马达的性能。之后的工作改进了 OTS 工艺，避免了使用不环保的四氯化碳。OTS 可以用于防止 1000μm 长多晶硅梁的黏附。全氟十二烷基三氯硅烷 SAM（FDTS）只需异辛烷作为溶液，因此易于使用。这种技术可以有效地改善黏附问题，而且在直到 400℃ 的温度范围内（这一温度是传统 IC 密封封装的温度），在氮气或者空气环境中，结构使用时仍然不易黏附 SAM 涂敷工艺包括四个步骤：硅衬底的水合作用；氯端基（如三氯硅烷）的水解；SAM 通过端基形成共价键；端基交联剂在表面形成硅氧烷网络 图 28.2-49 所示为用 OTS 原体及释放工艺示意图。在工艺过程中，释放后的 H_2O_2 浸泡是为了使暴露的硅表面全部与水化合，用异丙醇和异辛烷有机物漂洗是为了去除所有的水迹，防止 SAM 溶液的污染，之后再次的有机物漂洗是为了去除所有的残余 SAM 原体以及高表面能的液体（如水），避免表面张力。最后，SAM 疏水钝化后的样品被释放、干燥，准备待用

① $1lbf/in^2 = 6894.76Pa$。

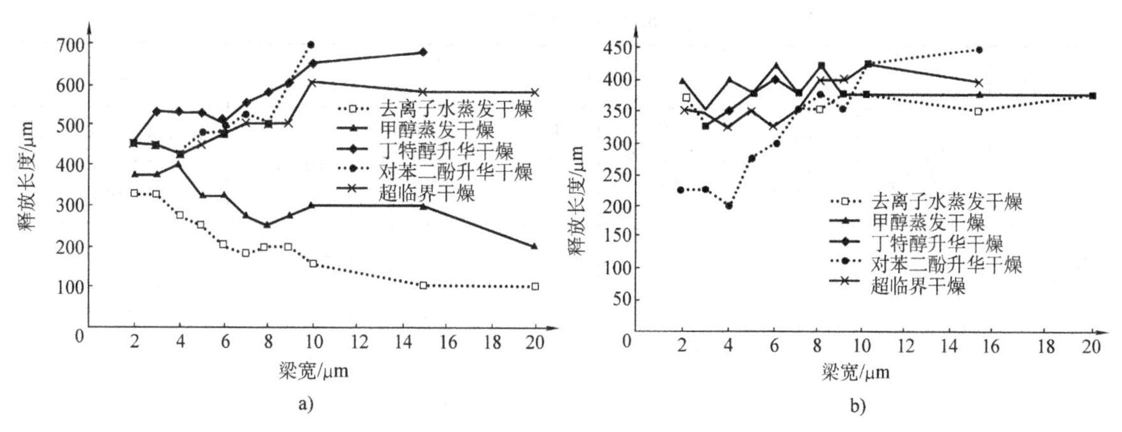

图 28.2-45　释放长度与梁宽度的关系
a）平坦的梁　b）下表面具有凸点的梁

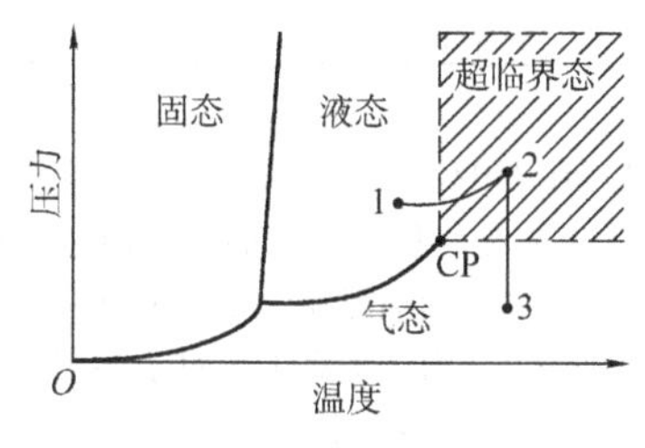

图 28.2-46　超临界流体的相图

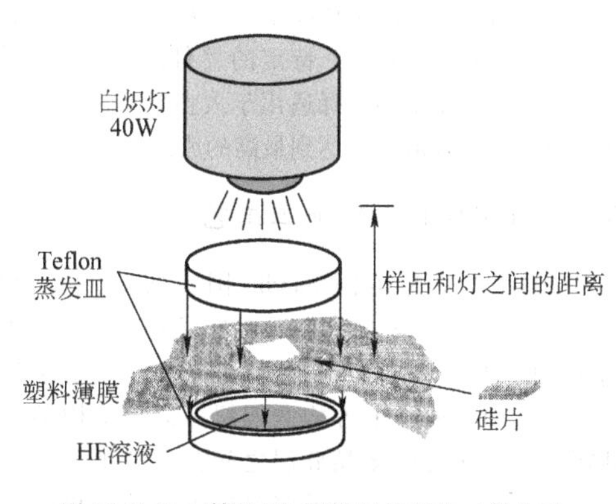

图 28.2-47　利用 HF 蒸汽气相刻蚀二氧化硅牺牲层的器皿装置

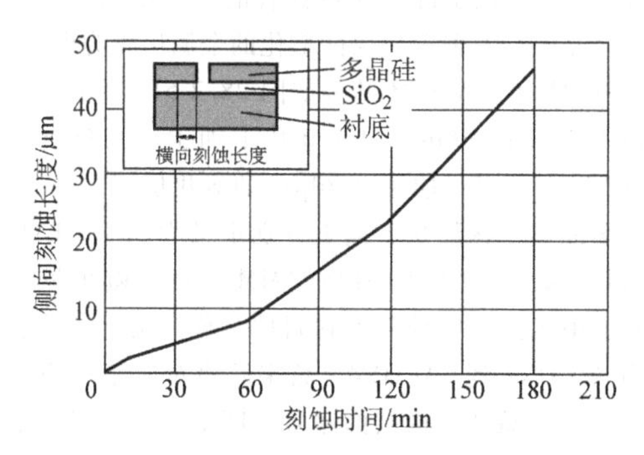

图 28.2-48　典型的侧向刻蚀长度与刻蚀时间的关系

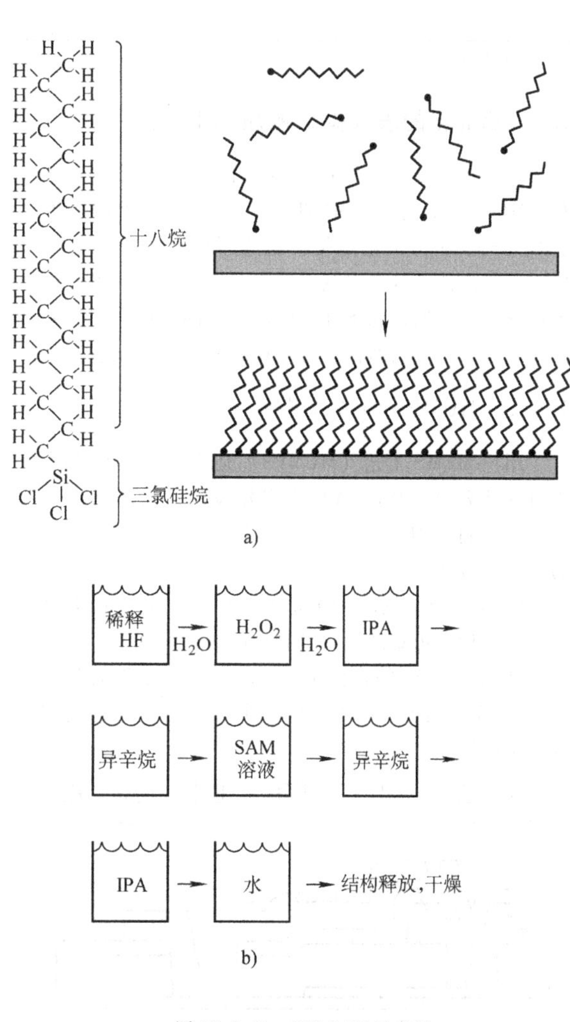

图 28.2-49　OTS SAM 示意图
a）含有氯端基的 OTS 原体分子及与表面的共价键和相邻分子间的交联
b）主要的处理工艺步骤

表 28.2-12　释放方法总结

释放方法	蒸发干燥		升华干燥		超临界干燥	HF 蒸汽腐蚀	SAM 涂敷
工艺过程	HF→去离子水	HF→去离子水→甲醇	HF→去离子水→甲醇→丁特醇	HF→去离子水→甲醇→对苯二酚	HF→去离子水→甲醇→干冰	HF 蒸汽	HF→DI→H_2O_2→DI→IPA→CCl_4 OST→IPA→DI
熔点/℃	0	-97.5	26	56	-56.4	-83.2	N/A
沸点/℃	100	64.7	82.2	173	-78.3	20	N/A
蒸汽压/Torr	17.54(20℃) 355.3(80℃)	140(27℃)	27(20℃)	1.03(25℃) 10(54.8℃)	N/A	687.8 (17℃)	N/A
表面张力/($mN\cdot m^{-1}$)	72.88(20℃)	22.65	20.17	N/A	1.16	N/A	N/A
优点	简单	表面张力低于去离子水	快速升华	只需要热板	清洁效果很好	无需液体效果很好	无需复杂的装置效果很好
缺点	效果一般	效果一般	需要冷却和真空装置吸收水蒸气	有毒	复杂的装置	复杂的装置,需进一步完善	多种化学处理和清洗步骤

注：1Torr = 133Pa。

2.3　标准化的表面微机械加工工艺

目前在世界上发布的标准表面微机械加工工艺有：MUMPS 工艺、SUMMiT™-V 工艺等。所谓标准表面微机械加工工艺是指：制造厂商已经对工艺流程、工艺条件进行了规范化并公开发布，一般不允许用户修改工艺流程和条件。因此，不同的用户在这些条件下设计出自己器件，可在相同的加工厂制造。

2.3.1　MUMPS 加工工艺

用户 MEMS 工艺（MUMPS）是由美国国防部先进研究计划局（DARPA）出资建设的，它的目的在于：为想制作 MEMS 器件的外部用户提供一种通用的微加工方法。

图 28.2-50 所示为 MUMPS 三层多晶硅表面微加工工艺结构的示意图。它具有标准表面微加工工艺的一般特征：①多晶硅作为结构材料；②淀积氧化硅（PSG）作为牺牲层；③氮化硅作为多晶硅与衬底间的电绝缘层。

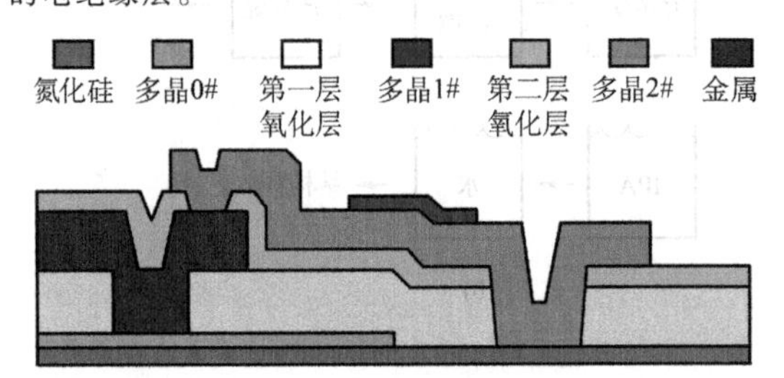

图 28.2-50　MUMPS 三层多晶硅表面微加工结构

释放方法是将芯片浸入 w(HF) 49%的溶液中1.5~2min，接着放入去离子水中几分钟，再放入酒精中以减少黏附，最好在 110℃的烤炉中放置至少 10min。

MUMPS 工艺是一种三层多晶硅表面微机械加工工艺，这种工艺源自加利福尼亚大学的伯克利传感器和执行器中心（BSAC）。为了提高工艺对于多用户环境下的可行性和多功能性，已经对其进行了一些修改和增强。MUMPS 与多数传统表面微机械加工工艺的不同点在于它更强调其通用性，以实现在单个硅片上完成更多不同的设计。MUMPS 不为某个特定的器件进行工艺优化，结构层和牺牲层厚度的选择适用于大多数用户，版图的设计规则也较为规范，以达到最高的成品率。

2.3.2　SUMMiT™-V 加工工艺

SUMMiT™-V 是美国 Sandia 国家实验室（SNL）开发的一种标准化表面微机械加工工艺。它可以制作多达 5 层的 MEMS 结构。其特征是在高掺杂多晶硅形成的电连接和接地层上方构造四层多晶硅结构层。氧化硅牺牲层夹在每层多晶硅层之间，通过化学机械抛光（CMP）工艺对上面两层多晶硅下方的氧化层进行平坦化，缓解了下部结构凹凸不平带来的一些光刻和腐蚀问题，进而解除了对设计者的一些限制。最后可以在多晶硅层上覆盖一层图形化的金属层作为电连接。

SUMMiT™-V 整体结构如图 28.2-51a 所示。该结构在 152.4mm（6in）单晶硅片上加工。电介质基底是 0.63μm 的氧化层和 0.80μm 的氮化层。

多晶硅结构层从下向上分别定义为 MMPOLY0 到 MMPOLY4。这些层的前缀“MM”表示微机械，避免和 CMOS 工艺中使用的材料层名称混淆。牺牲层定义为 SACOX1 到 SACOX4，数字后缀对应于淀积在氧化层上方多晶硅结构层的序号。图形化的金属层定义为 PTNMETAL。

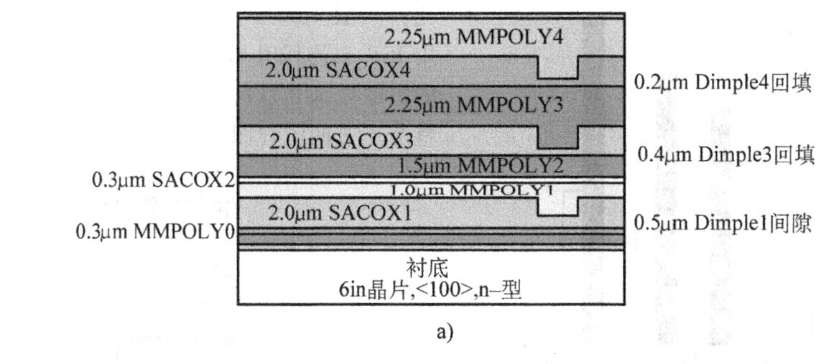

a)

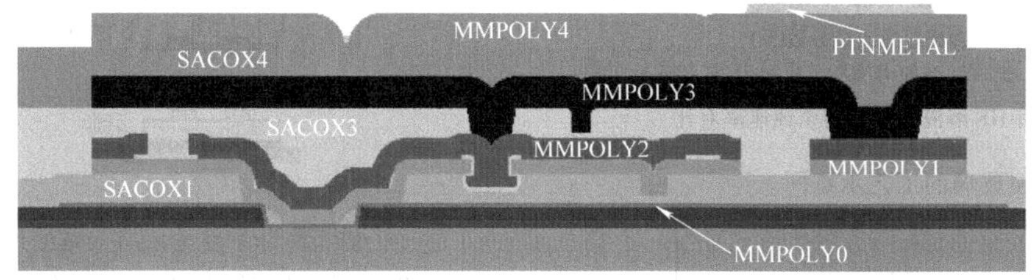

b)

图 28.2-51　SUMMiT^{TM}-V 工艺可以实现的不同结构示意图

图 28.2-51b 中的横截面给出了 SUMMiT^{TM}-V 可以实现的不同结构形貌以及工艺流程。

3　玻璃微机械加工技术

玻璃是具有玻璃化转变温度（T_g）的非晶态固体，其主要成分是二氧化硅以及各种微量金属氧化物。主要类型有：无机玻璃、有机玻璃和金属玻璃。在 MEMS 技术领域大量使用的玻璃材料主要是硼硅玻璃和磷硅玻璃。这类玻璃在 0~300℃的温度范围内，典型热膨胀系数为 $3.3\times10^{-6}K^{-1}$，与 Si 材料基本吻合。比较常见的有美国 Corning 公司的 Pyrex7070、Pyrex7740，德国 Schott 公司的 BOROFLOAT33，国产的 95#玻璃等。目前玻璃材料在微流控芯片、光 MEMS、压力传感器等方面应用广泛。其加工方法有湿法化学刻蚀、干法刻蚀、阳极键合、模具成型等技术。

3.1　湿法刻蚀

玻璃的主要成分是二氧化硅，因此常用的湿法腐蚀液是 HF。HF 酸和其他一些强酸性溶液对非晶态玻璃的刻蚀呈现各向同性。

HF 溶液对玻璃的湿法刻蚀速率和 HF 含量、温度以及辅助酸（如 HNO_3）提供氧化环境有关系。温度提高了 HF 的反应能，反应速率会增大。HF 含量则直接影响反应速率，图 28.2-52 所示为常温下不同含量 HF 溶液对 Pyrex7740 玻璃的典型刻蚀速率，而且刻蚀速率对 HF 溶液含量呈现指数型增加。在市面上，常见溶液 w(HF) 为 47%。HF 溶液为易挥发性酸液，对人体伤害极大。

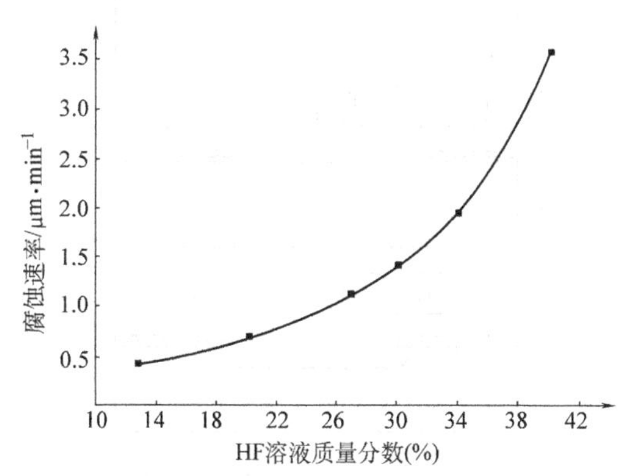

图 28.2-52　常温下不同含量 HF 溶液对 Pyrex7740 玻璃的刻蚀速率

在 HF 溶液中加入一定含量的 HNO_3 可以增加对玻璃的刻蚀速率，其原因是 HF 是弱酸，而 HNO_3 的自分解提供了比较稳定的酸性环境。图 28.2-53 所示为添加与不加 w(HNO_3) 10%溶液后，HF 溶液对玻璃的刻蚀速率对比图。

在对玻璃进行湿法刻蚀时，有多种材料可以作为掩膜层，主要有多晶硅薄膜、单晶硅薄膜和金属薄膜。

常用的掩膜是金属薄膜。例如，溅射 Cr/Au 膜做掩膜层，Au 对 HF 酸的抗刻蚀性比较强，Cr 作为 Au 和玻璃的黏附层，或用 TiW 取代 Cr 作为黏附层。通常黏附层的厚度为 20~30nm，而掩膜层的 Au 的厚度为 200nm 以上。图 28.2-54 所示为溅射金属作为掩膜

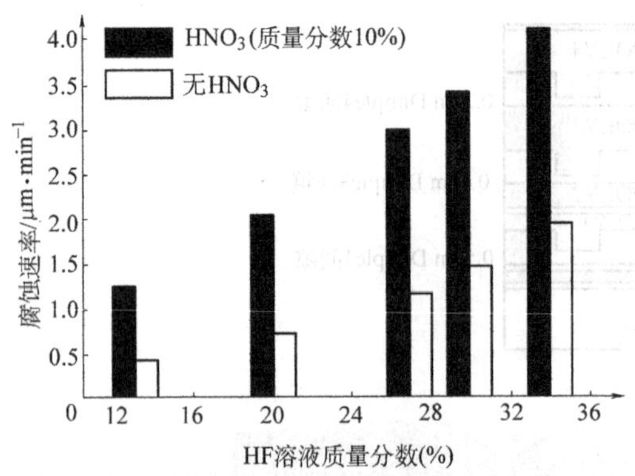

图 28.2-53　添加与不加 HNO_3（质量分数 10%）的溶液后 HF 溶液对玻璃的刻蚀速率对比

层进行湿法刻蚀玻璃的工艺示意图。

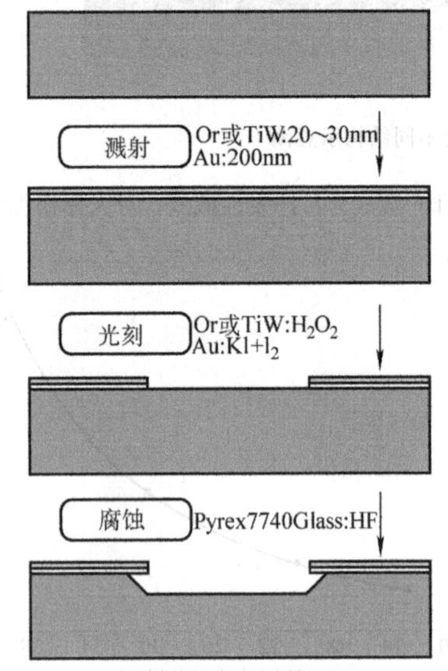

图 28.2-54　溅射金属作为掩膜层进行湿法刻蚀玻璃的工艺示意图

由于 Cr 和 Au 两种金属的热膨胀系数（CTE）相差较大，所以 Cr/Au 掩膜应力较大，掩膜层图形边缘部分容易产生微小变形。相比之下，TiW/Au 膜则较为致密，更加适合作为玻璃湿法刻蚀的掩膜层。

3.2　干法刻蚀

在 2.1.5 节，介绍了深反应离子刻蚀（DRIE）对硅的刻蚀。DRIE 同样可用于玻璃的深刻蚀。相比于玻璃的湿法刻蚀，DRIE 技术提供了更好的各向异性腐蚀效果。

利用 DRIE 刻蚀玻璃的工艺流程为：先溅射 80nm 厚的 Au/Cr 金属层，在使用光刻胶显影出所需图案后，在 Au/Cr 金属层上面脉冲电镀（Ni 的脉冲电镀相比直流电镀，可以得到更高的掩膜刻蚀选择比）一层 4μm 厚的 Ni 金属层作为掩膜层。随后，使用 ICP 工艺利用 SF_6 气体进行刻蚀，刻蚀和钝化工艺的占空比为 1∶1，周期为 10ms。图 28.2-55 所示为整个工艺的流程图。

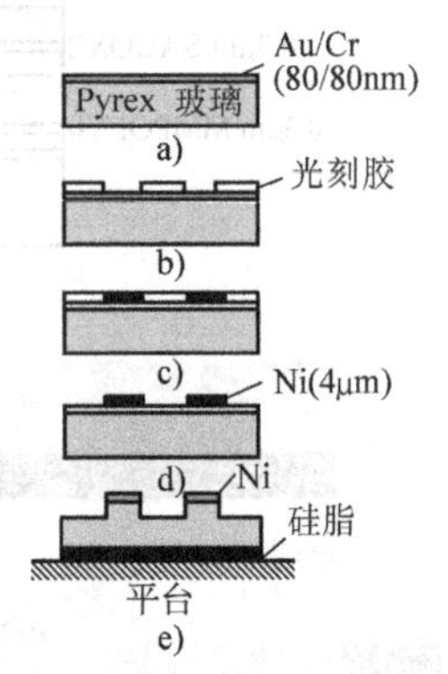

图 28.2-55　ICP 刻蚀 Pyrex 玻璃工艺流程图
a）Pyrex 玻璃上淀积 Au/Cr　b）旋涂光刻胶并光刻　c）脉冲电镀　d）去除光刻胶　e）Pyrex 玻璃 DRIE

影响 ICP 工艺刻蚀玻璃的工艺条件有：反应气压、偏置电压和反应温度等。影响最终刻蚀深宽比效果的还有图形最小尺寸和掩膜的开口角度等。

反应气压：图 28.2-56 所示为刻蚀速率与反应气压的关系图。在较低的反应气压下，分子平均自由程较大，则反应速率快，反应过后表面粗糙度也低。

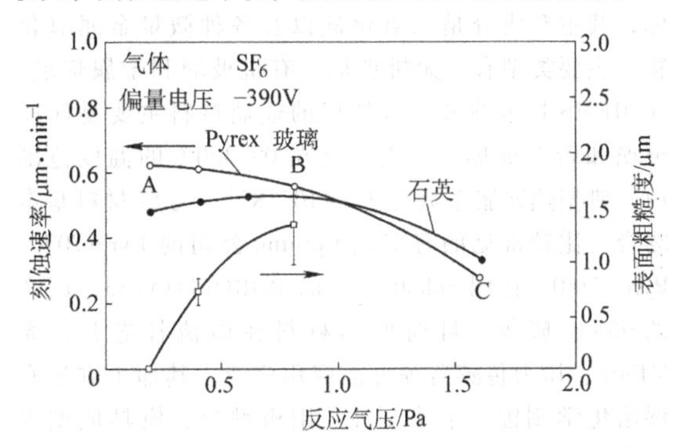

图 28.2-56　ICP 刻蚀玻璃的速率和反应气压的关系

偏置电压：图 28.2-57 所示为刻蚀速率与偏置电压的关系图。更高的偏置电压会使反应速率加快。

反应温度：图 28.2-58 所示为刻蚀速率与反应温度的关系图。在 ICP 工艺中，温度的影响没有气压或者电压的影响那么明显。

获得较大刻蚀速率的工艺参数为：反应气压 0.2Pa，偏置电压 390V。此外，反应中还要注意。图形最小尺寸对最终刻蚀图形的垂直度有一定影响。图 28.2-59 所示为刻蚀最小尺寸与刻蚀图形的垂直度的关系图。刻蚀的掩膜开口形状对最终的刻蚀图形的垂直度影响较大。图 28.2-60 所示为带倾角的掩膜造成

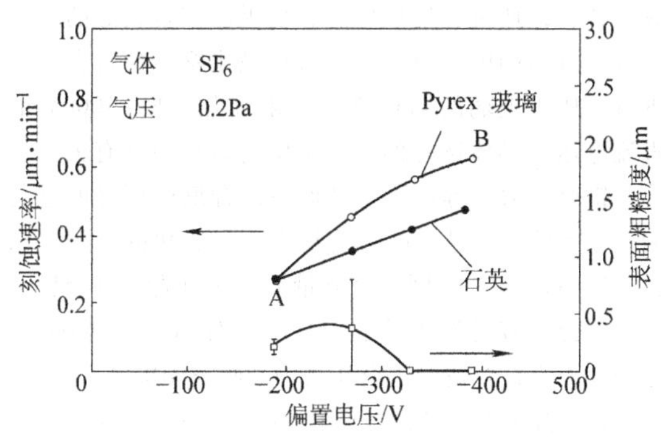

图 28.2-57　ICP 刻蚀玻璃的速率和偏置电压的关系

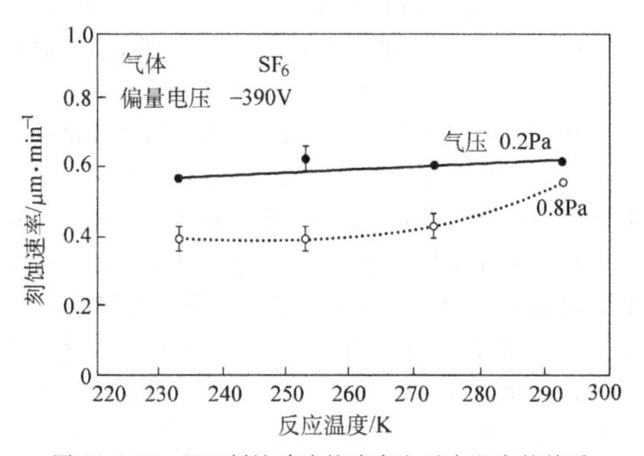

图 28.2-58　ICP 刻蚀玻璃的速率和反应温度的关系

刻蚀误差的示意图。

使用 DRIE 的 ICP 工艺刻蚀玻璃，可以实现刻蚀图形大于 10 的深宽比，垂直度大于 88°，也可以加工出 200μm 的玻璃通孔。ICP 工艺刻蚀玻璃的瓶颈在于过慢的刻蚀速率和刻蚀深度有极限。

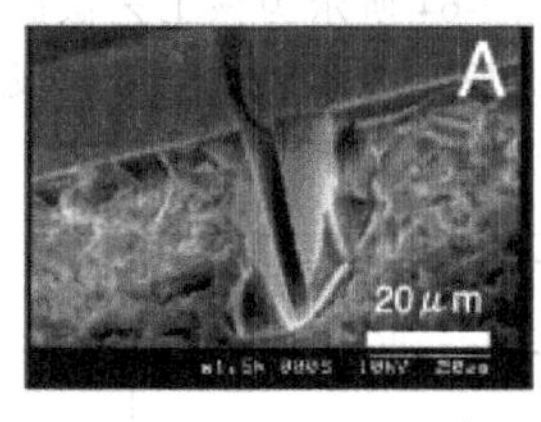

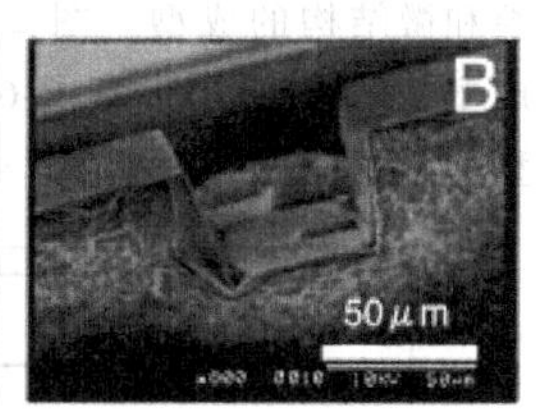

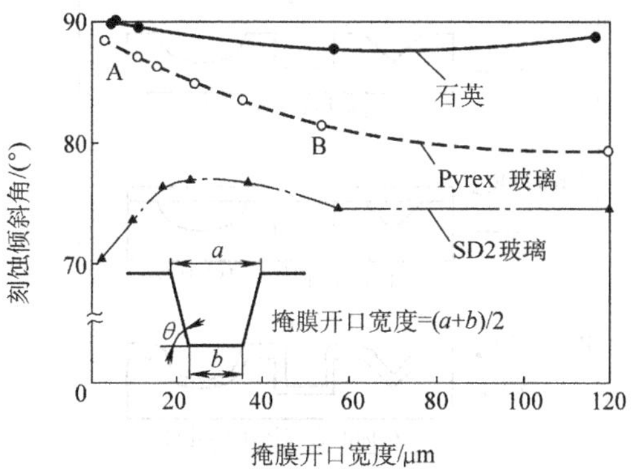

图 28.2-59　ICP 刻蚀玻璃的垂直度和刻蚀最小尺寸的关系

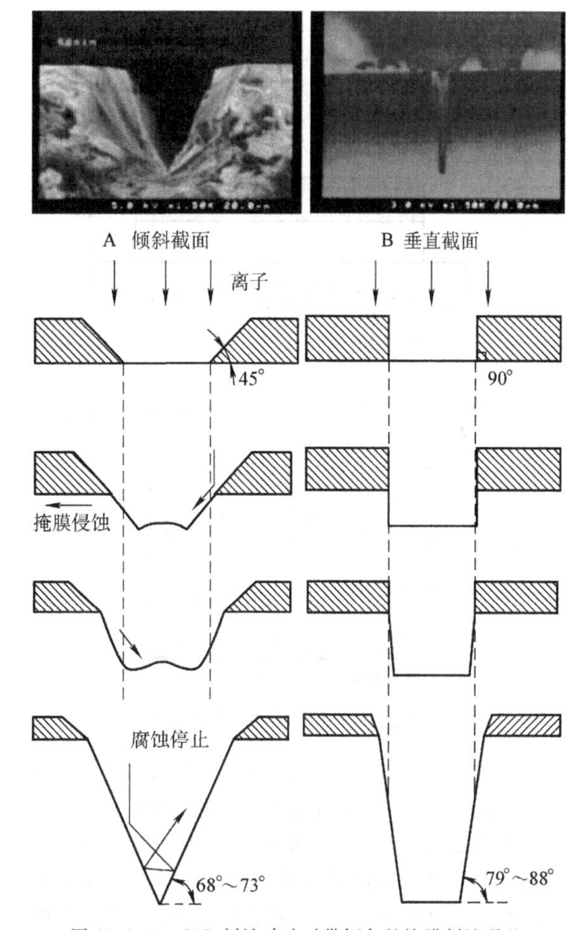

图 28.2-60　ICP 刻蚀玻璃时带倾角的掩膜刻蚀误差

3.3　阳极键合

阳极键合又称静电键合或者场助键合，这种方法可将玻璃与金属、合金或者半导体材料键合在一起。在 MEMS 技术领域中，主要是玻璃与 Si 材料的表面键合工艺。阳极键合的工艺原理是：将直流电源正极接 Si 片，负极接上述如 Pyrex7740 玻璃。玻璃在高温下（低于玻璃的软化点）的行为类似于电解质，而 Si 片在温度升高到 300~400℃时，电阻率将因本征激发而降至 0.1Ω · m。玻璃中的导电离子，如 Na^+，当有外加电场作用时，Na^+漂移到负电极的玻璃表面，而在紧邻 Si 片的玻璃表面留下了负的电荷。由于 Na^+的漂移（带电粒子的定向流动），整个电路中就有电流流过，紧邻 Si 片的玻璃表面会形成一层极薄宽度约为几微米的空间电荷区（或称耗尽层）。由于耗尽层带负电荷，Si 片带正电荷，所以 Si 片和玻璃之间存在较大的静电吸引力，使两者紧密接触，并在键合面发生物理化学反应，形成牢固结合的 Si-O 共价键，从而完成键合。图 28.2-61 和图 28.2-62 所示为阳极键合工艺示意图和工艺原理图。

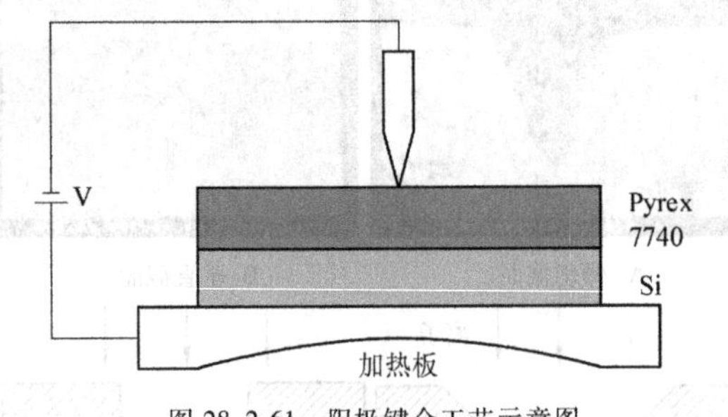

图 28.2-61　阳极键合工艺示意图

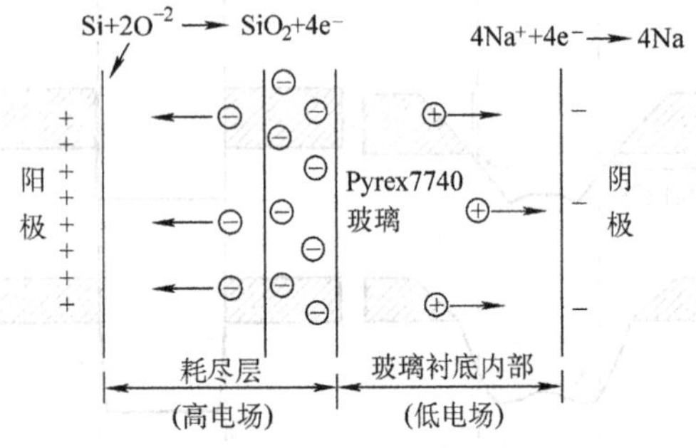

图 28.2-62　阳极键合工艺原理图

与阳极键合相关的工艺条件有：键合温度、键合电压、键合压力、键合片表面质量和键合方式等。

键合温度：键合温度对键合过程的影响很大，过低的温度会使玻璃的导电性变差，同时玻璃无法软化，则无法克服表面起伏对键合的影响；过高的温度又会带来玻璃和 Si 片之间产生热失配，增加了键合应力。图 28.2-63 所示为 Corning 公司的 Pyrex7070 和 Pyrex7740 玻璃与<110>单晶 Si 材料的热膨胀系数曲线对比。一般玻璃开始导电的温度为大于 150℃，而玻璃的热膨胀特性开始偏离 Si 的温度为 350℃，所以一般推荐的键合温度为 200~400℃。

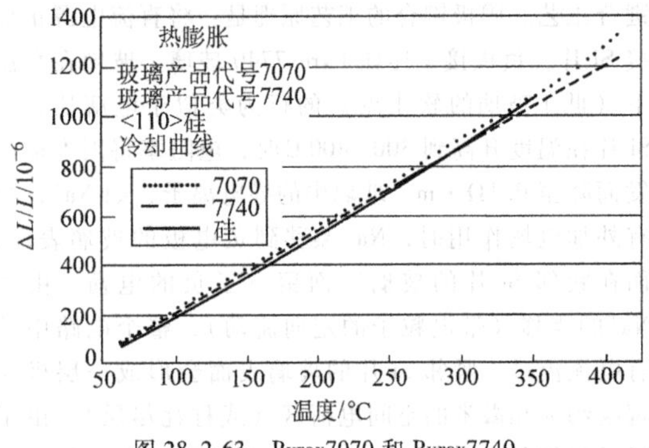

图 28.2-63　Pyrex7070 和 Pyrex7740 玻璃与<110>单晶 Si 材料的热膨胀系数

键合电压：键合电压对键合质量的影响很大，过低的电压导致键合片之间静电引力减弱，不能有效完成键合，即使键合反应发生，也无法实现较好的键合强度；过高的电压有时会使玻璃被击穿，使键合无法进行。所以玻璃的阳极键合一般使用 200~1000V 的直流电压。具体选择的电压上限与玻璃厚度有关。

键合压力：键合压力是促使键合反应更好的进行的一个条件，在过低的键合压力下，软化的玻璃无法紧密地贴合 Si 片，则键合质量低；在过高的键合压力下，键合片容易发生碎裂。一般针对 4in（101.6mm）键合片而言，合适的键合压力为 200~800N。

键合片表面质量：对于阳极键合来说，键合片表面质量包括表面粗糙度和 SiO_2 膜的厚度，表面质量直接影响键合结果，过高的表面粗糙度使得键合间距过大，使得键合质量不好，出现键合强度低甚至部分键合的情况。总体来说，键合片表面起伏最大不能超过 1μm。

阳极键合的键合方式分为点电极、线电极和面电极。点电极是传统的键合方式，在键合过程中，键合区域以点电极为中心向四周扩散，最终全部键合。采用点电极的优点是键合区域无气泡；缺点是键合速度慢，键合面不均匀。采用面电极的优点是键合速度快，反应均匀；缺点也很明显，有时候键合区域的气泡无法排出，影响键合质量。而采用线电极则是上述两种方法的折中方案，既兼顾了键合速度，又可以保证键合质量。

3.4　模具成型

在玻璃的微加工工艺中，可利用 Si 作为微模具层，在玻璃的软化点温度附近利用外部负压对玻璃进行成型。这种工艺可以简单实现玻璃圆片级的微腔和微结构的成型。图 28.2-64 所示为该工艺微腔成型的示意图。图 28.2-65 所示为该工艺微结构成型的示意图。

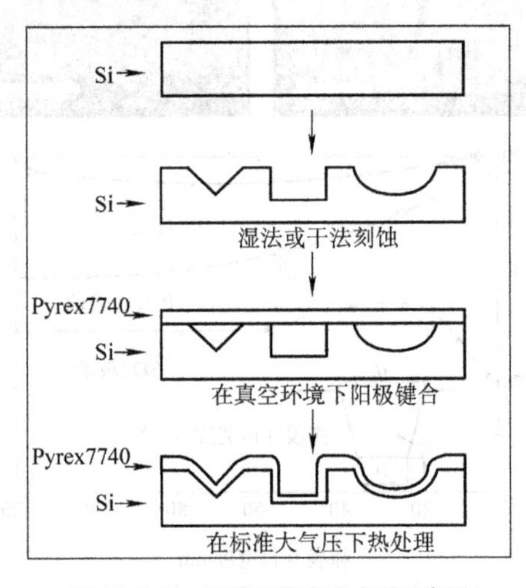

图 28.2-64　微模具法微腔成型示意图

微模具法玻璃成型的工艺流程为：首先，在 Si 片上利用标准硅微加工技术加工出所需要的图形，此 Si 片作为玻璃成型的模具层。然后，将 Si 片和玻璃片在中真空（$<10^{-4}$Pa）环境下进行阳极键合，键合工艺的温度为 350～400℃，键合直流电压为 800～1000V。最后，将键合片在玻璃软化点（821℃）附近热成型，真空负压使得玻璃压入 Si 模具层，最终玻璃成型。考虑到热处理的应力问题，工艺中将成型后的键合片在 450～500℃附近退火，以消除键合片上的热应力。

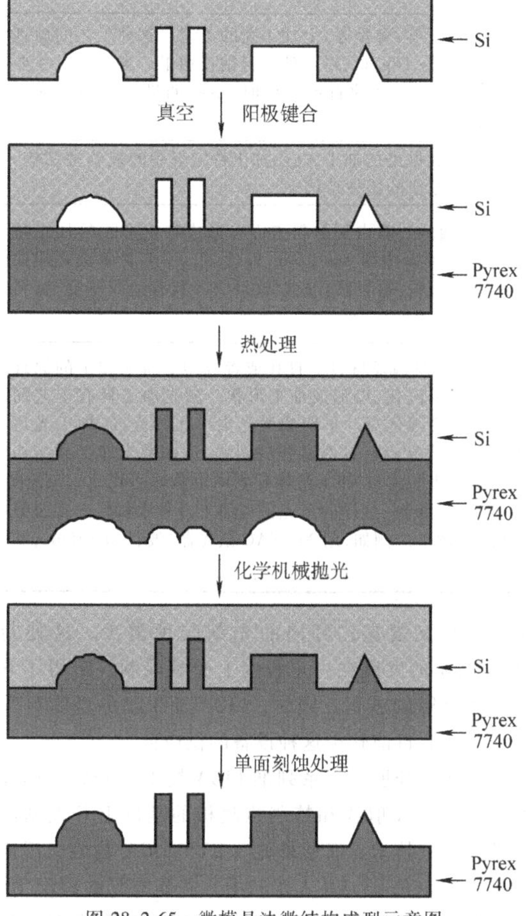

图 28.2-65　微模具法微结构成型示意图

该工艺通过选择不同厚度的玻璃作为键合材料，以及选择 Si 模具层上图形的不同深度，使得微模具法最终可以成型玻璃微腔和玻璃表面微结构。玻璃微腔可以广泛应用于 MEMS 以及 MOEMS（微光机电系统）等器件的圆片级封装，玻璃表面微结构可应用于 MOEMS 器件的圆片级制造。图 28.2-66 所示为圆片级玻璃表面微结构的 SEM 图片（直径为 3.2μm、高度为 1μm 的圆柱）。

最近发明了一种圆片级吹玻璃成型工艺。这种工艺利用了玻璃在高温下的软化特性，使用气体将玻璃

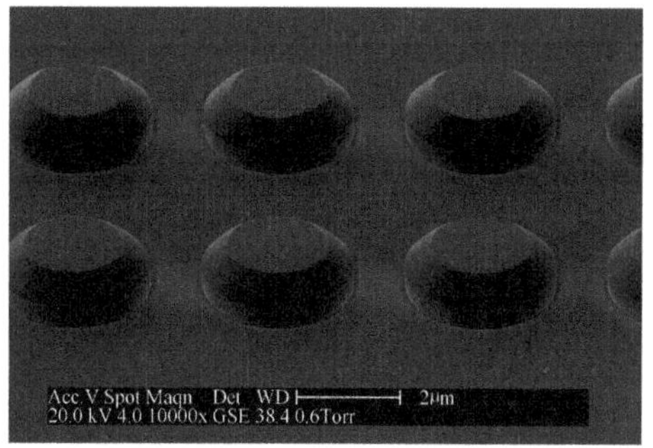

图 28.2-66　圆片级玻璃表面微结构 SEM 图片

吹成特定形状的圆球泡状，可以应用于微型原子钟的玻璃外壳制造或光 MEMS 的封装等。图 28.2-67 所示为这种工艺的原理图。其工艺主要基于阳极键合良好的气密性。在 850～900℃高温下，玻璃软化，被膨胀的空气吹成所需要的球形。首先利用 DRIE 在硅片上刻蚀直径为 100μm～1mm、深度为 300～800μm 的硅腔，然后在大气环境下将 100μm 厚的 Pyrex7740 阳极键合到硅片上，键合条件为 400℃、600V，最后在 850～900℃温度下热处理 1～5min。图 28.2-68 所示为最终成型的球形玻璃气泡图片。

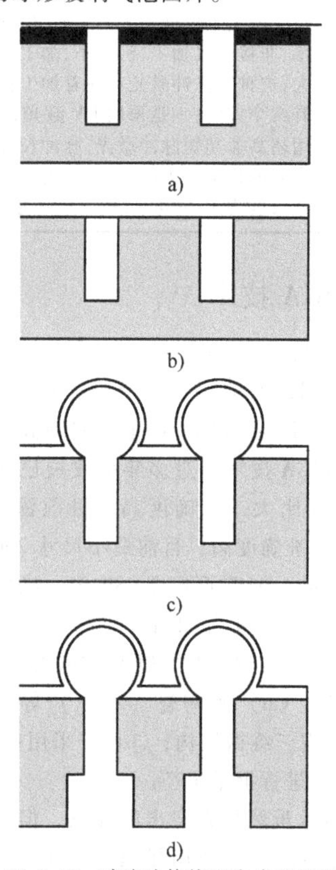

图 28.2-67　玻璃球体热膨胀成型原理图
a）用 DRIE 在硅片上刻蚀深槽　b）将薄玻璃与硅片键合　c）在约 850℃下加热　d）背面腐蚀（可选）

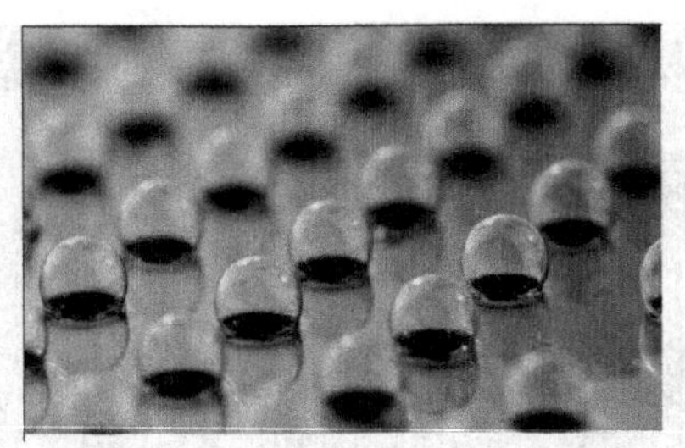

图 28.2-68 最终成型的球形玻璃气泡图片

3.5 其他加工方法

玻璃微加工技术还有一些其他方式，如超声加工、机械加工和激光加工等。和前面几种加工方式相比，这些微加工方法在加工速度、精度和形貌上有其局限性，但在特定场合的 MEMS 器件加工中可以采用。表 28.2-13 列出了这些方法的原理及特点。

表 28.2-13 玻璃其他加工方法

加工方法	原理及特点
微超声加工	微超声加工(MUSM)是一种用于坚硬易碎的材料(如玻璃、石英、陶瓷等)上加工孔的工艺。这种工艺的原理是,利用超声波振动(20kHz)的振头,加以不同尺寸的研磨料(3~15μm),对工件进行钻孔加工。当加工尺寸要求到微米级时,加工难度就会急剧增加。现有工艺钻穿500μm 厚度的石英晶体时,钻孔的最小特征尺寸是120μm,深宽比大于4,锥度为12μm/mm,基本可以视为钻直孔
机械加工	玻璃的机械加工,是指使用刀具、磨具在玻璃上进行切割或者抛磨的加工方式,加工特定形貌的玻璃微结构,如用IC工业的划片机直接加工玻璃微结构,可以加工出高深宽比的棱柱结构
粉喷技术	粉喷技术(Powder Blasting)是一种利用高速气流带动微小磨料,喷击到材料表面以形成特定形貌的加工技术。对于玻璃的微加工来说,其工艺的优点在于加工速度快,可以达到1mm/min,远远超过了各种干法和湿法的腐蚀工艺。粉喷技术中,使用的掩膜层一般为0.5mm厚的金属,影响最后成型效果的参数有掩膜厚度、磨料颗粒大小、粉喷的角度和速度等
激光加工	激光加工是一种常用的非接触式加工方法,常用作在玻璃以及陶瓷材料上打孔或者成型。激光加工的原理是高能光束射到加工区表面,使被加工区域在高温下融化甚至汽化,以形成加工形状。激光加工具有工艺简单、非接触式加工、污染小、加工速度高及图案直写不需要掩膜等优点。早期的激光集中在红光区,加工光斑大,这种宽脉冲激光存在着加工精度不高、加工表面形貌不好等缺点。针对这样的问题,现在激光加工微结构有两个方向:一是采用UV激光,这样的激光具有光束光斑特征尺寸小、加工精确和表面形貌好等优点;二是采用超高速超短脉冲激光,脉冲长度为ns(10^{-9}s)甚至fs(10^{-15}s)级别,这样的激光使得加工过程中材料出现裂痕缺陷的机会大大降低,也使得加工表面形貌能够达到理想的效果。例如,用Nd:YAG激光器,波长为355nm,脉冲长度为10~30nm,最小光斑为7μm

4 UV-LIGA 技术

LIGA（德语 Lithographie、Galvanoformung 和 Abformung 三个词语的缩写）表示深层光刻、电镀、模铸三种技术的结合。LIGA 技术能实现高深宽比的三维微结构。LIGA 技术经过多年的发展已显示出它的优点：①深宽比大，准确度高，目前深宽比>500，所加工的图形准确度高，目前最小尺寸 200nm，表面粗糙度仅 10nm，侧壁垂直度>89.9°，纵向高度可达 500μm 以上；②可加工的材料广泛，从塑料（PMMA、聚甲醛、聚酰胺和聚碳酸酯等）到金属（Au，Ag，Ni，Cu）到陶瓷（ZnO_2）等，都可以用 LIGA 技术实现三维微结构；③由于采用微复制技术，可降低成本，进行批量生产。

LIGA 技术虽然具有突出的优点，但是它的工艺步骤比较复杂，成本费用昂贵。为了获得 X 射线，需要复杂而又昂贵的同步加速器，而这只能在一些大的研究机构里才能得到；用于 X 射线光刻的掩膜板本身就是三维微结构，需要先用 LIGA 技术制备出来，费时又复杂；可用的光刻胶种类少。这使得 LIGA 技术的发展在一定程度上受到限制，阻碍了它工业化应用的进程。同时，LIGA 加工出的微零件需要装配，而目前缺少这种设备的供应商。

为此，开展了一系列准 LIGA 技术的研究，即在取代昂贵的 X 射线和特制掩膜板的基础上开发新的三维微加工技术。而紫外光（UV）-LIGA 是最广泛应用的一种。在 UV-LIGA 工艺中，需要厚胶的深层 UV 光刻和图形中结构材料的电镀。其主要困难在于稳定、陡壁、高精度的厚胶模的形成。对于 UV-LIGA 适用光刻胶的研究，做得较多的是 SU-8。

SU-8 胶是一种负性、环氧树脂型、近紫外线光刻胶，厚度可达几百甚至上千微米。它是基于 EPON SU-8 环氧胶（最初由 Shell Chemical 公司开发）和 IBM 专利发展而来的。SU-8 胶采用特殊的环氧成膜材料。由于该光刻胶采用环氧酚醛树脂作为成膜材料，它的黏附性明显优于其他厚胶，对电子束、近紫外光及波长为 350~400nm 的紫外光敏感。SU-8 胶对紫外光具有低光学吸收特性，即使膜厚高达 1000μm，所得图形边缘仍可近乎垂直，深宽比可大于20：1。该胶经过100°C以上固化后，已交联的SU-8具有良好的耐蚀性，热稳定性大于200℃，因而可在高温、腐蚀性工艺中使用，如能在高温下抵御pH=13的强碱电镀液。同时SU-8胶成膜材料具有良好的物理及光塑化特性，自身液可以制作微型零件。由于它具有较多优点，SU-8胶正被逐渐应用于微流控、MEMS、芯片封装和微加工领域。

SU-8胶是由多功能团、多分支的有机环氧胶溶于有机液中并加入光催化剂而成的。环氧树脂由双酚A酚醛甘油醚组成，其理想结构式如下：

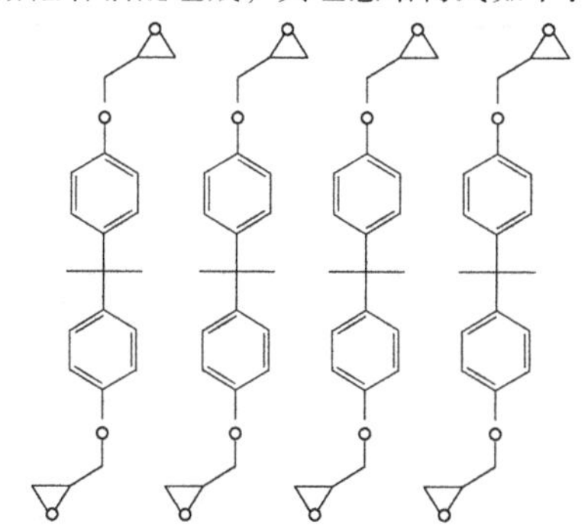

由于其典型结构中含有八个环氧团，因此称为SU-8胶。SU-8胶中含有少量光催化剂（PAG）。当曝光时，光子被吸收，光催化剂发生光化学反应，产生一种强酸。该强酸将在后烘（PEB）时作为催化剂，使SU-8胶产生热交联。交联主要产生在含有强酸的区域和PEB阶段。

4.1　工艺流程

SU-8胶的光刻工艺流程和一般的UV光刻工艺一样，如图28.2-69所示，主要包括：基片预处理、涂胶、前烘、曝光、后烘、显影等。如果在显影后进行

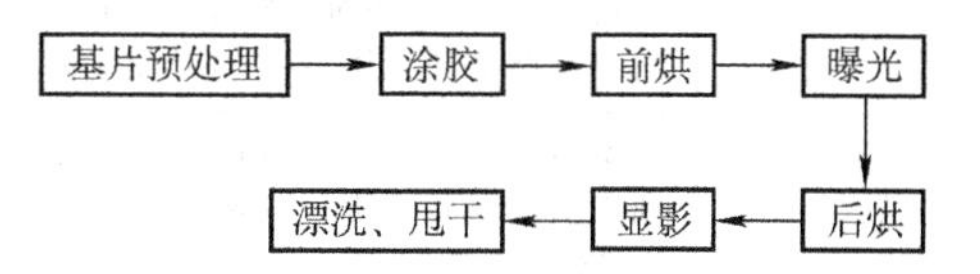

图28.2-69　SU-8胶光刻工艺流程

电镀就可制造金属结构。在进行SU-8胶工艺处理过程之前，首先是采用普通玻璃镀Cr的方法，进行掩膜板的制作；然后还要根据所需胶厚选定合适的商用SU-8胶型号，因为不同型号的SU-8胶具有不同的黏度，在1000~3000r/min的旋涂速度下可甩出不同厚度的胶膜。在实际应用中，SU-8胶对工艺参数的改变非常敏感，各种文献描述的参数差别很大。甩胶、前烘温度和时间、曝光时间和强度、后烘的时间和温度、显影方式和时间、衬底材料等工艺对SU-8胶的图形质量都有不同程度的影响。因此光刻胶图形的质量受以上各因素的综合影响，是各种工艺参数平衡的结果。表28.2-14列出了制造工艺。

表28.2-14　SU-8 UV-LIGA制造工艺

工艺步骤	工　艺　描　述
基片预处理	作为一种有机材料，SU-8胶具有相当强的疏水性，因此很难对亲水的无机衬底（如SiO_2基片）进行润湿。在研究比较了SU-8胶与不同衬底材料（包括Si，FeNi，Ni，Cu，Cr，Ti及其氧化物）之间的黏附性后，发现Ti和TiO_2衬底展示出了对SU-8胶最强的黏附力，而Ni衬底最弱。在旋涂SU-8胶之前可以用涂底料来改良其对无机衬底的润湿性。涂底料（HMDS，MPTS，MicroChem公司的OmniCoat）是小相对分子质量有机物质，或者具有很强的吸附能力，或者能够与无机衬底发生反应形成具有低表面能量的薄有机层，然后就能为SU-8胶所润湿。表28.2-15列出了SU-8胶可用衬底材料的黏附剪切强度参数 SU-8胶对于基片的清洁度要求极高，为了获得最大的工艺可靠性，在匀胶之前，基片应该清洁、干燥。最简单的清洗方法是：首先用稀释的酸液漂洗，然后用去离子水冲洗；其次用piranha溶液（H_2SO_4：H_2O_2的质量比为7：3）、丙酮、无水乙醇及去离子水进行深层次清洗；最后是表面脱水，可以在200℃的热板上烘烤5min或在烘箱烘4h以上
涂胶	静态滴胶，胶量一般为大约1mL/in（基片直径）；甩胶，利用厚胶甩胶机在基片表面旋涂所需厚度的SU-8胶，以1.66r/s^{2}的加速度加速至500r/min的转速，维持5~10s，以使胶覆盖整个基片；匀胶，以5r/s^{2}的加速度加速至额定转速，保持30s，不同胶型甩不同厚度的SU-8胶额定转速不一样，可参考图28.2-70及表28.2-16。一次涂胶可产生2~300μm厚的光刻胶薄膜，利用多次旋涂技术，可得到厚达3mm的光刻胶层
前烘	匀胶完毕必须进行前烘以蒸发胶内的溶剂，增加光刻胶的硬度和增强光刻胶与衬底间的黏附力。前烘一般分为两步进行：预烘和软烘。前烘决定光刻胶的光敏特性，温度不能过高；前烘时间对图形的最小尺寸和保真度均有影响。对于SU-8 2000和3000系列光刻胶，推荐使用具有良好的热量控制和均匀性的水平热板进行前烘工艺，不推荐对流烘箱，因在对流烘箱烘烤过程中，会在光刻胶表面形成一层外皮，该外皮将抑制溶剂的反应，导致薄膜的不完全烘干，并有可能延长烘烤时间。为了优化烘烤时间和条件，在预计烘烤时间之后从热板上移去的基片允许冷却至室温后再次返回热板烘烤。若发现光刻胶薄膜有褶皱现象，可将基片放在热板上再次烘烤几分钟，并且重复这个"冷却—加热"的循环过程直到将基片放在热板上之后看不到褶皱现象。SU-8 50和100系列光刻胶可用烘箱进行烘烤，但是溶剂的蒸发速度受到热传递和热对流的影响，因此工艺参数与热板烘烤有很大差别。表28.2-16中的工艺参数是在热板上接触式烘烤的推荐参数

（续）

工艺步骤	工 艺 描 述
平整化	因在前烘过程中，旋涂好胶的基片在程控烘箱中放置不可能完全水平，造成胶表面的不平整，就需要用精密铣床铣平，之后再在热板或者烘箱中低温50℃烘烤20min左右，将胶表面刀痕去除
后烘	后烘可以提高胶结构的质量，还能提高胶结构对镀液的耐蚀性。后烘采用两步进行，表28.2-16列出了SU-8胶的后烘工艺参数
曝光	SU-8系列厚胶最理想的曝光光源是波长在350~400nm范围内的紫外光。采用硬接触式曝光，加滤波片，可以得到比较纯净的365nm紫外光。最佳曝光量与胶厚有关，见表28.2-16及图28.2-71。若衬底不同，则实际曝光时间与表28.2-16及图28.2-71所给参数存在一个相应的倍数关系，该倍数关系见表28.2-17
显影	室温下将基片放在MicroChem公司提供的SU-8专用显影液中显影，并用兆声显影机或者手工振荡，得到光刻胶图形。然后用异丙醇漂洗基片，甩干即可。不同型号不同厚度的SU-8胶对应的显影时间可参见表28.2-16

表28.2-15　SU-8胶可用衬底材料的黏附剪切强度参数　（MPa）

衬底材料	SU-8 2000系列	SU-8 3000系列
硅	53	71
氮化硅(SiN)	43	73
砷化镓(GaAs)	66	78
镍	45	48
金	29	47
铝/铜(99/1)	23	43
铜	38	80
涂有AP-300黏附促进剂的铜	56	—
玻璃	差	23
涂有HMDS底料的玻璃	差	44
涂有AP-300黏附促进剂的玻璃/Al_2O_3	92	—
石英	61	80

表28.2-16　SU-8胶光刻工艺参数

SU-8胶型号	黏度/cSt①	厚度/μm	旋涂额定转速/$r\cdot min^{-1}$	65℃前烘烤时间/min	95℃前烘烤时间/min	曝光剂量/$mJ\cdot cm^{-2}$	65℃后烘烤时间/min	95℃后烘烤时间/min	显影时间/min
SU-8 2	45	1.5	3000	1	1	无	1	1	1
		2	2000	1	3		1	1	1
		5	1000	1	3		1	1	1
SU-8 5	290	5	3000	1	3		1	1	1
		7	2000	2	5		1	1	1
		15	1000	2	5		1	2	3
SU-8 10	1050	10	3000	2	5		1	2	2
		15	2000	2	5		1	2	3
		30	1000	3	7		1	3	5
SU-8 25	2500	15	3000	2	5		1	2	3
		25	2000	3	7		1	3	4
		40	1000	5	15		1	4	6
SU-8 50	12250	40	3000	5	15	见图28.2-71	1	4	6
		50	2000	6	20		1	5	6
		100	1000	10	30		1	10	10
SU-8 100	51500	100	3000	10	30		1	10	10
		150	2000	20	50		1	12	15
		250	1000	30	90		1	20	20

（续）

SU-8 胶型号	黏度 /cSt①	厚度 /μm	旋涂额定转速 /r·min⁻¹	65℃前烘烤时间 /min	95℃前烘烤时间 /min	曝光剂量 /mJ·cm⁻²	65℃后烘烤时间 /min	95℃后烘烤时间 /min	显影时间 /min
SU-8 2000.5 SU-8 2002 SU-8 2005 SU-8 2007 SU-8 2010 SU-8 2015	2.49 7.5 45 140 380 1250	0.5~2	图 28.2-70	1	1	60~80	1	1~2	1
		3~5		1	2	90~150	1	2~3	1
		6~16		1	2~3	110~140	1	3~4	2~3
		16~25		1~2	3~4	140~150	1	4~5	3~4
		26~40		2~3	4~5	150~160	1	5~6	4~5
SU-8 2025 SU-8 2035 SU-8 2050 SU-8 2075	4500 7000 12900 22000	25~40	见图 28.2-70	0~3	5~6	150~160	1	5~6	4~5
		45~80		0~3	6~9	150~215	1~2	6~7	5~7
		85~100		5	10~20	215~240	2~5	8~10	7~10
		115~150		5	20~30	240~260	5	10~12	10~15
		160~225		7	30~45	260~350	5	12~15	15~17
SU-8 2100 SU-8 2150	45000 80000	100~150	见图 28.2-70	5	20~30	240~260	5	10~12	10~15
		160~225		5~7	30~45	260~350	5	12~15	15~17
		230~270		7	45~60	350~370	5	15~20	17~20
		280~550		7~10	60~120	370~600	5	20~30	20~30
SU-8 3005 SU-8 3010 SU-8 3025 SU-8 3035 SU-8 3050	65 340 4400 7400 12000	4~10	图 28.2-70	0	2~3	100~200	1	1~2	1~3
		8~15		0	5~10	125~200	1	2~4	4~6
		20~50		0	10~15	150~250	1	3~5	5~8
		30~80		0	10~30	150~250	1	3~5	6~12
		40~100		0	15~45	150~250	1	3~5	7~15

① $1cSt = 10^{-6} m^2/s$。

表 28.2-17　不同材料衬底对应的曝光剂量与表 28.2-16 所给剂量的倍数关系

材　　料	剂量的倍数关系
硅	1×
玻璃	1.5×
耐热玻璃(Pyrex)	1.5×
氧化铟锡(ITO)	1.5×
氮化硅	(1.5~2)×
金	(1.5~2)×
铝	(1.5~2)×
镍铁合金(Fe-Ni)	(1.5~2)×
铜	(1.5~2)×
镍	(1.5~2)×
钛	(1.5~2)×

图 28.2-72 所示为 UV 光刻的实验结果，其中 UV 光源强度为 2.6mW/cm²，波长为 365nm，SU-8 胶采用美国 MicroChem 公司 SU-8 2075 系列。垂直曝光 UV-光刻结构掩膜孔宽 50μm，孔间距为 50μm，SU-8 胶厚度为 300μm；倾斜 UV 光在硅片上长时间曝光后的 SU-8 胶结构，UV 光入射角为 23.5°，SU-8 胶厚度为 140μm，为了增强反射光强度，曝光时间延长到 600s，掩膜孔宽为 50μm，掩膜孔间距为 75μm，显影之后的结构呈现出明显的“V”字形。

4.2　去胶工艺

SU-8 胶广泛地应用于 UV-LIGA 工艺，当电铸好模具后，应将金属腔内的 SU-8 胶去除，形成空腔用于模压，以用于微结构的复制。由于 SU-8 胶是环氧树脂型光刻胶，高度交联后很难除去，尤其是经过电铸工艺以后，用专用的 SU-8 胶去胶剂几乎不起作用，会产生一些残留，尤其在深孔和深槽处。

下面介绍 SU-8 胶的一些去胶工艺。对交联面积大的 SU-8 胶，可以采用热丙酮浸泡，使得 SU-8 胶充分溶胀，并用超声清洗去除。交联的光刻胶并不是在热丙酮中溶解了，而是以一层膜的形式脱落下来（即 Lift-off 方式），去除效果较好。对于低密度交联的 SU-8 胶，如果在涂胶前使用了 MicorChem 公司的 OmniCoat 底料涂层（30~100nm），可以使 SU-8 胶材料沉浸在 PG 去胶剂中干净彻底地脱落下来（Lift-off 方式）。具体方法是：先加热 MicorChem 公司的 PG 去胶剂浴至 50~80℃，然后将 SU-8 胶基片沉浸在底部 30~90min，实际的去胶时间视胶厚及交联密度而定。但是，如果不使用 OmniCoat 底料涂层，将很难

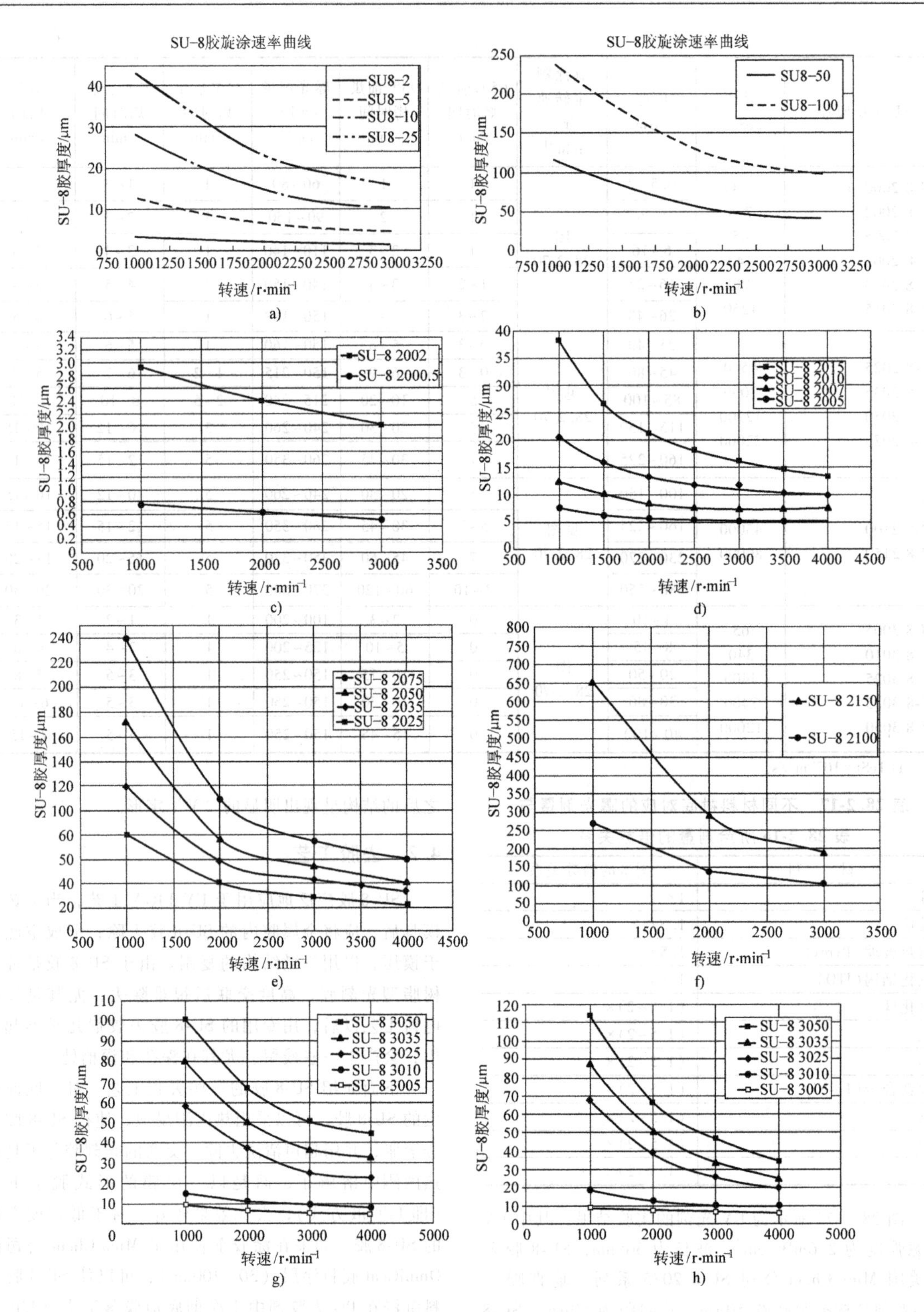

图 28.2-70 SU-8 胶旋涂速度和胶厚关系

a) SU-8 2，SU-8 5，SU-8 10 和 SU-8 25 b) SU-8 50 和 SU-8 100 c) SU-8 2000.5 和 SU-8 2002 d) SU-8 2005，SU-8 2007，SU-8 2010 和 SU-8 2015 e) SU-8 2025，SU-8 2035，SU-8 2050 和 SU-8 2075 f) SU-8 2100 和 SU-8 2150 g) SU-8 3005，SU-8 3010，SU-8 3025，SU-8 3035 和 SU-8 3050（欧美实验数据） h) SU-8 3005，SU-8 3010，SU-8 3025，SU-8 3035 和 SU-8 3050（日本、亚洲实验数据）

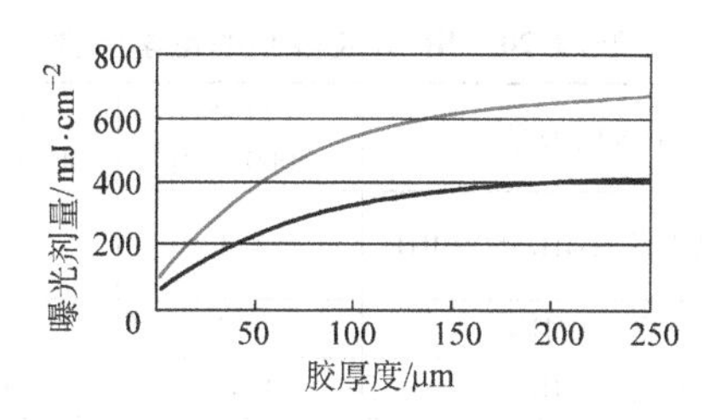

图 28.2-71　SU-8 胶曝光剂量与胶厚的关系曲线 SU-8 50（较小）和 SU-8 100（较大）

去除完全干燥或者硬烘后的 SU-8 胶。但对于高深宽比的微结构和完全交联的 SU-8 胶，这种方法效果不佳，可用表 28.2-18 列出的常用的去胶方法。

4.3　SU-8 胶光学特性

SU-8 胶之所以能够制造高达 2mm、深宽比接近 20 的微结构，是因为其在 UV 光波段内的低光吸收率，特别是在 365nm 波长上具有更加优异的感光性能，折射率 n = 1.8（100GHz 条件下），n = 1.7（1.6THz 条件下）。图 28.2-73 所示为胶厚从 5μm 变化到 374μm 时测得的 UV 光传输率。

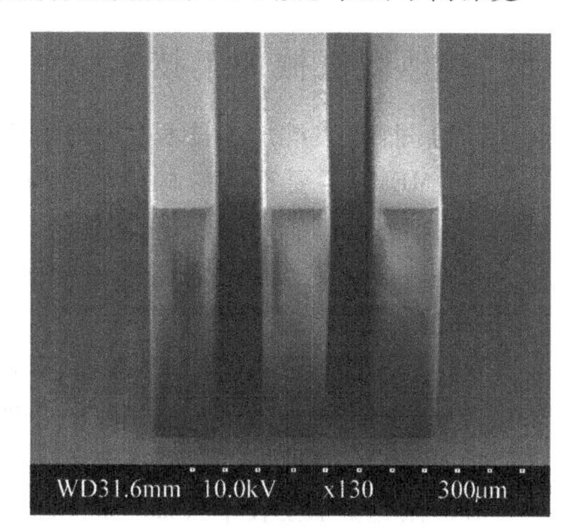

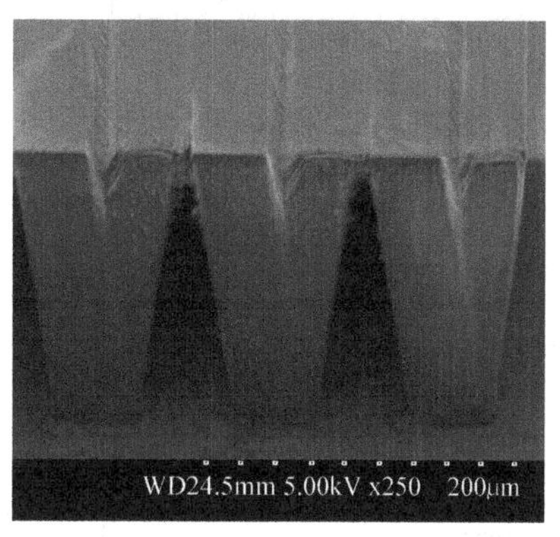

图 28.2-72　UV 光刻的实验结果

表 28.2-18　常用的去胶方法

方　法	工　艺　描　述
O_2 RIE 刻蚀	对于残留在底部的少量 SU-8 胶可以采用 RIE 刻蚀的方法除去。刻蚀的具体工艺条件如下：刻蚀气体，O_2 = 20cm³/min；RF 功率，25W；工作气压，40×133MPa；自偏压，160V；刻蚀时间，10min 在刻蚀当中尤其要注意的是刻蚀时间不能过长，刻蚀功率不能过大，否则 SU-8 胶容易发黑、变性，会留在底部难以除去
浓硫酸	SU-8 胶是环氧树脂型光刻胶，它主要由碳、氢和氧等元素构成，因此可以用浓硫酸进行脱水去除。虽然可有效去除 SU-8 胶，但浓硫酸对金属模具也有损伤。这种方法的限制因素太多
高温灰化	用高温烧灼模具来除胶，再把片子用热丙酮超声清洗，有较好的效果，但是此方法有时会造成残余物附着在模具表面
准分子激光	这种方法比较有效，可去除深孔和槽，但需使用价格昂贵的准分子激光器，因此这种方法不是很可行
盐浴方法	采用硝酸钠和氢氧化钠的混合物，在 300～350℃ 的盐浴也可有效去除 SU-8 胶

图 28.2-74 所示为 365nm 的 UV 光在 SU-8 胶中的传输率，从图中可以看出，SU-8 胶的理论厚度极限值为 2mm。图 28.2-75 所示为 SU-8 胶 UV 光刻最常用的 Karl Suss MA-6 曝光机输出辐射光通过不同厚度 SU-8 胶时的光谱强度，从该光谱图亦可看出 365nm 的 UV 光最适合进行 SU-8 胶曝光工艺。

经过 UV 曝光、后烘、显影后得到的 SU-8 胶结构具有良好的力学和热稳定性。事实上，完全交联的 SU-8 胶具有一个 200℃ 左右的转化温度，退化温度约为 380℃。

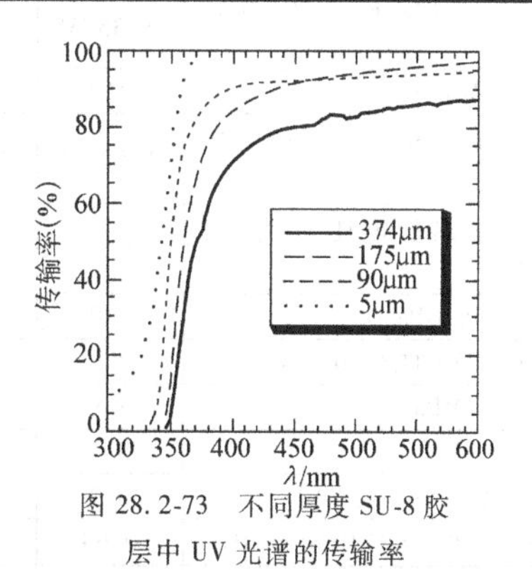

图 28.2-73　不同厚度 SU-8 胶层中 UV 光谱的传输率

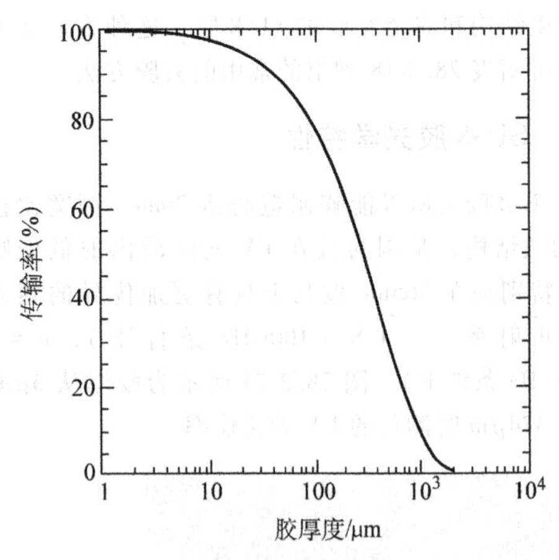

图 28.2-74 365 nm 的 UV 光在 SU-8 胶中的传输率

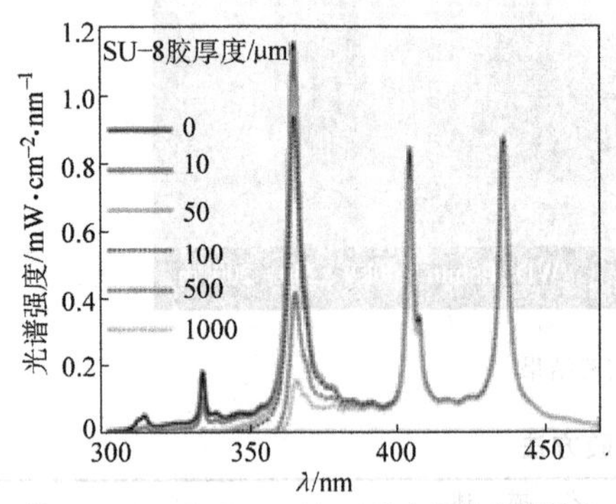

图 28.2-75 Karl Suss MA-6 曝光机输出辐射光通过不同厚度 SU-8 胶时的光谱强度

4.4 SU-8 胶其他特性

由于 SU-8 胶在 MEMS 领域广泛应用，表 28.2-19 和表 28.2-20 总结了 SU-8 胶的力学、热稳定性和电学特性。

表 28.2-19 SU-8 胶薄膜的力学和热稳定性

SU-8 胶型号	SU-8 2000 系列	SU-8 3000 系列
黏附强度/MPa：硅/玻璃/玻璃和 HMDS	38/35/35	—
软化点 DMA/℃	210	200
氮气中的热稳定性：开始/减重 5%/℃	295/327	277/357
空气中的热稳定性：开始/减重 5%/℃	279/311	—
弹性模量 E/GPa	2.0	2.0
热膨胀系数 CTE/(10^{-6}/℃)	52	52
抗张强度/MPa	60	73
伸长率(%)	6.5	4.8
热导率/W·(m·K)$^{-1}$	0.3	0.2
水吸收率(%)(85℃/85% RH)	0.65	—

表 28.2-20 SU-8 胶薄膜的电学特性

SU-8 胶型号	SU-8 2000 系列	SU-8 3000 系列
介电常数，1GHz，50%RH	4.1	3.2
介电常数，10MHz	3.2	—
介质损耗，1GHz	0.015	0.033
电介质强度/V·μm^{-1}	112	115
体电阻/Ω	2.8×10^{16}	1.8×10^{16}
表面电阻/Ω·cm	1.8×10^{17}	5.1×10^{16}

5 其他微机械加工技术

（1）非 IC 三维加工技术发展的驱动力

1）MEMS 需要不同的材料和结构（如金属、陶瓷、聚合物等），而 IC 技术无法提供。

2）特定应用领域的需要（如生物化学分析、发动机高温环境等）。

3）发展执行器需要（如热驱动、形状记忆合金）。

4）传统宏制造发展到微制造的趋势。

（2）非 IC 三维加工主要技术

1）激光微加工技术（laser micromachining）。

2）电火花微加工技术（electro-discharge micromachining）。

3）热压成型技术（hot embossing）。

4）注射成型技术（injection moulding）。

5）浇铸成型技术（casting）。

6）微接触印刷技术（microcontact printing）。

7）微立体光刻技术（microstereolithography）等。

本节简单介绍激光微加工技术、电火花微加工技术、热压成型技术和注射成型技术。

5.1 激光微加工技术

激光微加工技术包括激光烧蚀机理直接微加工技术、激光 LIGA 技术、脉冲激光辅助沉积和刻蚀、激光立体平版印刷技术、激光表面修饰技术、脉冲激光辅助操控和装配技术等。激光微加工是一步一步地通过激光束移动串行来除去所加工的区域。可以加工的材料包括金属、陶瓷、玻璃、聚合物和金刚石等。传统的激光直接微加工技术是利用高能量激光脉冲对固体直接加工，主要是基于热效应的方法，即高能量密度的激光束使工作表面局部升温、熔化至汽化来逐层移走材料。激光和固体间的烧蚀作用与固体材料以及脉冲激光参数相关。通过扫描激光束来实现特定图形的刻蚀。烧蚀不可避免会带来加工表面和边缘的粗糙不平，因此，基于热效应的激光加工的加工深度一般在 0.5~1mm，加工的横向尺寸也有限。

激光冷加工可以避免因烧蚀带来的一系列问题。例如，准分子激光由于波长短，光学分辨力高，因而可以进行高精度微细加工。而飞秒激光的脉冲宽度在飞秒（fs）量级，对材料的照射时间短，激光能量没有时间转化为热量扩散到相邻区域，激光能量直接将材料由固态变成等离子态而逸出表面。表 28.2-21 列出了用于微机械加工的激光器及主要性能。

受激准分子激光加工设备主要有：快门、可调衰减器、光束整形器和归一化器。激光光束经过一系列器件，最后照射到掩膜上。各部件作用如下：光束整形器改变光束形状，使其近似为正方形；然后归一化器再把光分成许多光束，每束光从不同方向照射掩膜，从而提高了光照射的均匀性，同时也引入了离轴元件，离轴光照可以完成垂直结构甚至钻蚀结构的加工，而使用传统的平面光照射就无法加工出特殊结构。在整个系统中还需要一些辅助设备（如 CCD 视频传感器或独立的非线性显微镜）进行准直。掩膜和器件一般都安装在步进马达控制的精密移动平台上，通过计算机实现自动扫描操作。对不同的掩模进行多次曝光可以加工阶梯式多级结构，而在曝光时间内扫描掩膜可以完成连续切削，也可以用半色调掩模直接进行投影烧蚀来完成连续切削。在加工过程中可以改变其他脉冲激光参数，如激光流量和重复速率。图 28.2-76 所示的是采用轮廓扫描技术在石英衬底上加工的圆形衍射透镜图像（F_2 激光，脉冲宽度 20ns，重复速率 200Hz）。

表 28.2-21　用于微机械加工的激光器及主要性能

激光器	Ti:Sapphire	Nd:YAG	Excimer
波长/nm	750~850,2 倍频,3 倍频	1064,2 倍频,3 倍频,4 倍频	157,193,248,308,351
脉冲重复频率	1kHz,5kHz	1Hz~2kHz	1~250Hz
脉冲宽度	120fs~30ps	10ns	25ns
脉冲能量 /mJ	2(1kHz) 0.5(5kHz)	8(1064nm) 5(532nm) 3(355nm) 1(266nm)	25(157nm) 400(193nm) 600(248nm) 400(308nm) 320(351nm)
最小束斑/μm （焦长 f=100mm）	12.4(780nm) 6.2(390nm) 4.1(260nm)	45.6(1064nm) 22.6(532nm) 15.1(355nm) 11.3(266nm)	5.6(351nm) 4.9(308nm) 4.0(248nm) 3.0(193nm) 2.5(157nm)

图 28.2-76　采用轮廓扫描技术在石英衬底上加工出的圆形衍射透镜

激光诱致化学刻蚀是指激光光照对局部化学刻蚀反应产生的强化作用。这种强化作用来自基体加热对化学反应的热活化作用，也可以是光刻胶分解产生的活性抗蚀剂。刻蚀过程中，底部加热产生的热催化剂和刻蚀剂在光或热分解过程中产生活性物质，这种活性物质是反应强化的主要因素。例如，用氯气对硅的激光刻蚀已经用于各种 MEMS 器件的加工。如果被加工的衬底是透明的（如石英玻璃或石英），激光从正面照射，可以从背面进行腐蚀。图 28.2-77 给出了激光在透明石英玻璃衬底上刻蚀出的 9μm 宽深槽（KrF 激光器，12000 辐照脉冲，能量流量 1.0J/cm^2，重复速率 10Hz，溶液是嵌二萘/丙酮溶液）。

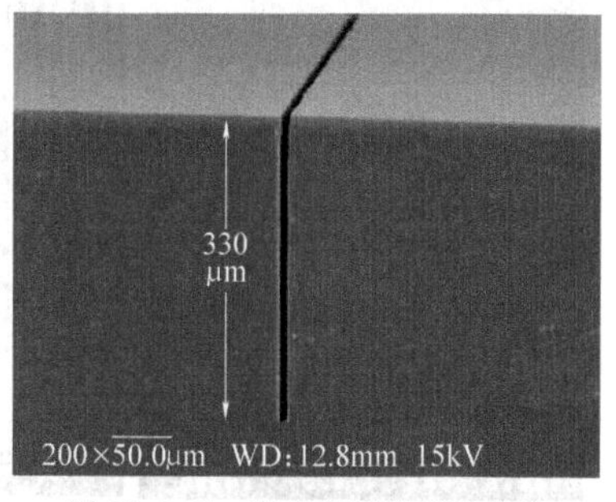

图 28.2-77　激光在透明石英玻璃衬底上刻蚀出的 9μm 宽深槽

脉冲激光的局域加热能力、清洁加工特性和很高的加工精度特别适用于微型部件的再加工和焊接；脉冲激光的很低的热累积和很短的作用时间特别适用于热敏微部件的连接。

5.2　电火花微加工技术

电火花加工是利用工件和电极之间的脉冲性火花放电产生瞬间高温，使工件材料局部熔化和汽化，从而达到蚀除加工的目的。电火花加工要求加工材料导电，因此可以实现金属和半导体材料等加工。微细电火花加工原理与普通电火花加工原理相同，微细电火花加工的关键在于微细电极的在线制作、微小能量放电电源、工具电极的微量伺服进给、加工状态检测与系统控制等。

1）微细电极的制作与安装。微细电火花加工的电极截面直径至少比所加工尺寸小两个放电间隙。目前常用电极的在线制作方法主要有块反拷法加工和线电极电火花磨削（WEDG）。块反拷法的特点是加工效率较高，而由于装置的机械精度和加工中的损耗，加工出的微细电极存在加工锥度误差；WEDG 的特点是加工精度高，可以加工多种形状的电极，但由于电极和工件之间是点接触，加工速度较慢。

2）微小能量放电电源。电火花加工是靠电极和工件之间周期性的脉冲放电进行的，加工所需的全部能量由脉冲电源提供，因此要求单脉冲放电能量小而且可控。要达到微米级的加工精度及表面粗糙度，每个脉冲的去除量应该控制在 0.10～0.01μm 范围内，对应单个脉冲的放电能量控制在 10^{-7}～10^{-6}J 之间，才有可能使得电蚀坑直径小于 1μm。

3）伺服控制系统。除了要求伺服机构要有很高的伺服进给精度和进给分辨力外，还要求伺服机构具有足够高的响应频率及良好的间隙控制系统，以保证微细电火花加工稳定进行。

目前微细电火花加工技术在实验室已可稳定地得到尺寸精度高于 0.1μm、表面粗糙度 Ra<0.01μm 的加工表面。而日本松下精机公司的产品可以加工出 ϕ2.5μm 的微细轴和 ϕ5μm 的微细孔。

传统的微细电火花加工技术是单点加工，效率低。国际上近年的发展方向是采用阵列电极，用 MEMS 执行器控制电极，从而实现批量制造。例如，先用 LIGA 技术制作出电火花加工用的微细成形电极，然后再用制作出的电极进行加工。由于在加工衬底上一次制作出的是阵列电极，因此用阵列电极一次就可以加工出一批工件。图 28.2-78 所示为阵列电极示意图、MEMS 执行器控制电极间隙示意图、用此

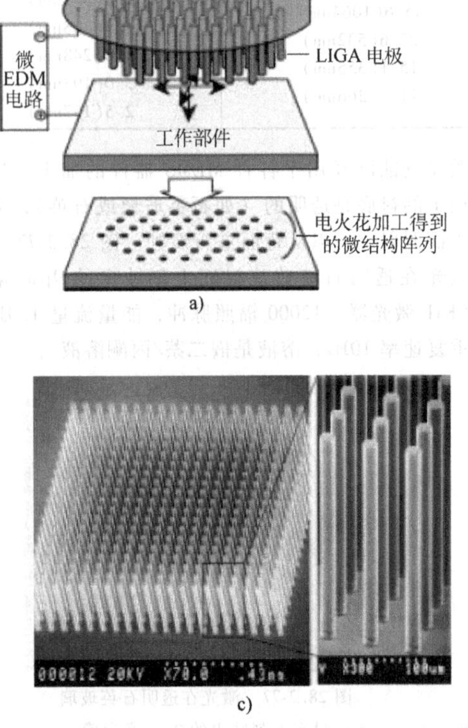

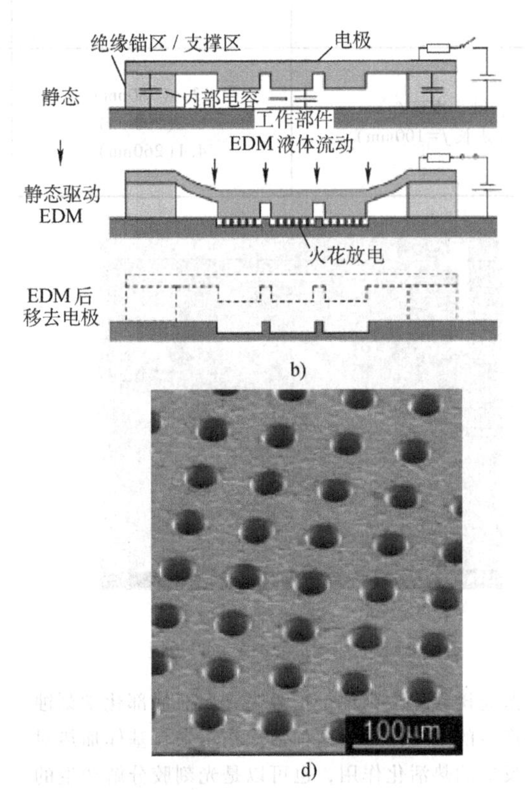

图 28.2-78　微细电火花阵列加工

a）阵列电极示意图　b）MEMS 执行器控制电极间隙示意图　c）制作出的 20mm×20mm 的圆柱电极阵列　d）在厚为 50μm 的不锈钢片上加工出的微细阵列孔

方法制作出的 20mm×20mm 的圆柱电极阵列以及用此电极在厚为 50μm 的不锈钢片上加工出的微细阵列孔，每根电极的直径为<20μm，材料为铜，加工后孔的直径<32μm。

5.3　热压微成型技术

在 MEMS 领域，用于热压成型的材料主要是高分子聚合物材料，如聚甲基丙烯酸甲酯（PMMA）和聚碳酸酯（PC）等。这类材料主要应用于微流控系统和生物化学分析系统等。热压成型的装置示意图如图 28.2-79 所示，制造工艺流程如图 28.2-80 所示。其主要工艺描述如下：

首先，将带有图案的模板与放置有高分子材料的基板同时在真空中加热，使温度高于高分子材料的软化温度；然后，将模板压在加热软化的高分子材料上并保持一定时间；在压力没有撤除前降温，当温度降低到软化温度以下时将模板拉开（即脱模），就在高分子材料上压制出与模板凸凹互补的图案。

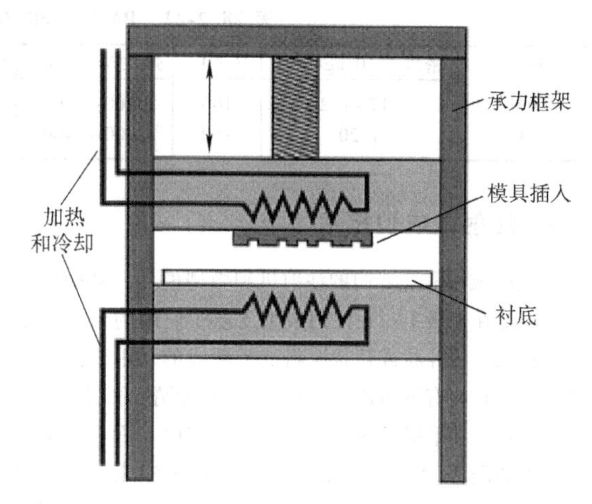

图 28.2-79　热压成型的装置示意图

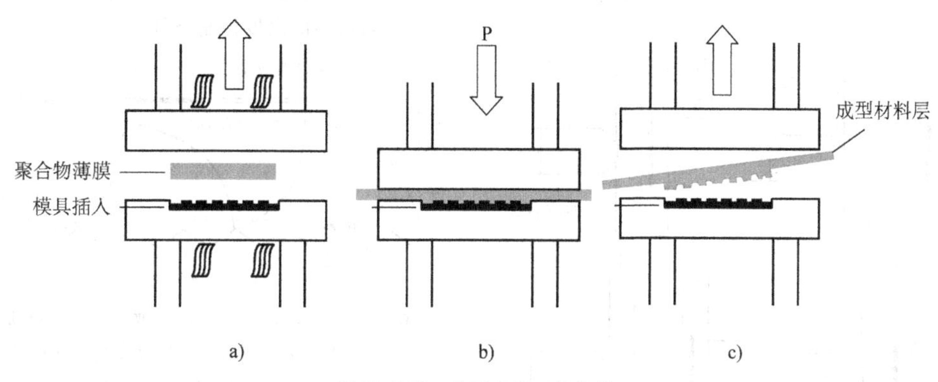

图 28.2-80　热压成型工艺流程
a）加热　b）热压　c）冷却/脱模

整个工艺需要注意如下几个方面：

1）模板。金属、硅、玻璃等材料均可用作模板，模板上的图形可用本章介绍的 UV-LIGA 技术、DRIE、激光微加工等制造。为使脱模容易进行并不损坏高分子材料的微结构，要求模板图形结构的侧面粗糙度要小，如制备深宽比 0.5 的微结构，模板侧面粗糙度小于 80nm。如果模板制造条件可控，与脱模方向平行的微结构外表面应有一定的梯度，一般为 30′~1°30′。

2）加温后压制。该过程在真空下进行是为了防止模板空腔中的气体无法逃逸而在材料中形成气泡。由于模板和基板的热膨胀系数不同，在热压成型工艺过程中，温度降低时，就会在压制结构中产生应力并引起压制图形的误差。

3）脱模。脱模过程非常容易损坏压制成型的微结构，要求模板表面预处理，并且模板和高分子材料表面活性点越少越好，同时应优化脱模时的压力和温度。图 28.2-81 所示为采用 DRIE 制造的模板在 PC 基板上压制的微流控图形。

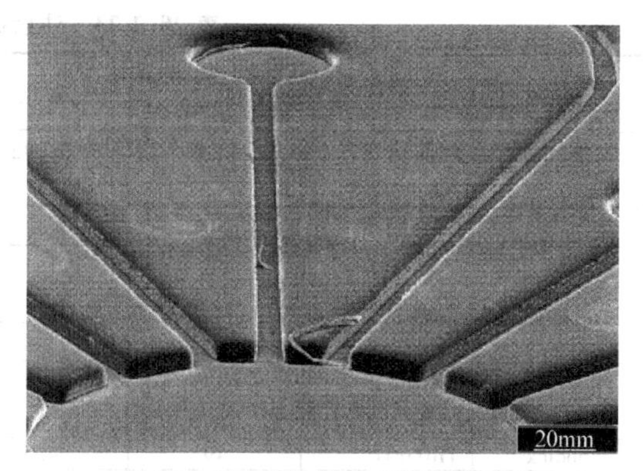

图 28.2-81　采用 DRIE 制造的模板在 PC 基板上压制的微流控图形

表 28.2-22 列出了常用的 PMMA 和 PC 两种高分子材料在热压成型时的主要参数。

表 28.2-22　PMMA 和 PC 在热压成型时的主要参数

材料	密度/(10^3kg/m^3)	T_g/℃	弹性模量/MPa	热压成型温度/℃	脱模温度/℃	成型压力/kN	保持时间/s
PMMA	1.17~1.20	106	3100~3300	120~130	95	20~30	30~60
PC	1.20	150	2000~2400	160~175	135	20~30	30~60

5.4　注射微成型技术

注射成型需要专门的注射机和微型模具。其中模具背面固定在夹板上。在注射成型工艺中使用的聚合物是由颗粒状、粉片状或片状原料加工而成的，用于注射成型的典型材料有聚氯乙烯（PVC）、丙烯腈-丁二烯-苯乙烯（ABS）和聚甲基丙烯酸甲酯（PMMA）等。基本工艺流程如图 28.2-82 所示，主要包括：①塑化：将注射机喷嘴腔内的聚合物加热到熔融状态；②合模与注射：将注射机上的模腔关闭，将熔融的原材料注射到模板上；③保压与冷却：由于在冷却阶段，聚合物会收缩，因此保持较小的压力可使熔融的聚合物以较低的速度注入腔内直到封口；④脱模。

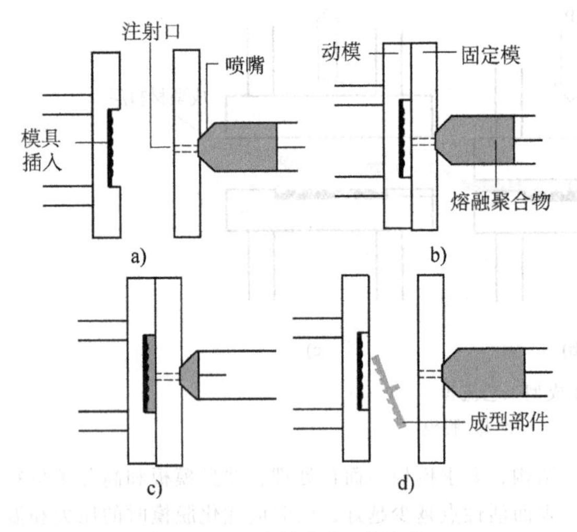

图 28.2-82　注射成型工艺流程

a）塑化　b）合模注射　c）保压与冷却　d）脱模

注射成型与热压成型技术最大的区别在于：热压成型仅能制备表面结构，而注射成型可制备三维结构。因此注射成型对模具的要求与热压成型基本相同，如要得到良好的微结构，需要优化温度、注射速度、时间、压力等工艺参数。例如，整个注射过程的温度控制非常重要，图 28.2-83 给出了注射微成型工艺过程的温度控制条件，为便于比较，同时也给出了传统注射成型的温度控制条件。

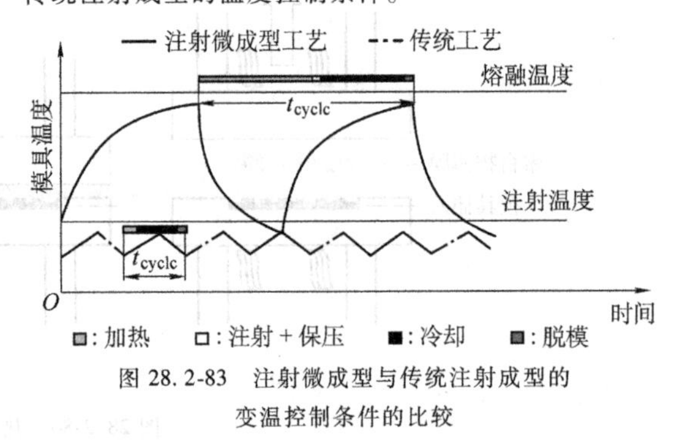

图 28.2-83　注射微成型与传统注射成型的变温控制条件的比较

由于 MEMS 元件非常小，每个元件的聚合物材料耗量仅为 1mg~1g，因此工艺上升温、降温、压力、注射速度等需要专门设计的设备。目前国际上已经有较多的商用设备。表 28.2-23 列出了这些设备的性能比较。

表 28.2-23　注射微成型设备的性能比较

制造商	型号	夹持压力/kN	注射容量/cm^3	注射压力/bar①	塑化（螺杆或活塞）	注射速度/mm·s^{-1}
Lawton	Sesame Nanomolder	13.6	0.082	3500	10mm 活塞	1200
APM	SM-5EJ	50	1	2450	14mm 螺杆	800
Battenfeld	Microsystem 50	56	1.1	250	14mm 螺杆	760
Nissei	AU3	30	3.1	—	14mm 螺杆	—
Babyplast	Babyplast 6/10	62.5	4	2650	10mm 活塞	—
Sodick	TR05EH	49	4.5	1970	14mm 螺杆	300
Rondol	High Force 5	50	4.5	1600	20mm 螺杆	—
Boy	12/AM 129-11	129	4.5	2450	12mm 螺杆	—
Toshiba	EC5-01. A	50	6	2000	14mm 螺杆	150

（续）

制造商	型号	夹持压力/kN	注射容量/cm^3	注射压力/bar①	塑化（螺杆或活塞）	注射速度/$mm \cdot s^{-1}$
Fanuc	Roboshot S2000-I5A	50	6	2000	14mm 螺杆	300
Sumimoto	SE7M	69	6.2	1960	14mm 螺杆	300
Milacron	Si-B17A	147	6.2	2452	14mm 螺杆	—
MCP	12/90HSE	90	7	1728	16mm 螺杆	100
Nissei	EP5 Real Mini	49	8	1960	16mm 螺杆	250
Toshiba	NP7	69	10	2270	16mm 螺杆	180

① $1bar=10^5Pa$。

6　微机电系统制造工艺优化

6.1　常用材料的刻蚀特性

随着 MEMS 技术的不断发展，MEMS 器件的加工过程中不断引入新材料和新加工工艺。因此，除了传统的硅、多晶硅、二氧化硅等材料以外，目前 MEMS 加工过程中还涉及很多其他材料。在设计微加工工艺流程的时候，需要知道不同材料的刻蚀速率，这样才能在刻蚀某些材料时，选择合适的材料作为掩模。这一点在加工高深宽比结构时尤其重要。表 28.2-24～表 28.2-30 总结出了各种 MEMS 器件加工过程中经常涉及的 53 种材料的刻蚀特性。

表 28.2-24　刻蚀剂及刻蚀材料

刻　蚀　剂	刻蚀剂缩写	刻蚀材料
硅各向同性腐蚀剂（126 HNO_3 ：60 H_2O ：5 NH_4F）（质量比，表中余同）（20℃）	Si Iso Etch	Si
KOH（30%质量分数，表中余同）（80℃）	KOH	Si
10∶1 HF（H_2O ：49% HF）（20℃）	10∶1 HF	SiO_2
5∶1 BHF（40% NH_4F ：49% HF）（20℃）	5∶1 BHF	SiO_2
Ashland 公司生产的 4 号 Pad 腐蚀液（13% NH_4F+32% HAc+49% H_2O+6% propylene glycol+surfactant）（20℃）	Pad Etch 4	SiO_2
H_3PO_4（85%质量比）（160℃）	Phosphoric	SiN
Transene 公司生产的 A 型铝腐蚀液（80% H_3PO_4+5% HNO_3+5% HAc+10% H_2O）（50℃）	Al Etch A	Al
钛湿法腐蚀液（20 H_2O ：1 H_2O_2 ：1 HF）（20℃）	Ti Etch	Ti
Cyantek 公司生产的 CR-7 铬腐蚀液[9%$(NH_4)_2Ce(NO_3)_6$+6% $HClO_4$+H_2O]（20℃）	CR-7	Cr
Cyantek 公司生产的 CR-4 铬腐蚀液[22%$(NH_4)_2Ce(NO_3)_6$+8% $HClO_4$+H_2O]（20℃）	CR-14	Cr
钼腐蚀液（180 H_3PO_4 ：11 HAc ：11 HNO_3 ：150 H_2O）（20℃）	Moly Etch	Mo
双氧水[$w(CH_2O_2)$30%，$w(H_2O)$70%]（50℃）	H_2O_2（50℃）	W
Transene 公司生产的 CE-200 型铜腐蚀液（30% $FeCl_3$+3%～4% HCl+H_2O）（20℃）	Cu $FeCl_3$ 200	Cu
Transene 公司生产的 APS 100 铜腐蚀液[15%～20%$(NH_4)_2S_2O_8$+H_2O]（30℃）	Cu APS 100	Cu
盐酸、硝酸混合液[王水]（3 HCl ：1 HNO_3 ：2 H_2O）（30℃）	Dil. Aqua regia	贵金属
Cyantek 公司生产的 AU-5 金腐蚀液（5% I_2+10% KI+85% H_2O）（20℃）	AU-5	Au
Transene 公司生产的 TFN 镍铬合金腐蚀液[10%～20%$(NH_4)_2Ce(NO_3)_6$+5%～6% HNO_3+H_2O]（20℃）	NiCr TFN	NiCr
1 H_2SO_4 ：1 H_3PO_4（160℃）	Phos+Sulf	蓝宝石
硫酸-过氧化氢清洗液（50 H_2SO_4 ：1 H_2O_2）（120℃）	Piranha	清洗
Microstrip 2001 显影液（85℃）	Microstrip	光刻胶
丙酮（≈20℃）	Acetone	光刻胶
甲醇（≈20℃）	Methanol	清洗
异丙醇（≈20℃）	IPA	清洗

（续）

刻 蚀 剂	刻蚀剂缩写	刻蚀材料
XeF_2(2.6mTorr)	XeF_2	Si
HF+H_2O 蒸气,49% HF	HF vapor	SiO_2
等离子刻蚀,O_2,400W @ 30kHz(300mTorr)	Technics O_2	光刻胶
STS ASE DRIE，机械吸盘,高频	DRIE HF mech.	Si
STS ASE DRIE，静电吸盘,高频	DRIE HF ES	Si
STS ASE DRIE，机械吸盘，氧化层自停止(低频)	DRIE LF mech.	Si
STS ASE DRIE，静电吸盘，氧化层自停止(低频)	DRIE LF ES	Si
STS 320 RIE，SF_6，100W @ 13.56kHz(20mTorr)	STS 320 SF_6	Si，SiN，金属
STS 320 RIE，SF_6+O_2，100W @ 13.56kHz(20mTorr)	STS SF_6+O_2	Si，SiN，金属
STS 320 RIE，CF_4，100W @ 13.56kHz(60mTorr)	STS 320 CF_4	Si，SiO，SiN
STS 320 RIE，CF_4+O_2，100W @ 13.56kHz(60mTorr)	STS CF_4+O_2	Si，SiO，SiN
氩离子铣蚀,垂直入射,500V，≈1mA/cm^2	Ion Mill	所有材料

注：HF=氢氟酸溶液；
BHF=含有氟化氨缓冲剂的氢氟酸溶液；
DRIE=深反应离子刻蚀；
RIE=反应离子刻蚀；
STS ASE=Surface Technology Systems（公司）Advanced Silicon Etch（先进硅刻蚀技术）；
STS 320 RIE=Surface Technology Systems（公司）320 型 Reactive Ion Etching（反应离子刻蚀）系统。

表 28.2-25 Si（硅）、Ge（锗）、SiGe（锗硅）和 C（金刚石）等材料的刻蚀速率 (nm/min)

刻(腐)蚀剂	(100)硅衬底	采用 FZ 法生长的硅衬底	LPCVD 生长的未掺杂多晶硅	LPCVD 生长的 n 型多晶硅	LPCVD 生长的未掺杂多晶锗	LPCVD 生长的 P 型锗硅	离子束溅射淀积法得到的石墨
Si Iso Etch	150	W	100	310	890	550	60
KOH	1100	F	670	>1000	—	—	—
10∶1 HF	S	S	0	0.7	0	0.42	—
5∶1 BHF	0	S	0.2	0.9	R 1.8	0.45	R 17
Pad Etch 4	S	S	S	S	—	—	—
Phosphoric	0.17	S	S	0.7	0.13	0.40	—
Al Etch A	S	S	<0.9	<1	13	0.11	—
Ti Etch	S	S	S	1.2	—	—	—
CR-7	0	S	0	S	260	0.35	<0.5
CR-14	S	S	0	S	—	—	—
Moly Etch	—	—	—	—	—	—	—
H_2O_2 50℃	S	S	S	S	460	0.13	—
Cu $FeCl_3$ 200	—	—	—	—	—	—	—
Cu APS 100	—	—	—	—	—	—	—
Dil. Aqua regia	0	0	0	0	—	—	—
AU-5	S	S	0	S	—	—	—
NiCr TFN	0	S	S	S	—	—	—
Phos+Sulf	0.86	S	S	S	—	—	—
Piranha	0	S	S	0	Soft	0	—
Microstrip	S	S	S	S	—	—	0
Acetone	S	S	0	0	—	—	—
Methanol	S	S	0	S	—	—	S
IPA	S	S	S	S	—	—	S
XeF_2	460	W	180	190	—	—	—
HF vapor	S	S	0	0	—	—	—
Technics O_2	S	S	0	0	—	—	0
DRIE HF mech	1500	1600	W	W	—	—	—
DRIE HF ES	2400	W	W	W	400	1400	—
DRIE LF mech	2400	W	W	W	—	—	—

（续）

刻(腐)蚀剂	(100)硅衬底	采用 FZ 法生长的硅衬底	LPCVD 生长的未掺杂多晶硅	LPCVD 生长的 n 型多晶硅	LPCVD 生长的未掺杂多晶锗	LPCVD 生长的 P 型锗硅	离子束溅射淀积法得到的石墨
DRIE LF ES	2000	W	W	W	170	1040	—
STS 320 SF_6	W	W	W	W	—	—	—
STS SF_6+O_2	1500	W	W	W	—	—	—
STS 320 CF_4	W	W	W	W	—	—	—
STS CF_4+O_2	95	—	—	—	—	—	—
Ion Mill	38	38	38	38	—	—	4.4

注：W＝可以刻蚀但没有测得刻蚀速率；

F＝刻蚀速率太快，因而没有测出确切的刻蚀速率；

S＝刻蚀速率很慢或接近于 0，但没有测得确切刻蚀速率；

R＝薄膜表面变得粗糙；

T＝腐蚀完成后厚度增加（由于溶胀或者形成了化合物）；

P＝一些薄膜遭腐蚀或者在冲洗的过程中会脱落；

I＝刻蚀（腐蚀）开始的孕育时间；

C＝薄膜凝结；

Soft＝腐蚀完毕后会留有软性材料；

LPCVD＝ 低压化学气相淀积。

表 28.2-26　二氧化硅的刻蚀速率　(nm/min)

刻(腐)蚀剂	石英玻璃	Pyrex 7740 玻璃	湿法热氧化层	Ann. LTO LPCVD (Calogic 公司)	Unan. LTO LPCVD (Tylan 公司)	Ann. LTO LPCVD (Tylan 公司)	Unan. PSG LPCVD (Tylan 公司)	Ann. PSG LPCVD (Tylan 公司)	PECVD 二氧化硅未退火	PECVD 二氧化硅退火	离子束溅射二氧化硅
Si Iso Etch	12	R140	8.7	15	—	11	400	170	100	25	43
KOH	6.7	11	7.7	8.1	—	9.4	—	38	15	7.8	8.0
10∶1 HF	26	W	23	W	W	34	1500	470	W	W	W
5∶1 BHF	130	43	100	150	W	120	680	440	490	240	82
Pad Etch 4	29	17	31	W	38	W	200	W	160	W	W
Phosphoric	0.23	3.7	0.18	S	0.21	0.21	2.7	1.8	—	—	S
Al Etch A	S	—	0	S	S	0	S	<1	0	S	S
Ti Etch	—	—	12	W	W	W	W	210	W	W	—
CR-7	R<0.4	R 0	0.02	0	S	S	S	S	0	0	0
CR-14	S	—	0.01	S	S	S	S	S	S	S	S
Moly Etch	—	—	—	—	—	—	—	—	—	—	—
H_2O_2 50℃	S	S	0	S	S	S	S	S	S	S	S
Cu $FeCl_3$ 200	—	—	—	—	—	—	—	—	—	—	—
Cu APS 100	—	—	—	—	—	—	—	—	—	—	—
Dil. Aqua regia	0	—	0	0	0	0	0	0	0.7	S	S
AU-5	S	—	S	S	S	S	S	S	0	S	S
NiCr TFN	S	—	S	S	S	S	S	S	S	S	S
Phos+Sulf	S	—	0.057	S	S	S	S	S	S	S	S
Piranha	R 0	R 0	0	0	S	0	S	0	0	0	0
Microstrip	S	S	S	S	S	S	S	S	S	S	S
Acetone	S	S	0	S	S	0	S	0	S	S	S
Methanol	S	S	S	S	S	S	S	S	S	S	S
IPA	S	S	S	S	S	S	S	S	S	S	S
XeF_2	S	—	0	S	S	0	0	0	S	S	S
HF vapor	W	W	66	W	W	78	210	150	W	W	W
Technics O_2	S	S	0	S	S	0	0	0	S	S	S
DRIE HF mech	S	—	S	7.5	6.2	6.9	9.5	11	9.5	S	S
DRIE HF ES	S	—	24	W	W	W	W	W	W	W	W

（续）

刻（腐）蚀剂	石英玻璃	Pyrex 7740玻璃	湿法热氧化层	Ann. LTO LPCVD（Calogic公司）	Unan. LTO LPCVD（Tylan公司）	Ann. LTO LPCVD（Tylan公司）	Unan. PSG LPCVD（Tylan公司）	Ann. PSG LPCVD（Tylan公司）	PECVD二氧化硅未退火	PECVD二氧化硅退火	离子束溅射二氧化硅
DRIE LF mech	S	—	S	3.6	9.8	9.4	15	15	4.0	S	S
DRIE LF ES	S	—	24	W	W	W	W	W	W	W	W
STS 320 SF_6	W	—	W	W	W	W	W	W	W	W	W
STS SF_6+O_2	35	10	29	38	55	48	73	60	55	32	30
STS 320 CF_4	W	W	W	33	W	W	W	W	W	W	W
STS CF_4+O_2	41	31	44	42	51	46	69	62	51	43	21
Ion Mill	W	W	39	W	W	W	W	W	W	W	W

注：W＝可以刻蚀但没有测得刻蚀速率；
F＝刻蚀速率太快，因而没有测出确切的刻蚀速率；
S＝刻蚀速率很慢或接近于0，但没有测得确切刻蚀速率；
R＝薄膜表面变得粗糙；
T＝腐蚀完成后厚度增加（由于溶胀或者形成了化合物）；
P＝一些薄膜遭腐蚀或者在冲洗的过程中会脱落；
I＝刻蚀（腐蚀）开始的孕育时间；
C＝薄膜凝结；
Soft＝腐蚀完毕后会留有软性材料；
LPCVD＝低压化学气相淀积；
PECVD＝等离子体增强化学气相淀积；
Ann. LTO＝退火的低温氧化物；
Ann. PSG＝退火的磷硅玻璃；
Unan. LTO＝没有退火的低温氧化物；
Unan. PSG＝没有退火的磷硅玻璃。

表 28.2-27 氮化硅和氧化铝的刻蚀速率 （nm/min）

刻（腐）蚀剂	Stoich Si Nit. LPCVD	Si-Rich Si Nit. LPCVD	PECVD Silicon Nit. 低 Si	PECVD Silicon Nit. 高 Si	蓝宝石衬底（Sapphire）r	离子束溅射氧化铝	气相淀积的氧化铝
Si Iso Etch	—	0.23	>66	12	R<0.7	99	12
KOH	0	0	0.67	0	R 0	>2500	>800
10∶1 HF	1.1	S	—	—	S	—	—
5∶1 BHF	S	1.3	60	8.2	0	—	160
Pad Etch 4	0.41	S	—	1.6	S	—	—
Phosphoric	4.5	2.7	W	20	<0.1	—	>5
Al Etch A	S	<0.05	—	—	R<2	65	5.7
Ti Etch	0.99	S	—	—	S	—	—
CR-7	S	0	<0.14	0	R 0	0.34	0.075
CR-14	S	S	—	—	S	—	—
Moly Etch	—	—	—	—	—	—	—
H_2O_2 50℃	0	S	S	S	S	—	—
Cu $FeCl_2$ 200	—	0	—	—	—	—	—
Cu APS 100	—	0	—	—	—	—	—
Dil. Aqua regia	0	0	—	—	S	—	1.1
AU-5	S	0	—	—	—	—	—
NiCr TFN	S	S	—	—	—	—	—
Phos+Sulf	2.9	S	W	10	<0.3	—	—
Piranha	0	0	<0.04	0	R 0	97	19
Microstrip	S	S	S	S	S	—	—
Acetone	0	0	S	S	S	0	S
Methanol	S	0	S	S	S	0	S

（续）

刻(腐)蚀剂	Stoich Si Nit. LPCVD	Si-Rich Si Nit. LPCVD	PECVD Silicon Nit. 低 Si	PECVD Silicon Nit. 高 Si	蓝宝石衬底(Sapphire)r	离子束溅射氧化铝	气相淀积的氧化铝
IPA	S	0	S	S	S	0	S
XeF_2	12	—	—	—	—	—	—
HF vapor	1.0	1.9	—	—	S	—	—
Technics O_2	0	S	S	S	S	S	S
DRIE HF mech.	W	21	W	W	S	S	S
DRIE HF ES	W	W	W	W	S	S	S
DRIE LF mech.	W	26	W	W	S	S	S
DRIE LF ES	W	W	W	W	S	S	S
STS 320 SF_6	W	W	W	W	S	S	S
STS SF_6+O_2	150	150	200	190	2.2	0.55	0.41
STS 320 CF_4	34	W	W	W	S	S	S
STS CF_4+O_2	120	>130	240	110	0	<2	<0.2
Ion Mill	13	9.4	W	W	W	10	10

注：W＝可以刻蚀但没有测得刻蚀速率；
F＝刻蚀速率太快，因而没有测出确切的刻蚀速率；
S＝刻蚀速率很慢或接近于 0，但没有测得确切刻蚀速率；
R＝薄膜表面变得粗糙；
T＝腐蚀完成后厚度增加（由于溶胀或者形成了化合物）；
P＝一些薄膜遭腐蚀或者在冲洗的过程中会脱落；
I＝刻蚀（腐蚀）开始的孕育时间；
C＝薄膜凝结；
Soft＝腐蚀完毕后会留有软性材料；
LPCVD＝ 低压化学气相淀积；
Si-Rich Si Nit. ＝富含硅的氮化硅；
Stoich Si Nit. ＝按化学计量组成的氮化硅。

表 28.2-28　Al（铝）、Ti（钛）、V（钒）、Nb（铌）、Ta（钽）和 Cr（铬）等材料的刻蚀速率

（nm/min）

刻(腐)蚀剂	气相淀积铝	溅射铝(Al+2% Si)	溅射钛	气相淀积钒	离子束溅射铌	气相淀积钽	离子束溅射钽	气相淀积铬	离子束溅射铬	金上面气相淀积铬
Si Iso Etch	60	400	300	9600	79	5.8	5.3	R 8.8	—	<2.3
KOH	12900	F	Soft	<12	3.2	S	2.8	4.2	—	0
10∶1 HF	W	250	1100	S	S	S	S	S	S	—
5∶1 BHF	11	140	W	<2	0	S	R 0	0	<0.3	P
Pad Etch4	1.9	R <15	<2	S	S	S	S	S	S	—
Phosphoric	>500	980	—	—	0	—	0	100	—	—
Al Etch A	530	660	0	—	—	—	—	T 0	0	1.0
Ti Etch	150	240	1100	—	—	—	—	0	S	—
CR-7	3.8	S	<2	60	R 0	S	<0.7	170	150	110
CR-14	0	0.8	<2	15	—	—	—	93	W	120
Moly Etch	>20	—	—	—	—	—	—	R 0	—	—
H_2O_2 50℃	T 0	0.25	—	—	—	—	—	110	W	—
Cu $FeCl_3$ 200	35	W	—	—	—	—	—	0.053	S	—
Cu APS 100	<0.3	—	—	—	—	—	—	0	S	—
Dil. Aqua regia	600	W	<0.25	—	0	S	<2	0	S	—
AU-5	—	—	—	—	—	—	—	0	S	—
NiCr TFN	>46	—	—	—	—	—		>170	W	W
Phos+Sulf	W	W	—	—	—	—		I >500		
Piranha	>5200	W	240	—	6.3	S	T 0	>16	5.7	R 0

（续）

刻(腐)蚀剂	气相淀积铝	溅射铝(Al+2% Si)	溅射钛	气相淀积钒	离子束溅射铌	气相淀积钽	离子束溅射钽	气相淀积铬	离子束溅射铬	金上面气相淀积铬
Microstrip	—	—	—	—	—	—	—	—	—	—
Acetone	S	0	0	S	S	S	S	S	S	S
Methanol	S	S	S	S	S	S	S	S	S	S
IPA	S	S	S	S	S	S	S	S	S	S
XeF2	S	0	29	W	W	W	W	—	—	—
HF vapor	R	R	R	—	—	—	—	S	S	—
Technics O_2	S	0	0	S	S	S	S	S	S	S
DRIE HFmech	—	—	4.9	—	—	—	—	—	—	—
DRIE HF ES	—	—	—	—	—	—	—	—	—	—
DRIE LFmech	—	—	—	—	—	—	—	—	—	—
DRIE LF ES	—	—	—	—	—	—	—	—	—	—
STS 320 SF6	—	—	—	—	W	W	W	<1	<0.7	S
STS SF6+O_2	<2.8	—	—	—	26	W	37	<1	<0.9	S
STS 320 SF4	S	S	—	—	—	—	—	<1	<3	—
STS CF4+O_2	0.87	1.5	—	—	14	—	21	<1.3	<1.2	—
Ion Mill	73	W	38	W	W	42	42	58	58	W

注：W=可以刻蚀但没有测得刻蚀速率；

F=刻蚀速率太快，因而没有测出确切的刻蚀速率；

S=刻蚀速率很慢或接近于0，但没有测得确切刻蚀速率；

R=薄膜表面变得粗糙；

T=腐蚀完成后厚度增加（由于溶胀或者形成了化合物）；

P=一些薄膜遭腐蚀或者在冲洗的过程中会脱落；

I=刻蚀（腐蚀）开始的孕育时间；

C=薄膜凝结；

Soft=腐蚀完毕后会留有软性材料。

表 28.2-29　Mo（钼）、W（钨）、Ni（镍）、Pd（钯）、Pt（铂）、Cu（铜）、Ag（银）、Au（金）、TiW（钛钨）、NiCr（镍铬）和 TiN（氮化钛）等材料的刻蚀速率

（nm/min）

刻(腐)蚀剂	气相淀积钼	溅射钨	气相淀积镍	气相淀积钯	气相淀积铂	气相淀积铜	气相淀积银	气相淀积金	离子束溅射钛钨（10Ti/90W）	气相淀积镍铬（80Ni/20Cr）	溅射氮化钛
Si Iso Etch	11000	13	21	0	0	37	49	0	23	—	soft
KOH	0	0	0	0	0	T 0	T 0	0	>300	—	—
10 : 1 HF	S	0	S	S	S	S	S	S	S	S	S
5 : 1 BHF	<0.3	<2	<1.1	0	0	R <5	R <5	0	R <0.2	R <1.5	2.5
Pad Etch4	S	S	—	—	—	—	—	—	—	—	—
Phosphoric	—	—	—	—	—	—	—	0	2.5	—	—
Al Etch A	—	—	29	—	—	>2900	—	—	—	—	—
Ti Etch	—	11	—	—	—	—	—	—	0	—	—
CR-7	3.3	3.2	1.7	0	0	280	450	0	0.62	11.2	—
CR-14	Soft	0	<2	0	<3	19	—	—	—	0.22	<2
Moly Etch	690	—	—	—	—	—	—	—	0	—	—
H_2O_2 50℃	—	150	—	—	—	—	—	—	W	—	—
Cu $FeCl_3$ 200	—	—	21	—	—	3900	T 0	—	—	—	—
Cu APS 100	—	—	0	—	—	2500	—	—	—	—	—
Dil. Aqua regia	650	5.2	100	390	3.6	600	W	680	3.7	—	—
AU-5	—	—	0	T 0	<2	T 0	T 0	660	—	—	—
NiCr TFN	680	—	13			690	—	—	—	83	—

（续）

刻(腐)蚀剂	气相淀积钼	溅射钨	气相淀积镍	气相淀积钯	气相淀积铂	气相淀积铜	气相淀积银	气相淀积金	离子束溅射钛钨(10Ti/90W)	气相淀积镍铬(80Ni/20Cr)	溅射氮化钛
Phos+Sulf	—	—	—	—	—	—	—	—	—	—	—
Piranha	18	—	380	3.0	<3	88	600	0	0.78	92	—
Microstrip	—	—	—	—	—	—	—	—	—	—	—
Acetone	S	S	S	S	S	S	S	S	S	S	S
Methanol	S	S	S	S	S	S	S	S	S	S	S
IPA	S	S	S	S	S	S	S	S	S	S	S
XeF2	W	80	—	—	—	—	—	—	W	—	—
HF vapor	—	0	S	—	S	R	—	S	—	—	—
Technics O_2	S	0	S	S	S	S	S	S	S	S	S
DRIE HFmech	5.7	4.9	S	S	S	S	S	S	4.6	S	—
DRIE HF ES	—	—	—	—	—	—	—	—	—	—	—
DRIE LFmech	—	—	—	—	—	—	—	—	—	—	—
DRIE LF ES		—	—	—	—	—	—	—	—	—	—
STS 320 SF6	73	W	S	S	S	S	—	S	W	S	—
STS SF6+O_2	130	W	0.71	3.1	7.4	S	—	S	550	3.7	—
STS 320 SF4	W	—	—	—	—	—	—	S	—	—	—
STS CF4+O_2	150	—	—	1.0	1.4	—	—	8.3	49	0	—
Ion Mill	54	38	66	130	88	110	220	170	W	18	W

注：W=可以刻蚀但没有测得刻蚀速率；
F=刻蚀速率太快，因而没有测出确切的刻蚀速率；
S=刻蚀速率很慢或接近于 0，但没有测得确切刻蚀速率；
R=薄膜表面变得粗糙；
T=腐蚀完成后厚度增加（由于溶胀或者形成了化合物）；
P=一些薄膜遭腐蚀或者在冲洗的过程中会脱落；
I=刻蚀（腐蚀）开始的孕育时间；
C=薄膜凝结；
Soft=腐蚀完毕后会留有软性材料；
LPCVD=低压化学气相淀积。

表 28.2-30　光刻胶、聚对二甲苯（Parylene）和聚酰亚胺（Polyimide）等聚合物材料的刻蚀速率

（单位：nm/min）

刻(腐)蚀剂	S1822 正光刻胶	OCG 820 正光刻胶	Futurrex 正光刻胶	Futurrex 负光刻胶	Act. Mrk. 光刻胶	聚对二甲苯（C 型）	旋涂的 PI 2556 型聚酰亚胺
Si Iso Etch	P.0	0	P21	290	—	0.019	0
KOH	>17900	F	>13000	>18000	F	0.42	T0
10 : 1 HF	S	0	—	—	S	4.4	S
5 : 1 BHF	0	0	21	5.0	<3	0.16	5.5
Pad Etch 4	T 0	—	—	—	—	—	—
Phosphoric	P 120	55	P 77	>400	—	0.55	—
Al Etch A	0	0	—	—	—	—	—
Ti Etch	<0.5	0	—	—	—	—	—
CR-7	0	S	0	<0.5	3.8	—	0
CR-14	0.24	S	S	S	S	—	S
Moly Etch	230	—	—	—	—	—	—
H_2O_2 50℃	RT 0	S	S	S	S	T 0	S
Cu $FeCl_2$ 200	0.48	S	S	S	S	—	S
Cu APS 100	0	S	S	S	S	—	S
Dil. Aqua regia	0	S	T 0	T 0	T 0	—	T 0
AU-5	P 0	S	S	S	S	—	S

（续）

刻(腐)蚀剂	S1822 正光刻胶	OCG 820 正光刻胶	Futurrex 正光刻胶	Futurrex 负光刻胶	Act. Mrk. 光刻胶	聚对二甲苯 (C型)	旋涂的 PI 2556 型聚酰亚胺
NiCr TFN	0.57	S	S	S	S	—	S
Phos+Sulf	F	F	F	F	F	—	—
Piranha	>92000	F	>59000	>59000	>15000	2.6	>17000
Microstrip	>94000	F	>85000	>60000	>11000	—	520
Acetone	>176000	F	>120000	>87000	>26000	0.77	0
Methanol	>36000	—	PC>16000	>27000	P	0.093	0
IPA	>1000	—	480	910	—	T 0	0
XeF_2	S	0	S	S	S	—	S
HF vapor	—	P 0	S	S	S	—	S
Technics O_2	300	340	200	470	370	220	370
DRIE HF mech.	30	W	W	W	54	—	—
DRIE HF ES	W	W	W	W	W	27	—
DRIE LF mech.	35	W	34	W	W	—	—
DRIE LF ES	W	W	W	W	W	15	—
STS 320 SF_6	120	W	I 64	140	W	—	140
STS SF_6+O_2	180	—	I 130	320	170	—	200
STS 320 CF_4	42	W	W	72	W	—	—
STS CF_4+O_2	130	—	I 100	190	52	—	160
Ion Mill	R<100	W	W	W	W	W	W

注：W=可以刻蚀但没有测得刻蚀速率；
F=刻蚀速率太快，因而没有测出确切的刻蚀速率；
S=刻蚀速率很慢或接近于0，但没有测得确切刻蚀速率；
R=薄膜表面变得粗糙；
T=腐蚀完成后厚度增加（由于溶胀或者形成了化合物）；
P=一些薄膜遭腐蚀或者在冲洗的过程中会脱落；
I=刻蚀（腐蚀）开始的孕育时间；
C=薄膜凝结；
Soft=腐蚀完毕后会留有软性材料；
LPCVD=低压化学气相淀积。

6.2 微机电系统加工技术比较

由于MEMS技术的发展，已经开发出各种加工技术，表28.2-31列出了这些加工技术的类型、所能加工的材料、加工误差以及深宽比。

表28.2-31 微机电系统加工技术比较

加工方法	加工类别	加工材料	最小/最大特征尺寸	误差	加工深宽比
化学铣蚀	S,Ba	几乎所有金属	亚mm~数m	横向误差0.25~5mm	≈1
电化学机械加工	S/A,Ba	硬金属/软金属	最小尺寸大于化学铣蚀	横向误差<10μm	100
电火花机械加工(EDM)	S,Se	硬或易碎导电材料	20mm厚材料上的最小孔直径0.3mm	横向误差5~20μm	100
电火花线切割(EDWC)	S,Se	硬或易碎材料	棒材直径最小20μm长3mm	横向误差1μm	>100
电子束机械加工(EBM)	S/A,Se	硬材料	减法工艺中，孔直径<0.1mm	减法工艺中，误差≈10%的加工尺寸	减法工艺10~100
聚焦离子束(FIB)	S/A,Se	IC材料	亚μm~数mm	减法工艺中,5~100nm	—
激光束机械加工(LBM)	S/A,Se	硬材料,复杂三维图形	减法工艺中，孔直径10μm~1.5mm	1μm	减法工艺50
等离子束机械加工(PBM)	S/A,Se/Ba	高温材料	加法工艺>25μm；减法工艺>2.5mm	减法工艺,0.8mm~3mm	—

（续）

加工方法	加工类别	加工材料	最小/最大特征尺寸	误差	加工深宽比
微立体光刻	A,Se	聚合物光敏材料	最大尺寸（$x \times y \times z$）10mm×10mm×10mm	x = 5μm；y = 5μm；z=3μm	—
超精密机械加工	S,Se	形态稳定材料	亚 mm～数 m	1nm	—
超声微机械加工	S,Se	硬或易碎材料	孔直径 50μm～75mm	横向误差 10μm	2.5μm 对 250μm 孔
压注成型；热压成型	A,Ba	塑料，陶瓷，金属	250μm～数 cm	±0.13%	>5
粉喷加工	S,Se	陶瓷，硬材料	50μm～数 mm	1～2μm	—
光敏制造	S	塑料，玻璃	最大尺寸（$x \times y \times z$）40cm×40cm×0.6mm	横向误差 20μm	3(塑料)，20(玻璃)
光化学铣蚀	S	印制电路板，引线框	最大尺寸（$x \times y \times z$）60cm×60cm×0.5mm	13μm	1
各向异性湿法腐蚀	S	硅，砷化镓，碳化硅，磷化铟，石英	数 μm～圆片尺寸	1μm	100
干法刻蚀	S	大部分固体材料	亚 μm～圆片尺寸	0.1μm	10～25
多晶硅表面加工	S/A	多晶硅，铝，钛等	亚 μm～圆片尺寸	0.5μm	—
SOI	S	单晶硅	亚 μm～圆片尺寸	0.1μm	—
LIGA	S/A	镍，金，陶瓷，PMMA	最大尺寸>10cm×10cm；最小尺寸 0.2μm	0.3μm	>100
UV-光刻胶	S/A	聚酰亚胺，SU-8	最大圆片尺寸	0.5μm	25

注：S—减法工艺；A—加法工艺；Ba—批量制造；Se—串行制造。

6.3　工艺设计及优化

当前，对 MEMS 材料和工艺的选择还没有用系统的方法考虑所有的材料和加工途径，随着 MEMS 技术的发展，微加工技术中可用的材料及工艺数量逐渐增加，有必要采用一种系统的方法来选择材料和合适的加工工艺，避免在设计过程的最后阶段改变加工方案而产生巨大的浪费。在微加工工艺过程中，几乎所有的结构都由淀积、图形转移及刻蚀所决定，结构的复杂度受到二维掩膜图形的限制。微加工过程是通过一系列不同的加工技术组合而形成的工艺流程，因此，理解这些工艺流程对于 MEMS 设计至关重要。

表 28.2-32 列出了 MEMS 加工方法分类及工艺流程数据库，同时列出了每个流程的一组工艺属性，并且用一组属性来量化各工艺过程，包括它所能加工的材料，能够获得的最小加工尺寸和工艺误差，以及加工过程的温度和压力，基于该数据库就可进行工艺选择。因此，预期的 MEMS 设计特性就转化成一组对功能属性的要求，如材料、形状、尺寸、精度等。这些属性来自用于工艺流程的列表。然后对工艺流程进行筛选，去掉那些在要求的材料、尺寸及精度下无法达到规定特性的流程，留下可用的 MEMS 器件加工流程。筛选过程包括：根据工艺选择图手工筛选，以及采用适当的数据库和软件工具实现自动筛选。然后对筛选出来的工艺过程，根据经济指标进行排序，其中最需要考虑的是时间因素。最后为那些排在最前面的工艺过程找到详细的支持信息，对它们的相对优点做出综合比较。

表 28.2-32　微加工工艺分类

加工工艺分类		工艺子类名称	工艺流程次序	基本加工材料	辅助材料
体微机械加工	湿法腐蚀	(100)硅衬底的各向异性湿法腐蚀-KOH	淀积掩膜材料；光刻；腐蚀；去除掩膜材料（如果需要）	硅	二氧化硅、氮化硅
		(110)硅衬底的各向异性湿法腐蚀-KOH	淀积掩膜材料；光刻；腐蚀；去除掩膜材料（如果需要）	硅	二氧化硅、氮化硅
		(100)硅衬底的各向异性湿法腐蚀-TMAH	淀积掩膜材料；光刻；腐蚀；去除掩膜材料（如果需要）	硅	二氧化硅、氮化硅

（续）

加工工艺分类		工艺子类名称	工艺流程次序	基本加工材料	辅助材料
体微机械加工	湿法腐蚀	(100)硅衬底上释放梁结构的各向异性湿法腐蚀-KOH	淀积掩膜材料；光刻；释放梁结构	氮化硅	硅
		(100)硅衬底P型重掺杂自停止的各向异性湿法腐蚀-EDP	衬底减薄；浓硼掺杂、推进；光刻掩膜；腐蚀	硅	二氧化硅、氮化硅
	干法刻蚀	硅的各向异性干法刻蚀(RIE)-金属材料作掩膜	淀积或电镀金属材料掩膜，光刻；RIE；去除掩膜材料	硅	金属(镍)
		深刻蚀，浅扩散	淀积掩膜材料；RIE；硼扩散；快速RIE；结构释放或者与玻璃键合，减薄和释放结构	硅	金属(镍)
		溶硅工艺	刻蚀锚区凹槽；硼扩散，推进；光刻结构；在玻璃衬底上刻蚀凹槽；硅片与玻璃衬底键合；硅片减薄；EDP腐蚀	硅	玻璃
		SCREAM工艺-硅(厚氧化层掩膜)	快速氧化和光刻；RIE；较长时间的热氧化；RIE；侧壁热氧化；淀积金属薄膜；涂胶；各向同性刻蚀	硅	二氧化硅
		SCREAM工艺Ⅰ-Si(淀积氧化层掩膜)	淀积氧化层掩膜和光刻；较长时间的RIE；侧壁淀积氧化层；快速RIE；各向同性刻蚀释放结构；淀积金属薄膜	硅	二氧化硅
		SCREAM工艺Ⅱ-砷化镓(GaAs)	淀积氮化硅掩膜和光刻；RIE；淀积氮化硅薄膜；淀积金属薄膜；涂胶；光刻；刻蚀暴露的金属(RIE)；刻蚀氮化硅(RIE)；各向同性刻蚀释放结构	砷化镓	氮化硅
		深反应离子刻蚀(DRIE-Bosch Process)	淀积掩膜和光刻；快速各向同性刻蚀(SF_6)；侧壁钝化（C_4F_8）；重复刻蚀/钝化过程，直到达到所需的刻蚀深度	硅	氟化碳
		三层掩膜干法刻蚀	淀积#1层掩膜（金属）；淀积#2层掩膜（光刻胶，烘烤）；淀积#3层掩膜（金属）；光刻三层掩膜（RIE）；RIE；侧壁氧化；侧壁的各向同性刻蚀	硅	镍和二氧化硅
表面微机械加工		多晶硅表面微机械加工技术	淀积绝缘层（如果需要）；淀积牺牲层（如果需要，致密化牺牲层材料）；刻蚀锚区；淀积结构材料层（多晶硅薄膜）并退火（如果需要）；刻蚀结构层材料（RIE）；湿法腐蚀牺牲层，释放结构	多晶硅	PSG、二氧化硅
		碳化硅表面微机械加工技术	淀积绝缘层（如果需要）；淀积牺牲层（如果需要，致密化牺牲层材料）；刻蚀锚区；淀积结构材料层（碳化硅薄膜）并退火（如果需要）；刻蚀结构层材料（RIE）；湿法腐蚀牺牲层，释放结构	碳化硅	硅、PSG、二氧化硅
		聚酰亚胺表面微机械加工技术	淀积绝缘层；淀积牺牲层材料；旋涂聚酰亚胺，并局部固化；淀积导电层材料（如果需要）；调整旋涂、软烘得到一定结构层厚度；完全固化；淀积金属掩膜和光刻；等离子体刻蚀；各向同性刻蚀，释放结构	聚酰亚胺	PSG、二氧化硅
		多层多晶硅表面微机械加工技术(Sandia SUMMIT/SUMMIT V)	淀积缓冲/绝缘层（如果需要）；淀积牺牲层；淀积结构材料层（多碳化硅薄膜）；化学机械抛光；重复上面几个步骤，最多可以淀积五层结构层；湿法腐蚀牺牲层，释放结构	多晶硅Ⅰ	PSG、二氧化硅

（续）

加工工艺分类	工艺子类名称	工艺流程次序	基本加工材料	辅助材料
软光刻技术	电子束光刻、硬主掩膜板制造（纳米尺寸铸模）	热氧化层生长和图形转移（电子束）；RIE	硅、二氧化硅	二氧化硅
	微接触印刷技术（Micro-contact Printing，μCP）	在表面上刻有图案的主（印）模上涂布“墨水分子”（ink molecules）；将主模上的图案转印到目标材料基板上（压印）；利用目标材料基板作为刻蚀或淀积的掩膜（如果需要）	“墨水”（聚合物、SAMs 等）	聚二甲基硅氧烷（PDMS）（主要材料）
	毛细微模塑技术（MMIC）	将 PDMS 主模与目标基片紧密接触构成微通道；液态聚合物自发填入微通道、固化；去膜	聚合物	聚二甲基硅氧烷（PDMS）
	真空辅助毛细微模塑技术（MMIC）	将 PDMS 主模与目标基片紧密接触构成微通道；液态聚合物由于真空作用填入微通道，固化；去膜	聚合物	聚二甲基硅氧烷（PDMS）（主要材料）
	微复制模塑技术（REM）	在主模（硅、二氧化硅或 SU-8 胶材料制作）上涂布 PDMS，然后使 PDMS 固化；去膜	聚二甲基硅氧烷（PDMS）	SU-8 胶、硅、聚二甲基硅氧烷（PDMS）（主要材料）
	微转移模塑技术（μTM）	在 PDMS 主模上填充液态聚合物；将 PDMS 主模与目标基片紧密接触；去除多余的聚合物，固化；去膜	聚合物	聚二甲基硅氧烷（PDMS）（主要材料）
	硬压印技术/纳米压印光刻技术（NIL）	淀积聚合物；在淀积的聚合物上压印图形，固化；利用 RIE 实现完整的图形转移；在聚合物上淀积金属，剥离	聚合物	二氧化硅
LIGA		淀积厚胶（PMMA）；X 射线光刻和显影；电镀金属和去胶	金属（镍）	聚甲基丙烯酸甲酯

第3章　微机电系统设计

1　设计工具

在MEMS发展初期，因为没有专用的MEMS设计软件，因此许多有限元分析软件用于MEMS器件的建模、分析和模拟，其中ANSYS作为大型有限元分析软件在MEMS器件的设计和模拟中已广泛应用。在20世纪90年代初美国就开发了用于硅压力传感器设计的软件（CAEMEMS）。90年代中期，Microcosm Technologies公司（现名Coventor公司）和IntelliSense公司已分别开始提供商业化专用MEMS设计软件MEMCAD（现名CoventorWare）和IntelliSuite。这些软件可用于三维MEMS器件模拟及设计优化。

1.1　CoventorWare简介

CoventorWare是在MEMCAD和FlumeCAD的基础上发展起来的，可以为MEMS设计提供全集成的设计环境，最新版本为2008版，可运行于Windows与Linux平台。该软件拥有几十个专用模块，功能包含MEMS系统/器件级的设计与仿真、个别工艺仿真/模拟。

CoventorWare分为五个部分：ARCHITECT（建模）、DESIGNER（设计）、ANALYZER（分析）、INTEGRATOR（综合）、MEMulator。图28.3-1所示为各部分的功能及其之间的关系。应用CoventorWare软件，MEMS设计可按自顶向下（Top-Down）、自底向上（Bottom-Up），以及混合方法（Hybrid）进行，各个部分也支持并行使用。

（1）ARCHITECT（建模）

系统级设计与分析时，直接从ARCHITECT自带的31000多个元器件库里调取包括机电、电磁、压电、压阻、光学、流体、RF、控制以及各种电学模型。结合MEMS加工工艺、材料参数、机械结构、周围的电路及控制部分，进行混合技术仿真。ARCHITECT支持所有标准模拟仿真分析，包括：直流工作点分析、直流扫描分析、时域分析、频域分析、两端口分析、极零点分析、傅里叶分析等。ARCHITECT还可以进行敏感性分析（逐个列出其他参数对目标参数的影响程度，显示设计中的关键参数）、蒙特卡罗成品率分析（确定材料参数及几何公差对系统参数的影响）。ARCHITECT可以与Matlab-Simulink、Cadence和Mentor环境进行协同仿真，亦可导入Pspice、Hspice、Spice2、Spice3、MAST模型

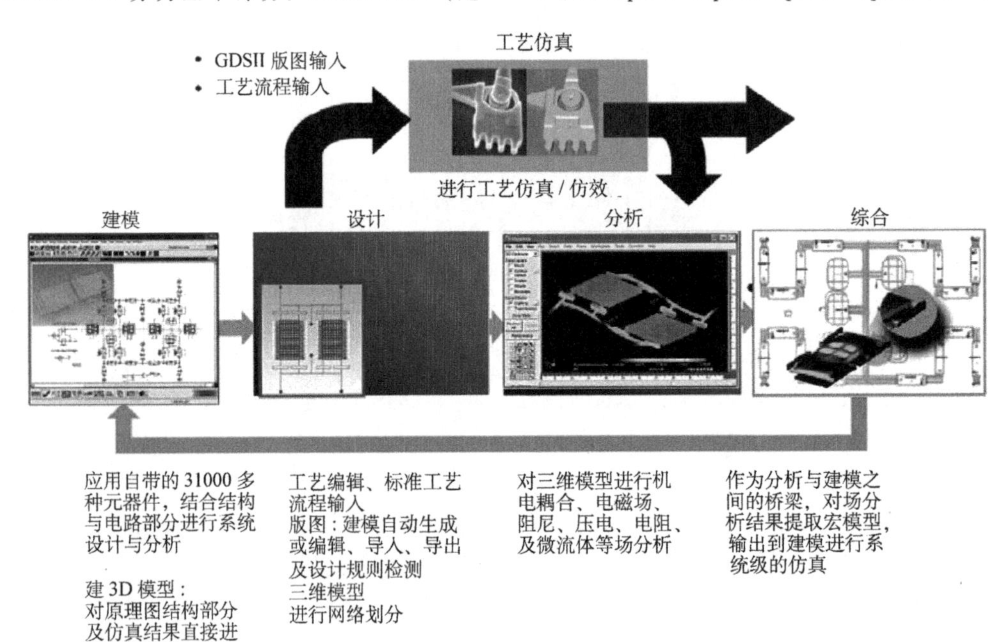

图28.3-1　CoventorWare五个模块的功能及其关系

以及网表文件，ARCHITECT 生成的版图可以直接导入 DESIGNER、LEdit、Virtuoso 等版图编辑器，ARCHITECT 生成的 3D 模型可以导入 DESIGNER、SolidWorks、IDEAS 和 Ansys 等。

（2）DESIGNER（设计）

在 DESIGNER 环境下结合工艺流程、材料特性和二维版图，生成三维模型，进行网格的自动划分。同时，DESIGNER 还自带标准工艺流程、MEMS 封装模型库，还可以进行设计规则检测等。其中工艺编辑器 Process Steps 包含了包括 LIGA 在内的几十种加工工艺，Foundry Process 还包含了 MEMSCAP（MetalMUMPs、PolyMUMPs、SoiMUMPs）、QinetiQ（QinetiQ_DPK、QinetiQ_MPK、QinetiQ_PPK）、Tronics（EpiSOI、MEMSOI_60_HARM）、Infineon SensoNor（MultiMEMS_Release_Etch、MultiMUMS_Thick_Membrane、MultiMEMS_Thin_Membrane）、MicroFabrica（EFAB）等加工厂的标准工艺流程。材料参数数据库包含了手册里 MEMS 材料的常用参数以及相关标准工艺流程的标准材料参数。版图编辑器中自带 MEMS 常用的结构单元库，同时还可以进行设计规则检测等。前处理器可以生成 3D 模型，进行网格的自动划分，也可导入导出各种通用格式的 3D 实体或网格文件。

（3）ANALYZER（分析）

ANALYZER 是 CoventorWare 软件的核心，包含 12 个针对 MEMS 的求解器，可对 MEMS 器件的三维模型进行力学、机电热耦合、电磁、多物理场耦合（含压电及压阻问题）、微流体（主要涉及 Biochip 和 Inkjet）等各种问题进行分析。

（4）INTEGRATOR（综合）

使用 INTEGRATOR，设计人员可以从场分析结果中提取 MEMS 器件行为模型，反馈回 ARCHITECT 进行系统级的分析。提取的模型包括阻尼（黏性与弹性）、力弹簧、电弹簧、质量、质心、转动惯量、流阻、频率-阻抗等。提取的模型还可以支持 Cadence 环境。Integrator 还可以进行气体阻尼分析（充分考虑了 Knudsen 数的影响）。

（5）MEMulator

工艺仿真/仿效软件 MEMulator，使得 MEMS 设计者或工艺工程师能够在实际的加工过程前详细、全面地考虑整个工艺流程；加工过程中加工人员、设计人员之间进行准确、高效的沟通。通过 GDSII 格式的版图文件，结合图形化的用户界面（或“Python”）描述的工艺流程，产生高度接近真实的 3D 加工结果。

1.2　CoventorWare 设计实例

CoventorWare 设计的基本步骤包括：①定义材料属性；②生成工艺流程；③生成二维版图；④通过二维版图生成三维模型；⑤划分网格生成有限元模型；⑥设定边界条件、加载；⑦求解；⑧提取、查看结果。下面我们以双端固支梁与基底间电容计算及其吸合电压分析为例，介绍该软件的设计过程。

图 28.3-2 所示为一个静电驱动双端固支梁模型的二维示意图。双端固支梁材料为铝，基底材料为硅。具体的设计过程如下：

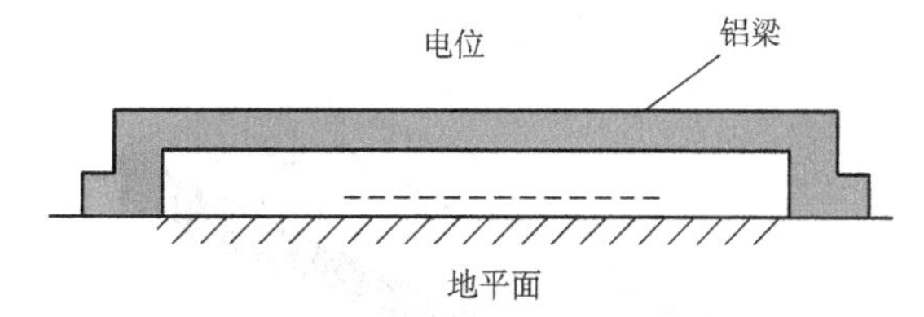

图 28.3-2　静电驱动双端固支梁模型二维示意图

1）启动 CoventorWare，新建工程并打开 Function Manager（功能管理器），进入 DESIGNER 模块，在 MPD Editor（材料属性编辑器）中可定义和修改材料的属性，根据表 28.3-1 中给定的参数修改铝（薄膜）和硅的材料属性。

表 28.3-1　铝薄膜和硅的材料属性

参数	数据类型	下一级参数	铝（薄膜）	硅	单位
弹性常数	弹性标准	E	7.70E+04	1.69E+05	MPa
		泊松比	3.00E-01	3.00E-01	
密度	常量		2.30E-15	2.50E-15	$kg/\mu m^3$

2）进入 Process Editor（工艺编辑器），根据以下工艺过程在工艺编辑器中设计加工流程：

① 在硅衬底上沉积一层氮化物作为绝缘层。

② 在氮化物上沉积一层 BPSG（硼磷硅玻璃）作为牺牲层，用于沉积铝。

③ 刻蚀出锚区要沉积的位置。

④ 采用等边沉积法沉积铝层。

⑤ 留下锚区和梁部分，刻蚀其余的铝层。

⑥ 释放 BPSG 牺牲层。

工艺编辑器操作窗口如图 28.3-3 所示。在工艺编辑器中可以对工艺参数进行调节，包括材料厚度、淀积类型、侧壁腐蚀角、版图边缘偏移量以及版图的极性。

3）进入 Layout Editor（版图编辑器），设计模型

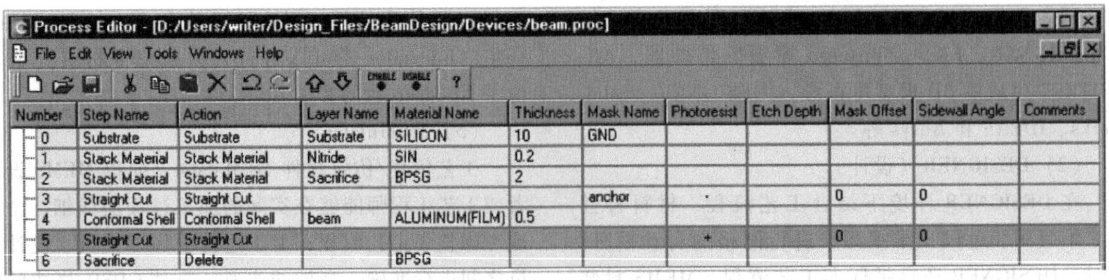

Process Editor - [D:/Users/writer/Design_Files/BeamDesign/Devices/beam.proc]

Number	Step Name	Action	Layer Name	Material Name	Thickness	Mask Name	Photoresist	Etch Depth	Mask Offset	Sidewall Angle	Comments
0	Substrate	Substrate	Substrate	SILICON	10	GND					
1	Stack Material	Stack Material	Nitride	SIN	0.2						
2	Stack Material	Stack Material	Sacrifice	BPSG	2						
3	Straight Cut	Straight Cut				anchor	-		0	0	
4	Conformal Shell	Conformal Shell	beam	ALUMINUM(FILM)	0.5						
5	Straight Cut	Straight Cut					+		0	0	
6	Sacrifice	Delete		BPSG							

图 28.3-3 工艺编辑器操作窗口静电驱动双端固支梁工艺流程

的二维版图。静电驱动双端固支梁的二维版图如图 28.3-4 所示。

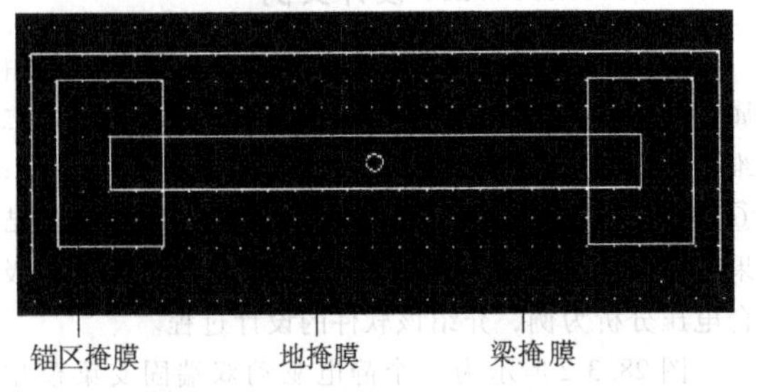

图 28.3-4 静电驱动双端固支梁二维版图

4）通过创建的二维版图，结合工艺流程生成图 28.3-5 所示的三维实体模型。

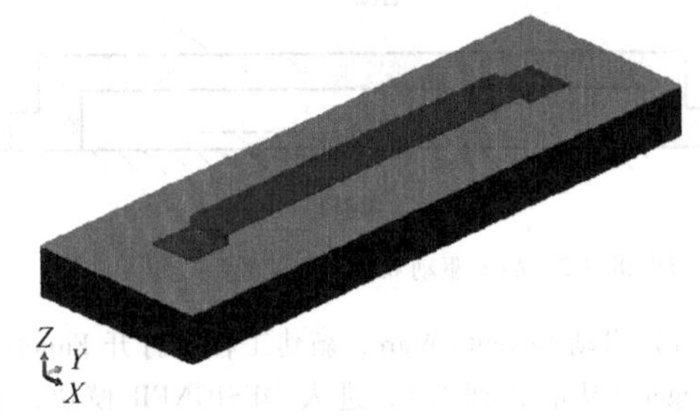

图 28.3-5 静电驱动双端固支梁三维实体模型

5）命名实体并选择梁和衬底划分网格单元，网格化模型如图 28.3-6 所示。

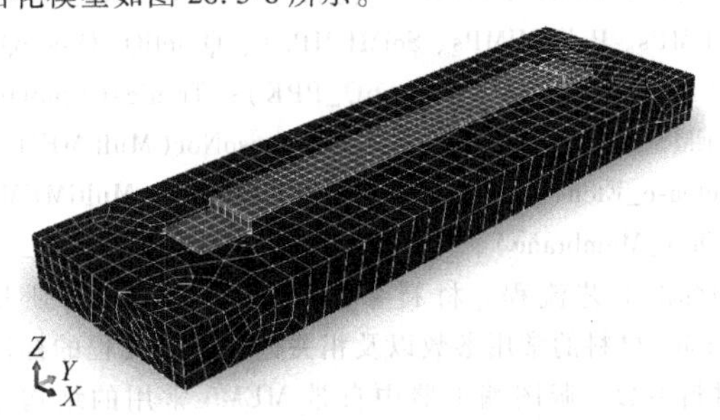

图 28.3-6 静电驱动双端固支梁网格化模型

6）回到功能管理器界面，进入 ANALYZER 模块，运行 MemElectro 静电求解器，并设置好导体边界条件后即可解得电容值。吸合电压的求解稍复杂一些，需要先在 MemElectro 静电求解器和 MemMech 机械求解器中设置好边界条件，再运行 CosolveEM 机电耦合求解器，设定合适的电压轨迹，通过多次迭代求解，得到吸合电压值。电容分析和吸合电压分析的结果如图 28.3-7 所示。

1.3 IntelliSuite 简介

IntelliSuite 是 IntelliSense 公司推出的 MEMS CAD

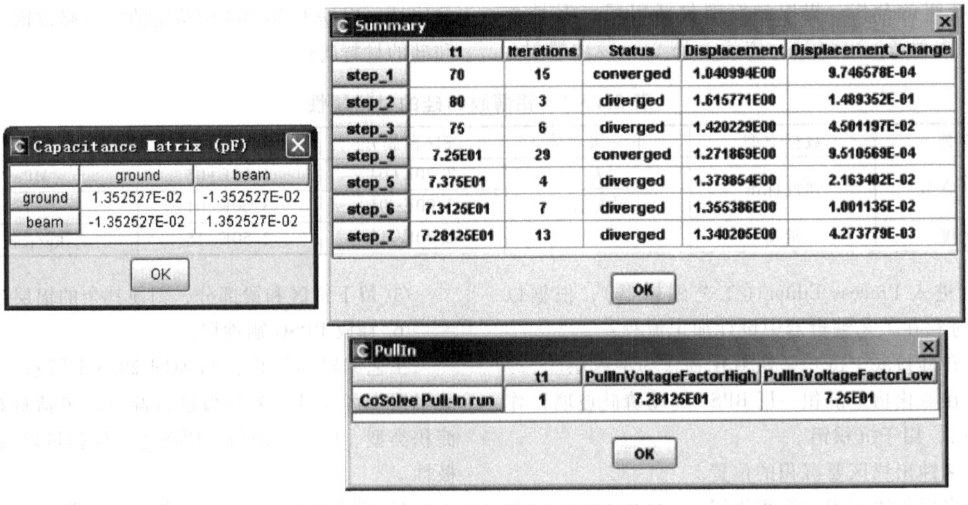

Capacitance Matrix (pF)

	ground	beam
ground	1.352527E-02	-1.352527E-02
beam	-1.352527E-02	1.352527E-02

OK

Summary

	t1	Iterations	Status	Displacement	Displacement_Change
step_1	70	15	converged	1.040994E00	9.746578E-04
step_2	80	3	diverged	1.615771E00	1.489352E-01
step_3	75	6	diverged	1.420229E00	4.501197E-02
step_4	7.25E01	29	converged	1.271869E00	9.510569E-04
step_5	7.375E01	4	diverged	1.379854E00	2.163402E-02
step_6	7.3125E01	7	diverged	1.355386E00	1.001135E-02
step_7	7.28125E01	13	diverged	1.340205E00	4.273779E-03

OK

PullIn

	t1	PullInVoltageFactorHigh	PullInVoltageFactorLow
CoSolve Pull-In run	1	7.28125E01	7.25E01

OK

图 28.3-7 电容分析与吸合电压分析结果

商业化软件包。它是一款基于有限元的MEMS仿真与设计工具，运行于标准的Windows PC平台。软件包含版图模块、三维建模模块、材料数据库、工艺模块、分析模块等在内的十多个功能模块，可进行Sensors/Actuators、RF MEMS、Microfluidics、BioMEMS的设计与仿真。

使用IntelliSuite进行MEMS设计，通常从在IntelliMask版图模块中编辑版图开始。这是一个专门用于编辑MEMS版图的设计工具，具有多层版图的编辑功能，可对版图进行布尔运算，自动生成最优的器件结构版图。同时具有参数脚本编辑功能，可通过直接调整器件参数来修改器件的结构。IntelliMask自带各类常见MEMS器件版图的脚本数据库，包含各种MEMS传感器、执行器、封装、测试和压力器件，也支持设计人员修改或创建新的参数脚本，使用基于单元的脚本创建复杂版图。IntelliMask具备完整的GDS Ⅱ文件转化功能，并加入了DXF的输入/输出，兼容CIF、Gerber、EMASK、RS-247格式。接着是在IntelliFab工艺模块中定义工艺流程，结合材料、版图和工艺流程，创建器件的三维虚拟模型。IntelliFab提供标准的MEMS工艺模板，同时允许用户创建自有工艺模板，添加自有工艺，可以动画形式显示工艺流程，模拟任意工艺步骤后器件的三维模型。任何工艺步中使用的材料属性都可以在材料数据库MEMaterial中进行定义和修改。从IntelliFab模块可以启动各种仿真求解器，针对机械、电磁、机电、静电等问题进行网格化和分析，各种求解器也可以直接运行。ThermoElectroMechanical是一个热-电-机械耦合分析模块，用于进行静态、动态、瞬态和频域等不同类型下热、静电、机械和热-机-电耦合问题的分析。Microfluidic是微流体、生物分析模块，可用于分析微流体、BioMEMS领域的微观现象，如微通道流动、电驱动流、介电泳、塞状流、质量输运、Slide Film/Stokes流动效应等。EMag Analysis电磁分析模块用于三维全波电磁场的分析，可进行MEMS高频分析、真实形变结构分析、S参数提取、阻抗矩阵提取和电磁场的三维显示。SYNPLE是系统分析模块，可应用于多领域、多尺度的MEMS和NEMS器件与电路系统的综合设计，实现系统级的仿真与分析。与IntelliSuite其他模块结合，将大型的FEA模型转化成精确的N自由度能量模型，导入到SYNPLE模块中进行模拟，计算速度明显优于传统数值方法。模块预先设有包含模拟、数字、数模混合、机械以及MEMS元件的单元库，也可以十分便捷地增加新单元。

另外，IntelliSuite包含两个很有用的刻蚀工艺仿真器：AnisE与RECIPE。AnisE是一个湿法刻蚀模块，通过基于自动控制的单元刻蚀仿真技术，能够得到精确的单晶硅片KOH和TMAH各向异性刻蚀仿真结果，还可以用于复杂版图及长时间刻蚀。使用AnisE，可模拟晶片的顶部、底部和双面刻蚀、多重截止层以及单一晶片上不同版图的多次刻蚀、未对齐版图的影响、耦合各向异性刻蚀情况下垂直刻蚀的影响，可预测刻蚀剂温度、浓度及刻蚀时间对器件外形的影响。AnisE模块提供TMAH和KOH刻蚀数据库，用户也可以自定义刻蚀速率。RECIPE是一个干法刻蚀模块，用于模拟RIE/ICP工艺下最终的实体形貌、侧壁角度，反映加工工艺与版图如何影响产品成型。

此外，IntelliSuite还提供了一个3D Builder（三维建模）模块，用户可以不通过定义制造工艺流程，而直接创建MEMS器件。3D Builder是一个互动式编辑器件三维模型的强大工具，可以从任何求解器中调用，也可以作为一个独立的应用程序启动，模块生成的文件可用于任何求解器进行分析。3D Builder以图形接口的方式建立和网格化三维MEMS器件，操作界面如图28.3-8所示。界面分为两部分，左边是二维版图视窗，可以编辑新的版图，也可以导入GDS、DXF、MSK格式的版图做进一步优化；右边是器件的三维视窗，用户可以观察到器件的三维结构。在3D Builder中，通过修改结构的厚度、间隙等参数，可以得到器件的最优化三维模型。

1.4 IntelliSuite设计实例

这里以微机械静电梳状驱动的设计为例，通过梳状驱动的电容计算、自振频率分析以及静电响应分析，介绍IntelliSuite的基本用法。设计从IntelliMask模块中绘制版图开始。

1）打开IntelliMask版图模块，编辑梳状驱动的版图，如图28.3-9所示。以mask#.msk格式保存版图文件，以便在IntelliFab模块中调用，这里#是版图的编号。

2）进入IntelliFab工艺模块，打开工艺数据库编辑工艺流程，在图28.3-10所示的工艺步编辑窗口中对工艺参数进行编辑，并通过Material Property按钮调用MEMaterial材料数据库定义和修改材料参数。每一步工艺后的三维实体模型都可以通过Visualize可视化命令进行查看，最终生成的梳状驱动三维实体模型如图28.3-11所示。

3）从IntelliFab的Simulation菜单中调用ThermoElectroMechanical分析模块，定义好分析文件名后即可自动生成用于TEM分析模块的三维网格模型，TEM模块启动时，先前定义的材料参数也自动导入到模型中。本实例中的各种分析都可通过TEM分析模块实现。

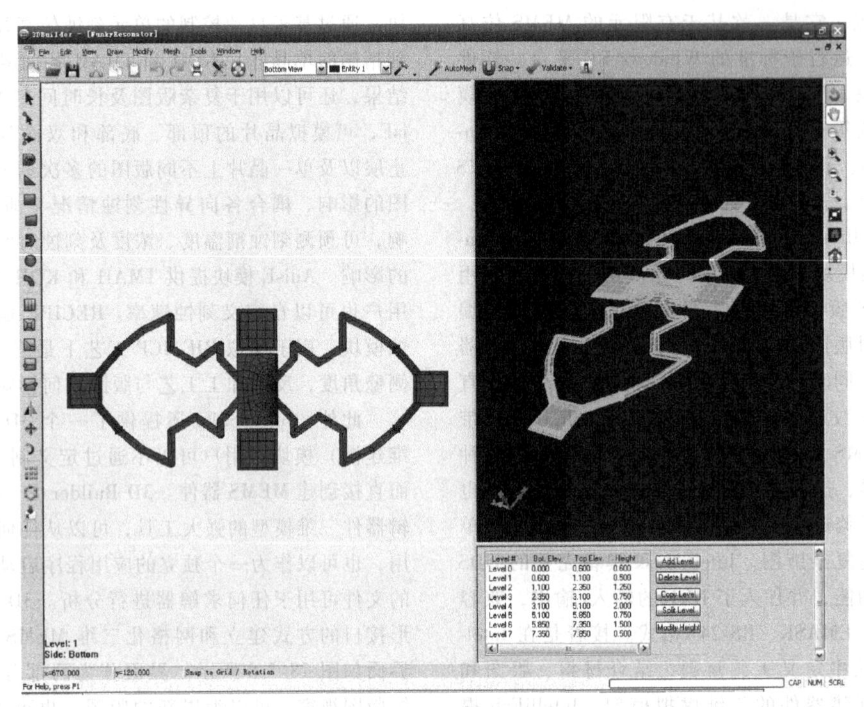

图 28.3-8　3D 建模操作界面

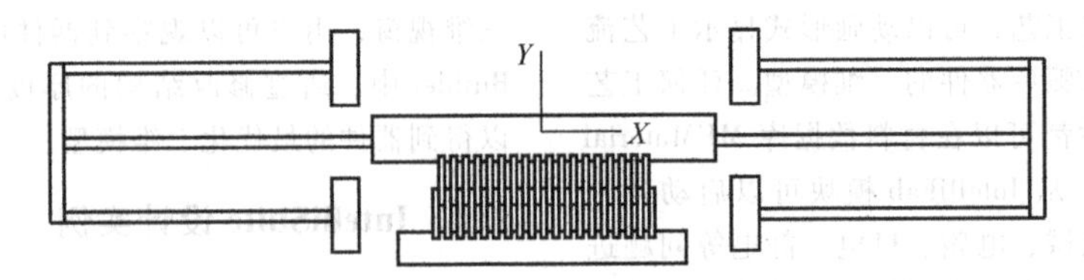

图 28.3-9　微机械静电梳状驱动版图

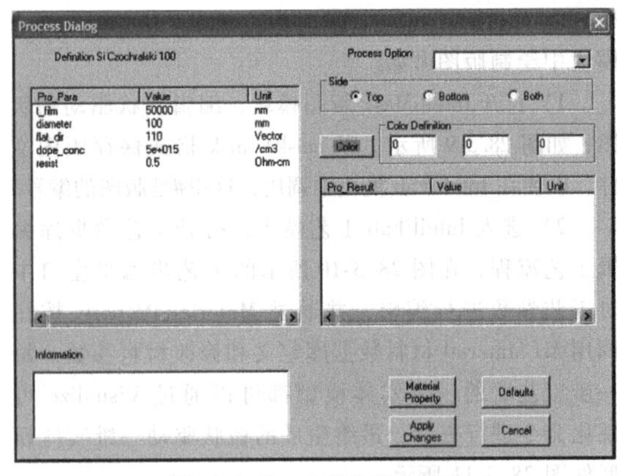

图 28.3-10　工艺步编辑窗口

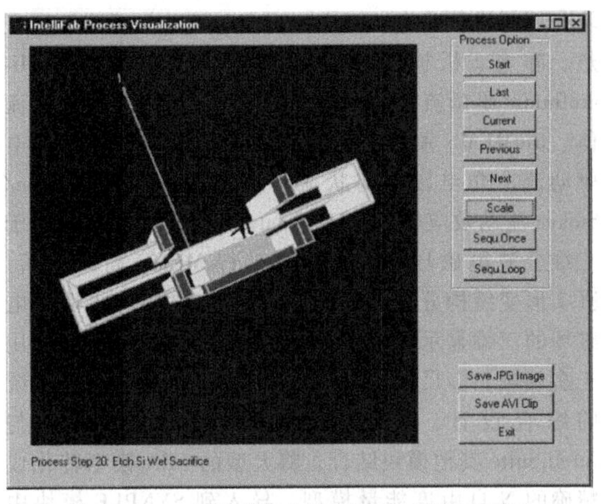

图 28.3-11　微机械静电梳状驱动三维实体模型

4）打开仿真设置窗口，设置计算类型为 Static，分析类型为 Electrostatic。由于静电分析不涉及机械形变分析，可不设置边界条件，施加电压载荷后运行静态分析可解得电容矩阵，分析的结果如图 28.3-12 所示。软件自动划分的网格通常比较粗糙，有可能使得分析结果不精确，在运行分析之前，也可根据需要对网格进行细化处理。

5）在仿真设置窗口中更改计算类型为 Frequency，分析类型为 Static Stress，并设定需要仿真

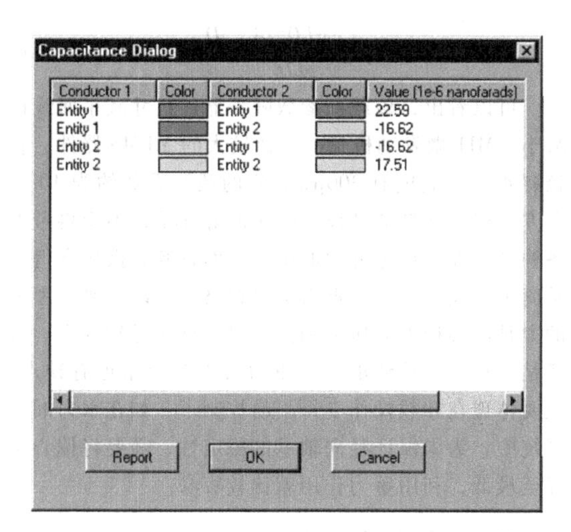

图 28.3-12　微机械静电梳状驱动电容分析结果

的模态数，这里选择 3 个模态进行分析。设定边界条件，固定结构的不可动区域、边界条件的设置，保存后也可直接用于随后的机电耦合分析。在自振频率分析中无需施加任何载荷，根据需要细化网格后即可开始自振频率的计算，分析结果如图 28.3-13 所示。各模态的形状也可以动画的方式进行查看。

6）最后，使用机电耦合分析仿真梳状驱动对静电载荷的机械响应。在仿真设置窗口中更改计算类型为 Static，分析类型为 ThermoElectroMechanical Relaxation，并设置好迭代数 Iteration Number 和迭代精度 Iteration Accuracy 选项。边界条件的设定在机械分析中

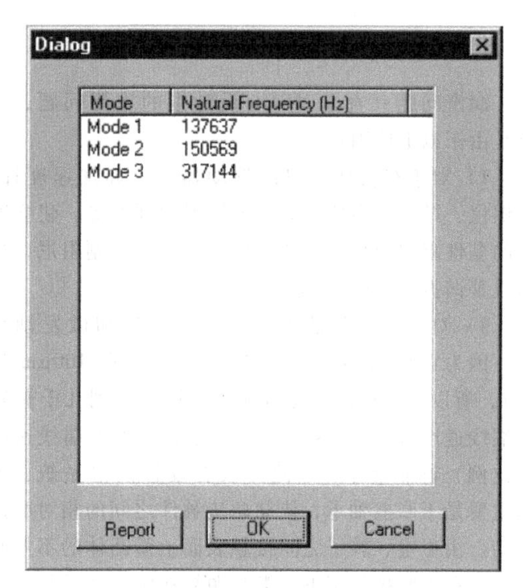

图 28.3-13　微机械静电梳状驱动自振频率分析结果

已保存，这里无需重新设定，只需要施加电压载荷。梳状驱动的机电耦合分析，有必要对机械网格和静电网格进行精细划分，细分弹簧支撑部分的机械网格有助于获得更好的机械仿真结果，细分梳指部分的静电网格则有助于获得更好的静电仿真结果。机电耦合仿真的时间会相对较长，运行分析几分钟后可以在 Result 菜单中获得应力分布、形变和位移结果。图 28.3-14 所示为梳状驱动在静电作用下的位移分布。

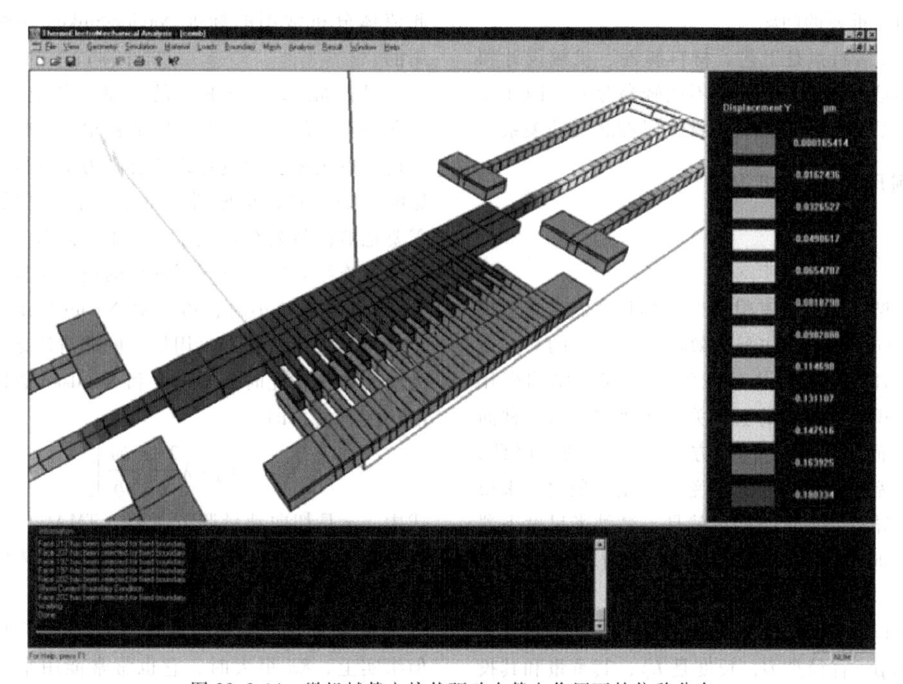

图 28.3-14　微机械静电梳状驱动在静电作用下的位移分布

2 微机械润滑

润滑问题一直是MEMS设计中的重要问题，主要是由于以下原因：

1）对于有黏性阻尼的振动器件，如加速度计、陀螺仪、谐振压力传感器、谐振器和开关等，建立准确的黏性阻尼模型，并通过优化工艺来控制阻尼，从而改善谐振系统的Q值。

2）对于旋转类的器件，如微马达和微发动机等，因为它们的转子尺寸都很小（约在100μm量级），所以尽管转动速度高（每分钟几百到几千转），末端线速度（约1m/s）和转动能量（和末端线速度呈比例）都非常小，因此并没有设计润滑系统，轴承主要是干摩擦轴承，依靠两接触件之间的相对摩擦运动。由于定、转子之间接触表面上微凸体的不规则分布，在干摩擦作用下，微细颗粒在定、转子间不规则运动，使得摆动静电微电机的运动状态无法预测。

3）随着对高性能、低功耗及长寿命MEMS旋转机械的需求，要最大限度地降低摩擦磨损，才能保证微型旋转机械器件功能和使用寿命。为了得到较高的能量密度输出，微型旋转机械必须具备非常高的转速，由此会带来微型旋转机械的轴承润滑问题。

4）随着MEMS能量密度不断增加，人们开始研究能量产生、推进之类的器件。这些器件的工作温度和应力都是按材料的极限状态来设计的。对于这类"能源MEMS"器件而言，保护材料界面不受磨损的影响成为相当重要的问题。

MEMS显著特点是工艺、材料属性、机械设计和电学设计都是耦合在一起的，不能轻易分开，因此需要关注润滑系统与加工工艺和材料属性之间的关系。

2.1 比例尺度基础知识

2.1.1 立方定律

系统微型化以后会有很多性质都和我们直觉上预期的有所不同，其中最主要的效应就是所谓的立方定律。立方定律是指，物体的三维尺寸都等比例变化后，它的体积是呈尺度的立方关系变化的，而各种面积（包括表面积）则是呈平方关系变化的。因此，当器件尺寸缩小后，表面效应变得远比体积效应来得显著。由此导致的最重要结果就是，微纳米尺度下器件的质量（即惯性）几乎可以忽略。对于润滑问题来说，这意味着体力（如马达的重量）及其支承反力的影响可以忽略。例如，对于一个圆柱形微马达而言（密度为ρ，直径是D，长度是L），其重量和其投影表面上压力p的比值是一个量纲为1的载荷参数：

$$\xi=\frac{\rho\pi LD^2/4}{pLD}\propto\frac{D}{p} \tag{28.3-1}$$

可以看出，该载荷参数随着器件尺寸减小而线性减小。MIT微发动机是一个比较大的MEMS器件，直径有4mm，高度有300μm，它的载荷系数约为10^{-3}。立方定律给微型器件设计带来的好处是，不用再考虑各种悬空部件重量分力的影响，而且卸载操作变得非常简单。此外，因为重力可以忽略，所以主要要考虑的力是由各种外界压力和由不对称旋转导致的力。后者是一种非常重要的力。重力可以被忽略也有缺点，主要体现在卸载操作变得不易控制了，如在水力润滑系统中，为了保证径向轴承的稳定性，需要将偏心率降至最低，利用重力作用就比较容易。

2.1.2 连续介质假设

微流体器件设计时的一个重要问题是，等比例不断缩小后，连续介质假设是否还适用？缩小到一定尺度后，器件尺度就和原子尺度可比拟，这时候就不一定可以用连续流体方程了。例如，在气体问题中，Knudsen数(Kn)表示平均自由程与器件特征尺度的比，而大量实验证实，Kn接近0.1时，就能观察到明显的不连续效应，Kn约为0.3时，连续体方程就失去意义（过渡流区域）。常温常压下，气体的平均自由程约有70nm，这意味着只要气体间隙距离小于0.2μm，就不能再忽略不连续效应。但在很多场合，一般都不会碰到这么小的间隙距离，因此流体分析常用的标准Navier-Stokes方程仍然是适用的。

尽管如此，对于稍大的间隙（几个微米），还是会遇到类似的设计问题。间隙被很多器件既用来隔离结构，也用来作为电容式传感。为了降低黏性阻尼的影响（如高Q的谐振器、加速度计和陀螺仪），经常需要把器件封装在低气压环境中，但低气压会导致显著的不连续效应，破坏了理想的边界条件。为此，在Knudsen系数较小时，可以对Navier-Stokes方程做一定修改，边界条件不再用标准的非滑流条件，而是变为滑流条件，此时流壁速度和Knudsen数以及流壁速度梯度有关，即

$$u_{\mathrm{w}}=\lambda\frac{2-\sigma}{\sigma}\left.\frac{\partial u}{\partial y}\right|_{\mathrm{w}} \tag{28.3-2}$$

式中，σ是切向动量调节系数（TMAC），范围在0~1之间。实验证实平滑表面多种常用气体的TMAC都在0.7左右。

从理论上来说，滑流理论只适用于低Kn情况。但事实上，Kn很大时，它也常常能用来解决不少问题，尽管这时不该再用它。这主要是因为此时其他方

法都太过复杂，如数值求解 Bolzmann 方程，或是用直接模拟蒙特卡罗（DSMC）算法等。在结构简单时，借用滑流理论往往可以得到不错的结果。

2.1.3　表面粗糙度

在 MEMS 器件中，材料的表面粗糙度是很多设计中都必须关心的问题。MEMS 表面粗糙度的取值范围很广，抛光后的单晶硅衬底的表面粗糙度属原子级别，各种刻蚀工艺刻蚀后的表面却很粗糙。表面粗糙度对微器件的多方面性能都有影响。首先，最主要的影响可能体现在一些力学性能上（如产生裂纹，改变屈服强度等）；其次，表面处理还可能影响一些流体性能，如能量和动量调节系数，进而影响到动量和热传导；最后，表面特性（不光是粗糙度，还包括表面化学和表面力等）对黏附力的影响很大。

2.2　润滑的基本方程

假设微尺度器件仍符合连续介质假设（但可能要修改边界条件），那么微流体的基本方程可以沿用宏观润滑理论中的基本方程。

从 Navier-Stokes 方程出发，首先要针对润滑问题做一些简化假设：

1）惯性。惯性导致的动量传递可以忽略。这是因为 MEMS 润滑系统的尺寸非常小。但在高速器件中（如 MIT 的微发动机），惯性可能没有想象中的那么小，需要有针对性地做一些修正。不过已有研究指出这些修正的改动也是很细微的。

2）曲率。润滑系统的典型形状是一块厚度较大且缓慢变化的流体薄膜。其中最主要的尺寸参数是流体薄膜厚度。在这里假设它远远小于整个系统中所有可能出现的曲率半径。这样就能简化转动系统中圆形径向轴承的分析。但需要指出，认为轴承的半径 R 远大于流体薄膜厚度 c（即 $c/R \ll 1$）实际上是一个过于简化的假设。

3）等温。因为微系统的体积很小，表面面积相对较大，所以表面位置的流-固热传导相对充分，再加上很多 MEMS 常规材料导热性都较强，所以可以假设整个润滑系统处于等温状态。

根据这些假设，可以把描述质量守恒和理想气体状态的 Navier-Stokes 方程简写为 Reynolds 方程。对于二维流体薄膜就是

$$0=\frac{\partial}{\partial x}\left(-\frac{\rho h^3}{12\mu}\frac{\partial p}{\partial x}\right)+\frac{\partial}{\partial y}\left(-\frac{\rho h^3}{12\mu}\frac{\partial p}{\partial y}\right)+$$

$$\frac{\partial}{\partial x}\left(\frac{\rho h(u_a+u_b)}{2}\right)+\frac{\partial}{\partial y}\left(\frac{\rho h(v_a+v_b)}{2}\right)+$$

$$\rho(w_a-w_b)-\rho u_a\frac{\partial h}{\partial x}-\rho v_a\frac{\partial h}{\partial y}+h\frac{\partial \rho}{\partial t} \tag{28.3-3}$$

式中，x 和 y 是润滑平面的坐标，μ 是动力黏度，u_a 等参数是其上、下表面的速度。对薄膜长度 l、宽度 b、最小间隙 h_{min}、特征剪切速度 u_b、特征非定常频率 ω 进行归一化后，还可以得到该方程更普遍的量纲为 1 形式：

$$\frac{\partial}{\partial X}\left[(1+6K)PH^3\frac{\partial P}{\partial X}\right]+A^2\frac{\partial}{\partial Y}\left[(1+6K)PH^3\frac{\partial P}{\partial Y}\right]$$

$$=\Lambda\frac{\partial(PH)}{\partial X}+\sigma\frac{\partial(PH)}{\partial T} \tag{28.3-4}$$

式中，

$$A=\frac{l}{b};\ \Lambda=\frac{6\mu u_b l^2}{p_a h_{min}^2};\ \sigma=\frac{12\mu\omega l^2}{p_a h_{min}^2}$$

其中，A 是薄膜长宽比，Λ 是轴承数，σ 是压膜参数，用于表示非定常效应。

Reynolds 方程可以直接解得其非零解。应用该方程的主要问题在于，在某些参数条件下，气体薄膜状态会异常不稳定，如果求解时选择参数不当，就会遇到此类问题。

2.3　Couette 流阻尼

平板沿衬底平行方向运动过程中的黏性阻尼问题，是很多 MEMS 器件设计中的一个重要问题，尤其是谐振结构，如加速度计和陀螺仪等。尽管自身的尺寸可能有几百微米，但是它和衬底形成的间隙只有几个微米。这是一个稀薄流体的 Couette 流阻尼问题，分析的时候可以忽略平板的水平尺寸，简化为垂直方向的一维问题。

简化后的 Navier-Stokes 方程可简化为

$$\frac{\partial u}{\partial t}=\mu\frac{\partial^2 u}{\partial y^2} \tag{28.3-5}$$

只剩下由速度梯度引起的黏性应力项和非定常项。利用分离变量法，并结合滑流边界条件，可以求得运动平板所受的牵引力为

$$D=\frac{4\pi U^2}{\beta}\left[\frac{\sinh\beta+\sin\beta}{(\cosh\beta-\cos\beta)+D_R}\right] \tag{28.3-6}$$

其中，

$\beta=\sqrt{\dfrac{\omega h^2}{\mu}}$ 是 Stokes 数，表示非定常效应和黏性效应之间的平衡关系；

D_R 是流壁滑流边界条件等效的修正因子，

$$D_R=2K_h\beta(\sinh\beta+\sin\beta)+2K_n^2\beta^2(\cosh\beta+\cos\beta) \tag{28.3-7}$$

MEMS 结构间隙和工作频率的典型值为 1μm 和 10kHz。可以算出，此时 Stokes 数很小（约 0.1），因

此可粗略认为它处于准静态。此外，常温常压下，用于表征稀薄程度的 D_R 也非常小，可以忽略。

Knudsen 数较小时，可以应用滑流边界条件的解。如果气体继续稀薄下去，就可以用分子流的理论，平板的摩擦因子为

$$C_f=\sqrt{\frac{1}{\rho\eta}}\frac{1}{M} \tag{28.3-8}$$

其中，M 是 Mach 数。需要注意的是，此时的阻尼不仅受间隙气体的影响，也受到平板上方气流的影响。实际 MEMS 流体系统中一般很难会碰到这么小的阻尼情况，一般在这时候，结构自然的阻尼都会成为主导因素，如锚区的柔性、材料界面处的非弹性应变等。

2.4 压膜阻尼

当间隙距离随振动变化，挤压其中的气体时，就产生了压膜阻尼。通常间隙里被挤压的都是气体，由此导致的气体压膜阻尼会显著降低谐振器件的 Q 值。虽然也有些时候这种效应是有益的，但总的来说，和 Couette 流阻尼一样，设计者通常都会尽量减小它以增大 Q 值。常用的方法是在振动平板上开通气孔，让被挤压的气体有地方释放，或是将器件封装在低压环境中。这两种方法都有缺点。前者降低了结构质量，无形中需要增大器件的面积，后者追加了器件的封装和研发成本。

2.4.1 基本方程

上平板沿垂直方向做正弦振动，假设振动本身及其对气压和速度的扰动都较小，那么通过微扰分析，有

$$\frac{\partial}{\partial X}\left(\psi H^3\frac{\partial\psi}{\partial X}\right)+\frac{\partial}{\partial X}\left(6KH^2\frac{\partial\psi}{\partial X}\right)=\sigma\frac{\partial(\psi H)}{\partial T} \tag{28.3-9}$$

式中的参数都已无量纲化，H 表示薄膜间隙距离，由实际间隙距离归一化：$H=h(x,y,t)/h_0$；ψ 是压力，由实际压力归一化：$\psi=P(x,y,t)/P_0$；X 和 Y 是坐标，由实际几何尺寸归一化：$X=x/L_x$，$Y=y/L_y$；T 是时间，由振动频率归一化：$T=\omega t$；挤压数 σ 定义为

$$\sigma=\frac{12\mu\omega L_x^2}{P_0h_0^2} \tag{28.3-10}$$

现对平板施加小幅度的正弦振动激励，使其发生 $H=1+\varepsilon\sin T$ 的振动。设此时气压也随之发生简谐响应，则可推出一对描述间隙中同相压力（ψ_0）分布和异相压力（ψ_1）分布的耦合方程（分别描述刚度和阻尼系数）：

$$\frac{\partial^2\psi_0}{\partial x^2}+\frac{\sigma}{1+6K}\psi_1+\frac{\sigma}{1+6K}=0$$
$$\frac{\partial^2\psi_1}{\partial x^2}+\frac{\sigma}{1+6K}\psi_0=0 \tag{28.3-11}$$

注意这些方程的标准形式里用的是修正后的挤压数，$\sigma_m\equiv\sigma/(1+6K)$。这两个方程很好解，可以用 Fourier 级数展开来解，也可以直接数值解。图 28.3-15给出了圆盘的一种解，其中圆盘直径 5.6mm。

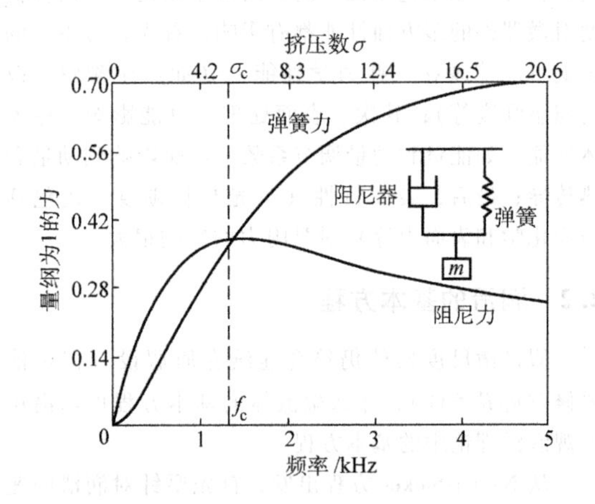

图 28.3-15 圆盘阻尼与弹簧力随频率及挤压数的变化

2.4.2 通气孔效应

后来人们又将上述结论拓展到结构上有通气孔时的情形，使其更加实用。有通气孔时，孔处边界不再是低气压状态（$\psi_0=0$），而是表现出一种“烟囱”效应，从孔底到孔顶呈一定气压分布。一种近似方法是可以沿用上述模型（低挤压数形态）加以表示，只要修改其中 ψ_0 方程的边界条件即可。

$$\psi=\left[\frac{32\dfrac{t}{L_x}\left(\dfrac{h_0}{L_x}\right)^3\left(1-\left(\dfrac{L_h}{L_x}\right)^2\right)}{12\left(\dfrac{L_h}{L_x}\right)^4}\right]\left[\frac{1}{1+8\dfrac{\lambda}{L_h}}\right]\sigma \tag{28.3-12}$$

该边界条件由三部分组成：第一项是由平板厚度 t、长度 L、孔尺寸 L_h 和间隙距离 h_0 构成的形状参数，第二项是与孔尺寸有关的稀薄度参数，第三项是与时间有关的挤压参数 σ。随着板厚减小，烟囱压降降低，边界条件将趋近于零。随着板上开孔面积的增大，边界条件趋近于环境气压。计算时只要在各开孔位置应用该边界条件，就能准确地模拟压膜阻尼对开孔平板运动的影响。

2.5 摩擦和磨损

润滑失效的时候就会遇到摩擦和磨损问题。此类问题的关注角度主要是如何避免而不是如何防止。黏附是 MEMS 器件失效的一个常见原因。黏附就是两个面发生小间隙、大面积接触后在表面能的作用下黏结在一起。这个问题在湿法刻蚀和光滑表面结构（尤其是大面积结构）中表现得尤为明显。为了缓解该问题，可以采用各种表面处理方法。第 2 章表面微机械加工技术中已经给出了多种方法可以避免黏附。

MEMS 器件大多是基于硅结构的，但硅本身不是一种非常好的轴承材料，它的磨损率高，摩擦因数大，容易黏附。但对其进行表面处理（如 SiC、碳氟化合物和 Teflon 之类的材料）后，可以显著改善这方面的性能。

硅基 MEMS 工艺的主要结构材料是单晶硅，它具有非常好的力学性能。硅材料的强度主要受缺陷以及晶畴边界的影响，但在微加工工艺中，这两种因素都可以显著减小甚至消失。因为器件尺寸减小到与缺陷尺寸可以比拟的程度，使得出现“超强”结构的可能性大大增加。此外，硅的密度（$2330kg/m^3$）甚至比铝（$2700kg/m^3$）小，使得硅器件的强度-质量比具有其他材料难以匹敌的优势，很适合制作高速转动器件。但和其高强度不匹配的是，硅非常脆，在高速转动系统，如涡轮结构中，这可能成为较大的问题。稍大速度下的撞击或是接触就可能导致断裂失效，而不是弹性反弹或是塑性变形。

3 静电执行器

静电执行器是利用静电力完成机械动作执行的器件。微机械静电执行器可用作继电器、阀门、泵、开关和光 MEMS 等驱动，是目前 MEMS 领域应用最广泛的一类执行器。主要性能指标有：驱动电压、执行速度、最大位移、驱动力、储能、电阻率、品质因数以及抗断裂性、抗疲劳性、抗冲击性、抗摩擦性。控制这些参数的材料属性有：弹性模量、密度、断裂强度、本征残余应力、电阻系数和本征材料阻尼。

3.1 面内运动执行器

如图 28.3-16 所示，梳状执行器两组电极放置于与衬底平行的同一平面上。通常来讲，一组指状电极固定于芯片，而第二组电极悬浮并可以沿一个或更多轴向自由运动。叉指既然形似梳子上的齿，这种结构通常也称作梳指驱动器件，它们使用叉指来增加边缘耦合长度。一对电极梳指的电容由交叠区域梳指垂直表面电容以及边缘场电容所确定。由多个梳指对组成的电容相互并联，因而，总电容是邻近梳指构成的电容总和。

这种结构的等效弹簧系数 k_s、品质因数 Q 和谐振频率 f 为

$$k_s=24\frac{EI}{L^3}=2Eh\left(\frac{W}{L}\right)^3 \tag{28.3-13}$$

$$Q=\frac{d}{\mu A_P}\sqrt{M_b k_s} \tag{28.3-14}$$

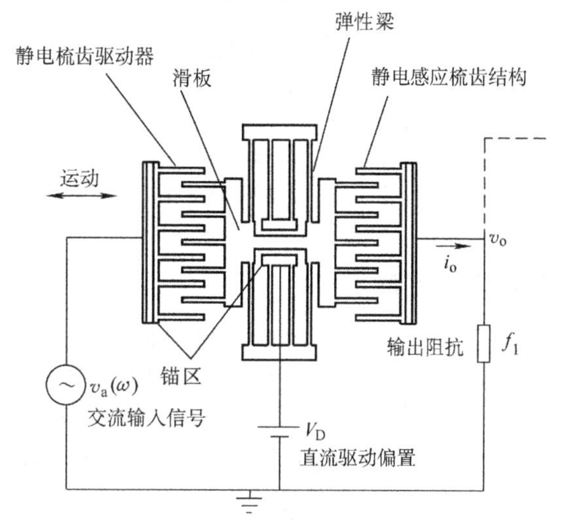

图 28.3-16　梳状执行器示意图

$$f=\frac{1}{2\pi}\sqrt{\frac{k_s}{M_p+0.3714M_b}}=\frac{1}{2\pi}\sqrt{2Eh\left(\frac{W}{L}\right)^3\frac{1}{M_p+0.3714M_b}} \tag{28.3-15}$$

式中，E 为弹性模量，h、W、L 分别为梁的厚度、宽度和长度，M_b 为支撑梁的质量，M_p 为平板梁的质量。

3.2 离面运动执行器

平行板电容器是静电传感器和执行器最基本的结构，它是由两个在宽度方向相互平行的导体平板构成，电容器可以用作产生力或位移的执行器。如图 28.3-17 所示，其中一个平板紧紧固定，另一块平板由机械弹簧悬吊，当两个平行板上施加电压时就会产生静电吸引力，力的大小等于所存储的电能相对于几何变量的梯度。在恒定偏置电压的作用下，静电力的大小随着间隙 d 的增加迅速减小。静电力可以认为是一种短程力，当间隙在几个微米量级时最为有效。

在静电执行器设计中，离面执行器比较复杂，下面主要介绍这类执行器的设计及材料选择。

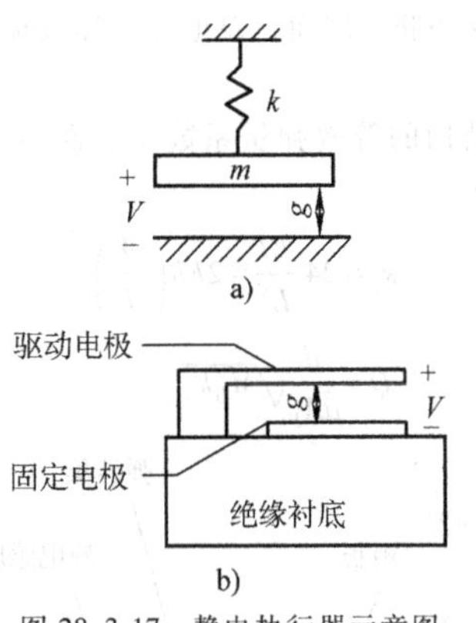

图 28.3-17　静电执行器示意图
a）静电执行器的集总参数表示
b）静电执行器的横截面示意图

3.3　性能参数

图 28.3-17 所示为一个静电执行器的一阶集总参数模型。当平板（质量为 m）和固定地电极间存在电势差时，施加于平板上的静电力大小由下式给定：

$$F_e=-\frac{\varepsilon AV^2}{2g^2} \quad (28.3\text{-}16)$$

式中，ε 为静电气隙中介质的介电常数，A 为极板面积，V 为驱动电压，g 为极板间距。由弹簧施加于平板上的弹性回复力 F_M 为

$$F_M=k\delta=k(g_0-g) \quad (28.3\text{-}17)$$

式中，k 为弹簧的刚度，g_0 为初始间距，δ 为执行器的位移。当静电引力与弹性回复力相等时，极板处于平衡状态。因此，驱动电压可表示为

$$V=\sqrt{\frac{2kg^2\ (g_0-g)}{\varepsilon A}} \quad (28.3\text{-}18)$$

当极板间距减小至初始间距的 2/3 时，即 $g=2g_0/3$ 时，结构的力平衡被打破，上极板坍塌至下电极。根据式（28.3-18），吸合电压可表示为

$$V_{PI}=\sqrt{\frac{8kg_0^3}{27\varepsilon A}} \quad (28.3\text{-}19)$$

对于一阶模型，执行器的执行速度 s 直接正比于弹簧-质量块系统的谐振频率 f，可以表示为

$$s=\propto f=\frac{1}{2\pi}\sqrt{\frac{k}{m}} \quad (28.3\text{-}20)$$

机械品质因数 Q 是执行器阻尼的一个度量。工作于大气环境下的静电执行器典型的 Q 值范围为10~200，空气阻尼与挤压模阻尼是主要的耗散机制。

执行器储存的静电能 $U_{\text{Electrostatic}}$ 由下式给定：

$$U_{\text{Electrostatic}}=\frac{\varepsilon AV^2}{2g} \quad (28.3\text{-}21)$$

弹簧储存的弹性能为

$$U_{\text{Elastic}}=\frac{1}{2}kg^2 \quad (28.3\text{-}22)$$

弹簧刚度越大，储存在执行器中的弹性能越多。

3.4　材料参数

材料选择过程是将各种性能指标明确表示为外加载荷、结构几何以及材料属性的函数。我们使用图 28.3-17b 所示的平板梁（厚 h，宽 b，长 L）执行器结构来说明这一过程。对其他的平板结构、薄膜结构，也可以使用类似的方法实现。

（1）刚度

梁的刚度 k_{beam} 由下式给定：

$$k_{\text{beam}}=\frac{F}{\delta}=\frac{C_1EI}{L^3} \quad M_1=E \quad (28.3\text{-}23)$$

式中，F 为外加力，δ 为位移，C_1 为一个依赖于载荷和边界条件的常量，E 为弹性模量，I 为梁的截面惯性矩。显然，弹性模量是唯一决定刚度大小的材料属性，可以定义为材料指数 M_1。对于任意几何结构、载荷以及边界条件的梁，刚度都可以通过选择具有最佳 M_1 值的材料进行优化（最大化或最小化）（既然驱动电压与刚度的平方根成正比，也可以方便地定义 $M_2=\sqrt{E}$。）

（2）频率

梁弯曲振动的频率可以表示为

$$f=\frac{C_2}{2\pi}\sqrt{\frac{Eh^2}{12\rho L^4}} \quad M_3=\sqrt{\frac{E}{\rho}} \quad (28.3\text{-}24)$$

式中，C_2 为常量，ρ 为密度。材料指数 M_3 也是纵波在材料中传播的速度。因此，具有高波速的材料也是制作高速执行器的良好材料。

（3）能量、力和最大位移

根据上述方程，驱动力及储能都与刚度成正比。因而，M_1 值越大，驱动力和储能也越大。相反，刚度越大，执行器在给定力下的位移越小。执行器的最大位移受到材料失效强度 σ_f（分别对应韧性材料的屈服强度和脆性材料的断裂强度）的限制。梁的位移与最大张应力 σ_0 的关系可表示为

$$\delta=\frac{2L^2}{3h}\frac{\sigma_0}{E} \quad M_4\ \frac{\sigma_f}{E} \quad (28.3\text{-}25)$$

具有大 M_4 值的材料是制造大位移执行器的良好选择。需要注意的是，断裂强度是一个随机变量，对工艺条件比较敏感。

（4）电阻系数

在静电执行器的某些应用中，如低损耗微波开关，期望驱动电极有较低的电阻系数 ρ_e，因而可定

义材料指数

$$M_5=\rho_e \quad (28.3\text{-}26)$$

(5) 残余应力

使用淀积薄膜工艺制造的微机械结构总是存在一定的残余应力，对静电执行器的执行电压、执行速度以及稳定性产生影响。在微机械结构中，本征残余应力的大小不仅与选用的加工技术有关，而且与工艺参数的细节有关（如溅射的压力、化学气相淀积的温度等）。出于材料选择的目的，必须注意到许多金属与陶瓷材料通过工艺参数的选择，残余应力可以在几百兆帕的范围的进行调节。

(6) 品质因数 Q

谐振器的品质因数 Q 与单位周期内最大势能和耗散能量的比值成正比。在一阶近似条件下，工作于大气环境的微器件，品质因数与材料属性无关。然而，对于工作在真空环境下、有合适支撑结构设计的器件，本征材料阻尼成为主要的耗散机制。在初始设计时，我们建议不同材料的本征 Q 值大致取值范围如下：

$$\begin{cases}10^4<Q<10^7\ (\text{陶瓷})\\ 10^3<Q<10^5\ (\text{金属})\\ Q<10^2\ (\text{聚合物})\end{cases} \quad (28.3\text{-}27)$$

(7) 黏附

黏附是指由于粘连所引起的机械单元被固定住的现象。结构在受到毛细作用力、冲击力、驱动力等足以引起结构坍塌力时，毗邻的结构就有可能相互接触并引发固-固粘连使其无法分开。从材料的角度来看，可以通过使用低黏附能的自组装涂层来减少黏附（见表面微机械加工技术一节）。这些涂层通常很薄，大约几个纳米厚度，对结构机械属性的影响完全可以忽略。

(8) 抗疲劳性

受到周期性应力作用的结构，材料可能在小于断裂强度的应力作用下由于疲劳而发生失效。疲劳引起的 MEMS 结构损坏是当前的研究热点，器件的疲劳寿命通常是通过实验得到的。根据观察，结构的抗疲劳能力随着结构尺度的减小而增大。多晶硅、铝、二氧化硅和金属镍制作的微结构寿命可以超过 10^9 次循环。

(9) 冲击稳定性

许多静电执行器件在制造、装配或工作过程中，都有可能遭受冲击载荷的作用。在冲击环境下的失效模式通常包括脱层、断裂和黏附。通过选择材料可以提高冲击稳定性。

3.5 材料选择优化

性能指标的最佳取值与具体应用密切相关。例如，在显示、开关等许多应用中希望有较低的驱动电压，而在需要较大驱动力的应用中希望有较高的驱动电压。与此类似，较高的品质因数 Q 可以提高传感器的性能，而较低的品质因数却可以改善显示、开关的动态行为。此外，一些性能指标对材料性能的要求可能会存在矛盾，如高速（即高 $\sqrt{E/\rho}$）与低压（低 $\sqrt{E}$）之间的矛盾。

通过使用材料选择图，可以方便地根据材料特征的相对值，比较和选择材料。材料选择图的坐标轴对应于不同的材料特征。这种选择图的普遍特征是同一类材料（即金属、陶瓷、聚合物）倾向于集中在一起。材料选择图不仅可以用于针对每一性能指标选择最佳的材料，还可在性能参数相互矛盾时选择最佳的折中。

图 28.3-18 所示为以 $\sqrt{E}$ 和 $\sqrt{E/\rho}$ 为坐标轴的已知微机械材料的选择图。显然，有高速要求的材料也需要最高的驱动电压，反之亦然。图中有一条折中线，位于或接近于这条线的材料是执行器材料的最佳候选对象，具体如何选择要根据速度和驱动电压要求。高速执行器的候选材料有金刚石、碳化硅、氧化铝、氮化硅和硅。类似地，聚合物、铅和锡是低压执行器的候选材料，尽管其机械响应的线性和滞后现象可能成为问题。对于同时有一定高速和低压要求的情况，二氧化硅、石英、铝和钛是很好的选材对象。

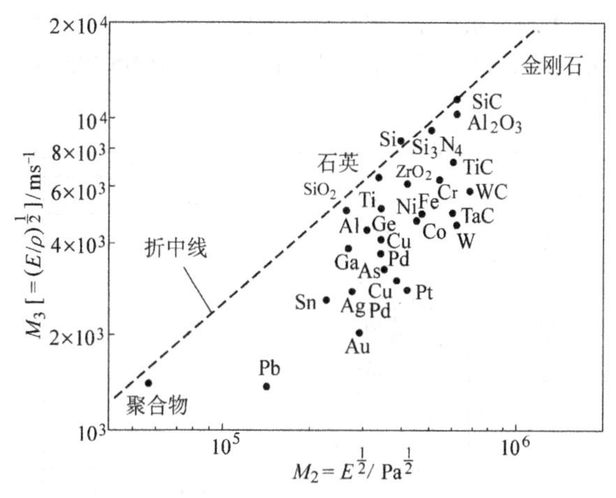

图 28.3-18　以波速（$\sqrt{E/\rho}$）和弹性模量方均根（$\sqrt{E}$）为坐标轴的材料选择图

图 28.3-19 所示为以 E 和 σ_f/E 为坐标轴的材料选择图。根据这两个图，用于大驱动力执行器的材料有金刚石、氧化铝、碳化硅、碳化钛、碳化钽、碳化钨和钨。聚合物是大位移执行器的良好选材。如前所述，断裂强度与工艺条件紧密相关，图 28.3-19 中的标称值仅对材料的初步选择具有指导意义，精选时还

需要通过实验确定。

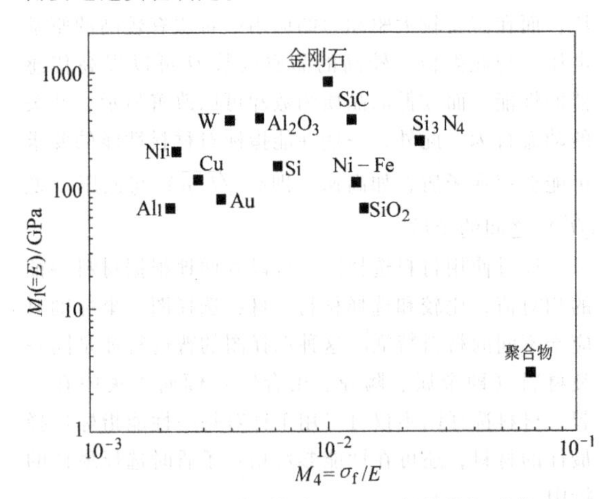

图 28.3-19　以弹性模量（E）和断裂强度-弹性模量比（σ_f/E）为坐标轴的材料选择图

在某些应用中要求材料有较低的电阻系数，图 28.3-20 和图 28.3-21 所示为 300K 时的电阻系数分别与波速及弹性模量为坐标轴的材料选择图。硅、碳化硅、金刚石和聚合物的电阻系数与掺杂浓度有关，图中给出的是其取值范围。而掺杂浓度对弹性模量和密度的影响较小。银、铜、金和铝有着最小的电阻系数，其中铝同时具有高波速、低弹性模量的特征，因此是高速、低压器件的最佳选择，而铜是大驱动力器件的最佳选择。对于低电阻率和低压的应用，图 28.3-20 显示了导电聚合物（如掺杂聚苯胺）是很好的选择，但此类聚合物目前尚未在 MEMS 中广泛应用。

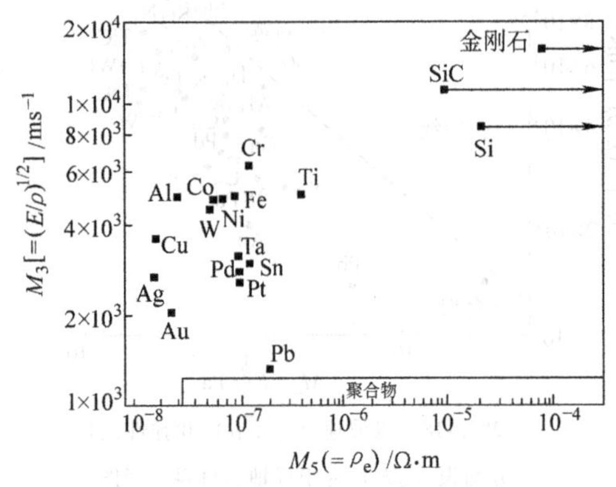

图 28.3-20　以波速（$\sqrt{E/\rho}$）和电阻系数（ρ_e）为坐标轴的材料选择图

3.6　多层材料的选择

前面所讨论的结构都是单层，事实上，有许多静电执行器是复合式的，典型的是双层结构。这种多层

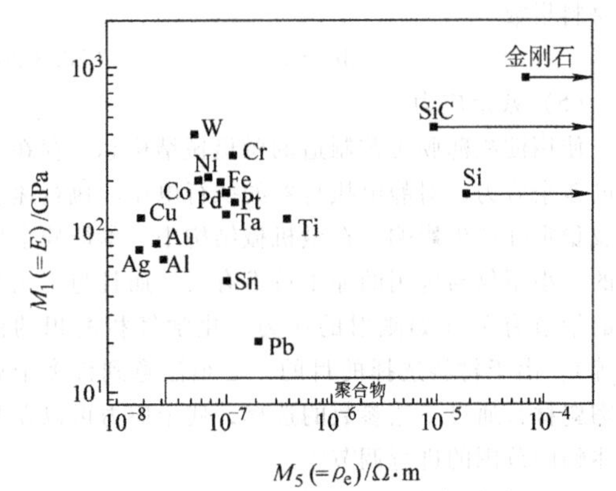

图 28.3-21　以弹性模量（E）和电阻系数（ρ_e）为坐标轴的材料选择图

结构设计的出发点是为了融合多种功能实现理想的结构特性。一种常见的情况是在厚介电层（厚 h_2）上淀积一层薄金属电极（厚 h_1）。两种材料的体积分数 f 由下式给定：

$$f_1=\frac{h_1}{h_1+h_2},\ f_2=\frac{h_2}{h_1+h_2} \tag{28.3-28}$$

这里下标 1 和 2 分别对应于电极和介电层。复合结构的特性可以通过公式建立与各组件属性之间的联系。复合结构的密度计算公式为

$$\rho=f_1\rho_1+f_2\rho_2 \tag{28.3-29}$$

弹性模量的取值范围由下式给定：

$$\frac{E_1E_2}{f_1E_2+f_2E_1}<E<f_1E_1+f_2E_2 \tag{28.3-30}$$

例如，对悬臂梁开关结构，0.25μm 厚的铝电极淀积于 2μm 厚的二氧化硅结构层上，材料参数取 $\rho_{Al}=2710kg/m^3$，$\rho_{SiO_2}=2200kg/m^3$，$E_{Al}=69GPa$，$E_{SiO_2}=73GPa$，由公式解得的复合结构密度为 $2256kg/m^3$，弹性模量取值 72.5GPa，这些复合结构的材料属性可以放到合适的材料选择图中。

4　压电执行器

由于 MEMS 制备工艺的平面特征，所以双层材料压电（BPE）执行器是目前在 MEMS 领域应用最广泛的执行器，其运动方式是离面运动。压电/衬底材料的组合是执行器设计的关键，压电材料特性主要有压电系数、弹性模量、耦合系数以及介电常数；材料的选择在执行效率、品质因数以及机电阻抗中起主要作用。压电执行器通常能够产生相对较大的力（10μN～1mN），但产生的位移相对有限（0.1～10μm）。MEMS 主要选择铁电和压电陶瓷作为压电材料，如 $BaTiO_3$、PZT、PZN-PT、PMN-PT 以及 PYN-PT，这是因为它们有较高的压电系数和很高的居里

温度，这与大多数的换能器应用相兼容。尽管从参数来看压电应用表现出很好的前景，但是在商业微系统中的使用目前还不广泛，可也确实存在着喷墨打印头的应用个例。

MEMS 要求开发出高性能且稳定的器件，从这个角度来看在给定弹性衬底上选择最佳的压电材料是非常重要的。这一艰巨的任务同时需要有加工工艺来提供支持，它需要加工工艺有在各种衬底上制造出各种材料薄膜的能力。执行器主要性能指标有自由端倾角、最大力矩、频率和单位体积功。对于需要大离面位移的微镜等器件，自由端倾角是关键的性能指标。对于微流控芯片搅拌器等器件，最大力矩是主要的性能指标。对于边界层流控执行器以及光纤光开关等应用，单位体积功是重要指标。

4.1　执行器性能设计

图 28.3-22 所示为理想悬臂梁结构的 BPE 执行器示意图。该执行器结构包括一层压电层薄膜材料和弹性衬底层，分别由下标 1 和 2 表示，分析中忽略电极极板层。执行器的长度和宽度分别为 L 和 b，各层厚度由 t_1、t_2 表示，总的厚度为 t。两层材料的弹性模量分别为 E_1 和 E_2，弹性模量比定义为 $\lambda=E_1/E_2$，厚度比定义为 $\xi=t_1/t_2$。

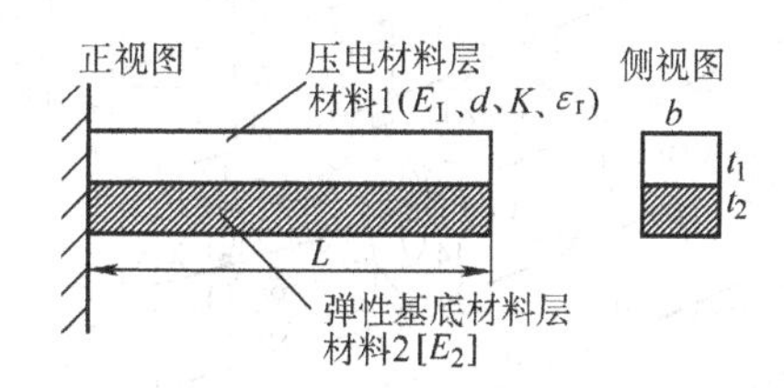

图 28.3-22　悬臂梁双层压电执行器结构示意图

压电双层执行器可用 d_{31} 或 d_{33} 方式（使用叉指状电极）驱动，分别如图 28.3-23a 和 b 所示。以 d_{31} 方式驱动 BPE 执行器的自由端倾角、最大力矩和最大单位体积功为

$$\theta_f=\frac{6d_{31}E_PL}{t}\cdot\frac{\lambda\xi(\xi+1)^2}{(\lambda\xi^3+1)(1+\lambda\xi)+3\lambda\xi(\xi+1)^2} \tag{28.3-31}$$

$$M_{blk}=\frac{E_1bt^2d_{31}E_P}{2}\cdot\frac{\xi}{(1+\lambda\xi)(\xi+1)} \tag{28.3-32}$$

$$W=\frac{3E_1(E_Pd_{31})^2}{8\left[3(\lambda\xi+1)+\frac{(1+\lambda\xi)^2(1+\lambda\xi^3)}{\lambda\xi(\xi+1)^2}\right]\left(\frac{\xi+1}{\xi}\right)} \tag{28.3-33}$$

式中，E_P 为平行于极化方向的电场，$E_P=V/t_1$，单位为 V/m；d_{31}为压电层的材料常数，单位为 m/V 或 C/N。恒定电场下给定材料的最佳性能条件满足下式：

$$\lambda\xi_o^2=1 \tag{28.3-34}$$

式中，ξ_o 为对应于最佳性能的优化厚度比。结合上述公式并归一化几何参数（L、b 和 t），得到恒定电场下优化后的关键性能指标，可以用作候选材料选择的基础。

$$\theta_{no}=\frac{\theta_f t}{E_PL}=\frac{6d_{31}}{4} \tag{28.3-35}$$

$$M_{no}=\frac{M_{blk}}{bt^2E_P}=\frac{E_1d_{31}}{2\left(\frac{\xi_o+1}{\xi_o}\right)} \tag{28.3-36}$$

$$W_{no}=\frac{W}{E_P^2}=\frac{3E_1(d_{31})^2}{32\left(\frac{\xi_o+1}{\xi_o}\right)} \tag{28.3-37}$$

式中，θ_{no}、M_{no}、W_{no} 分别为对结构尺寸和电场做归一化后的材料参数，即最佳倾角、力矩和功。

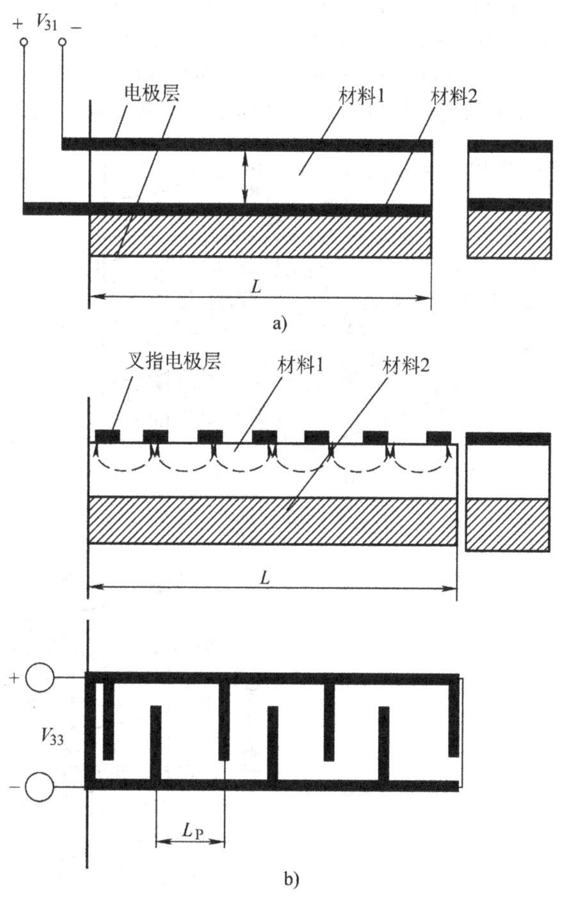

图 28.3-23　悬臂梁双层压电执行器示意图
a）d_{31}驱动方式　b）d_{33}驱动方式

如图 28.3-23b 所示，d_{33}驱动方式可以通过淀积平行于极化方向的叉指状电极实现。对于叉指电极间

距为 $L_P \approx 10t_1$，要达到 d_{31} 驱动方式的性能，而用 d_{31} 驱动方式驱动电压需要增大近5倍。因此，d_{33} 驱动方式更适合传感器应用，而不是执行器。下面仅考虑 d_{31} 驱动方式，这种驱动方式通常也是MEMS器件的首选。

4.2　材料选择

针对不同性能指标，我们将寻找有希望的压电/衬底组合，并对其进行分组。

材料的选择策略基于衬底材料，首先做出其主导作用的压电材料性能等值图。在MEMS器件中硅是最常用的衬底材料，因此，这里主要考虑用硅（E=165GPa）衬底的材料选择策略，对于其他衬底，通过使用相应的材料特性并结合式(28.3-35)~式(28.3-37)同样可以进行考虑。图28.3-24a所示为硅衬底上压电材料属性（d 对 E）相关性能等值图，这里的性能指标是倾角[lg（θ_{no}）]、最大力矩[lg（M_{no}）]和单位体积功[lg(W_{no})]；也给出了类金刚石（DLC，E=700GPa）和PMMA(E=2.5GPa)材料的性能。使用性能等值图可用来判断实际中可能实现的性能范围。图28.3-24b和图28.3-24c所示分别为DLC和PMMA的性能等值图。对于硅衬底，最大力矩和单位体积功在一个量级内变化，而自由端倾角的变化相当小。

执行频率是另一个重要的性能指标，它部分受到材料选择的影响。BPE执行器典型的工作频率接近于机械谐振频率。双层材料的一阶谐振频率是

$$f_s=\frac{1}{2\pi}\left(\frac{1.8751}{L}\right)^2\sqrt{\frac{E_1t^2}{3\lambda\ (\rho_1\xi_o+\rho_2)\ (\xi_o+1)}} \tag{28.3-38}$$

式中，ρ_1 和 ρ_2 为双层材料的密度。图28.3-25所示是长为100μm、L/t=30的结构在硅、DLC和PMMA衬底上不同材料组合的执行频率等值图。材料选择对执行频率的影响相对较小，这是因为压电材料的密度仅在一个量级范围内变化（10^3~10^4kg/m^3）。

材料选择的另一个重要目标是执行效率。这里定义执行效率为单位体积机械功（W）与单位体积外部供给能量（E_S）的比值，即

$$\eta=\frac{W}{E_S} \tag{28.3-39}$$

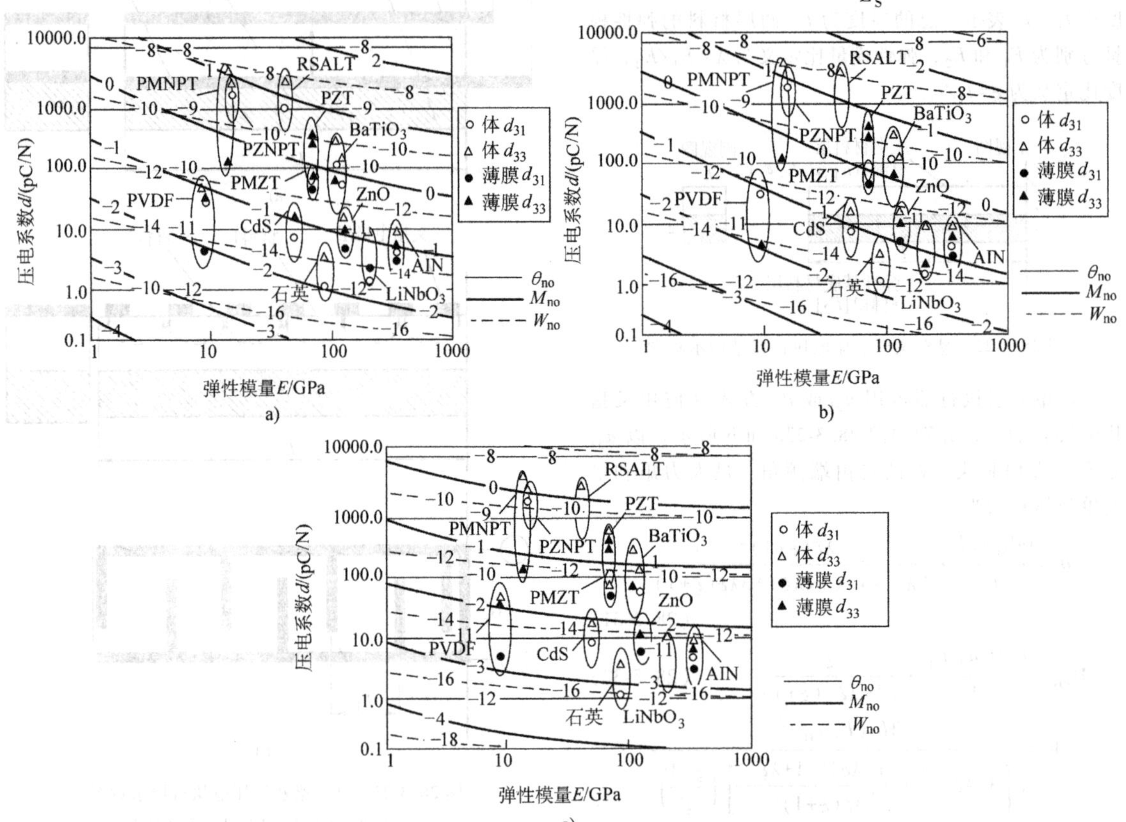

图28.3-24　几种衬底材料上一些压电材料的自由端倾角（lgθ_{no}）、最大力矩（lgM_{no}）和单位体积功（lgW_{no}）的等值图

a) Si　b) DLC　c) PMMA

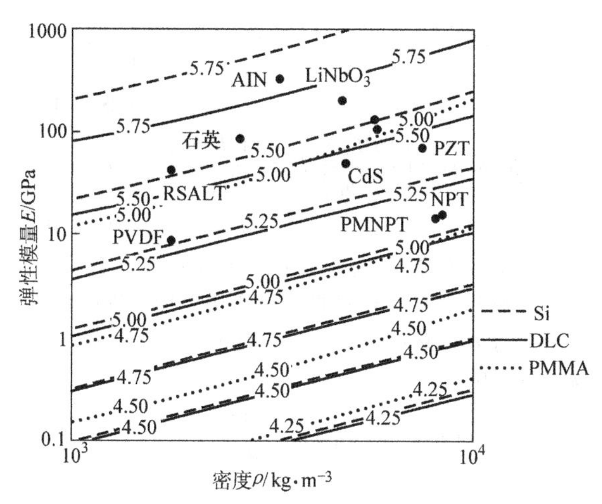

图 28.3-25　Si、DLC 和 PMMA 衬底上不同压电材料的执行频率(lgf)等值图

假设外部供给的电能等于平行板电容中储存的介电能，因而忽略外部电路的电损耗（这与材料的选择无关）。因此，外部供给的单位体积能量表示为

$$E_S=\frac{CV^2}{2At_1}=\frac{\varepsilon_r E_P^2}{2} \tag{28.3-40}$$

式中，ε_r 为压电材料的相对介电常数。由此得到关于材料属性的执行效率为

$$\eta \frac{3E_1 d_{31}^2}{16\varepsilon_r\left(\frac{\xi_o+1}{\xi_o}\right)^2}=\frac{3K^2}{16\left(\frac{\xi_o+1}{\xi_o}\right)^2} \tag{28.3-41}$$

式中，K 为压电材料的机电耦合因数。图28.3-26所示是在三种不同衬底上对各种压电材料起主导作用的

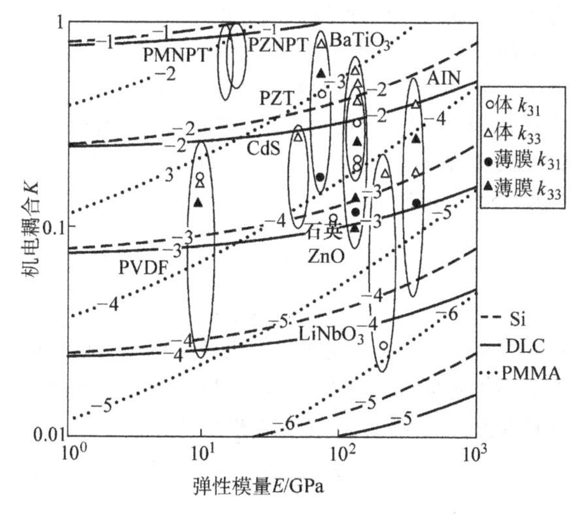

图 28.3-26　在 Si、DLC 和 PMMA 衬底上不同压电材料的机电效率（lgη）等值图

材料特性（K 对 E）作出的执行效率等值图。对于这里所讨论的材料组合，执行效率在三个量级（$\eta=10^{-3}\sim10^{-1}$）范围内变化。

压电 MEMS 执行器集成组件的整个尺寸与片外电压和功率放大器有关，这种要求容易使系统变得庞大。驱动电压越高，需要的放大器也越大。因此，这里对几种衬底与各种压电材料的组合，在恒定电场时对电压的要求进行了比较。对于恒定电场时，驱动不同 BPE 执行器所要求的电压可以用机电电压指标（V_I）的参数进行量化，即

$$V_I=\frac{V}{E_P t}=\frac{1}{1+\left(\frac{1}{\xi_o}\right)} \tag{28.3-42}$$

图 28.3-27 所示为在三种不同衬底上各种压电材料的电压指数 V_I 变化。图中清晰表明在恒定电场时，对于这里讨论的材料组合，需要的电压大约在一个量级范围内变化 $[(0.1\sim1)V_I]$。

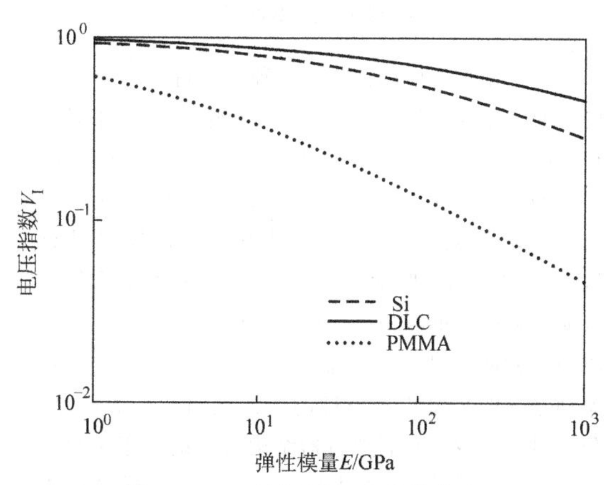

图 28.3-27　恒定电场下性能优化时，不同材料组合对驱动电压的影响

候选材料的选择对执行器的品质因数（也可用损耗系数表征）有很大的影响。这里使用双层材料弹性模量对与材料阻尼相关的损耗系数 χ 进行量化。损耗系数 χ 的量化公式为

$$\chi=\frac{0.1}{E_{eq}} \tag{28.3-43}$$

其中，

$$E_{eq}=\frac{E_1 I_1+E_2 I_2}{I}=\frac{4E_1}{\left(\frac{\xi_o+1}{\xi_o}\right)^2}$$

上式是矩形横截面宽度等于双层梁宽度（b）、厚度等于双层梁总厚度（t）的等效梁的弹性模量，单位为 GPa。I_1 和 I_2 是双层梁的每一层对执行器结构质量中心轴线的截面惯性矩，I 是等效梁对其质量中心轴线的截面惯性矩。如图 28.3-28 所示，对于给定的

衬底，执行器的损耗系数是压电材料弹性模量的函数。相对于金属衬底或陶瓷衬底的执行器，使用聚合物衬底的 BPE 执行器具有更低的品质因数 Q。这是因为相对于其他类型材料，在聚合物衬底上黏性阻尼占了主导地位。

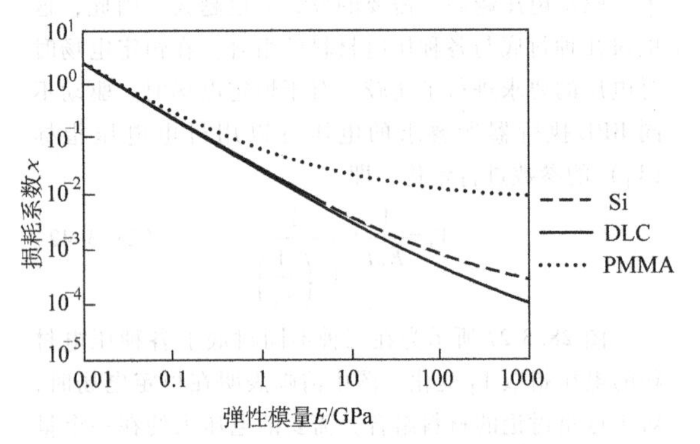

图 28.3-28　几种衬底材料上材料组合对 BPE 执行器损耗系数的影响

对于动态响应的优化，一种更可行的材料选择策略是通过建立合适的条件，使得机电振荡与外部阻抗相匹配。图 28.3-29a 所示为一种理想的 BPE 执行器结构的机电换能器电路。其跨接于 AB 端口的输入电信号（V_{in}）被转换成跨接于 A′B′端口的输出机械信号（F_{out}），用以驱动外部载荷。这里忽略了电容器电荷泄露引起的耗散，因此输入电路仅包括一个与电压源相并联的封闭电容器 C_{be}，输出部分是一个阻尼振动系统的集总机械模型的类比电路。L_m、C_m、R_m 分别对应于双层材料执行器结构的质量、弯曲刚度以及机械阻尼系数，ϕ 是电路的换能比。与机电换能有关的参数有

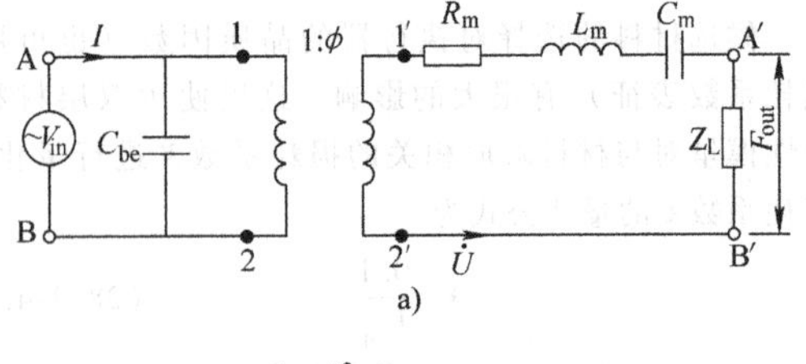

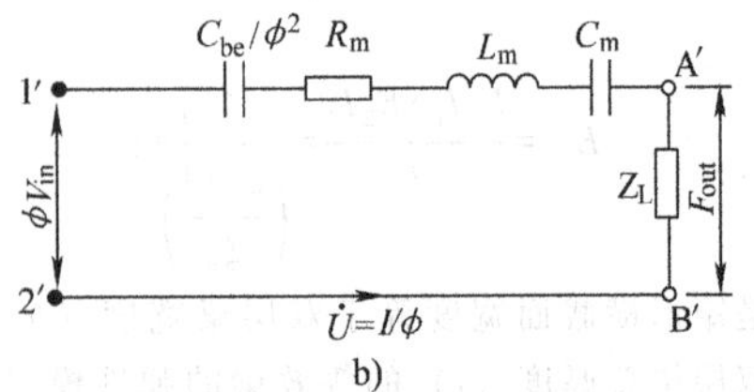

图 28.3-29　机电换能电路

a）BPE 执行器的理想机电换能电路

b）使用 Thevenin 和 Norton 理论得到的理想换能电路的等效电路

$$C_{be}=\frac{(1-K^2)\varepsilon_r Lb}{t_1}=\frac{(1-K^2)\varepsilon_r(1+\xi_o)}{\xi_o}\cdot\left(\frac{Lb}{t}\right) \tag{28.3-44}$$

$$\phi=K_b d_{31}=\left(\frac{16M_{blk}}{3L^2\theta_f}\right)d_{31}=\frac{16E_1bt^3\xi_o^2}{9L^3(\xi_o+1)^2}\cdot d_{31} \tag{28.3-45}$$

式中，K_b 为根据极端支撑条件（固定-自由和固定-固定）估算的双层材料悬臂梁弯曲刚度。机电换能电路的等效电路如图 28.3-29b 所示。等效电路总的阻抗 Z_T 为

$$Z_T=(R_m+Z_L')+j\left(\omega L_m-\frac{1}{\omega C_m}-\frac{\phi^2}{C_{be}\omega}+Z_L''\right) \tag{28.3-46}$$

式中，ω 为输入信号的频率，Z_L' 与 Z_L'' 分别为外部阻抗的实部和虚部。需要克服外部阻抗的输出力为

$$F_{out}=\phi V_{in}\frac{|Z_L|}{|Z_T|} \tag{28.3-47}$$

忽略机电系统中的机械阻尼效应，机电系统的传递函数 G 为

$$G=\frac{F_{out}}{V_{in}}=\frac{\phi Z_L\omega C_m C_{be}}{C_{be}\left[\left(\frac{\omega}{\omega_n}\right)^2-1\right]+Z_L''\omega C_m C_{be}-\phi^2 C_m} \tag{28.3-48}$$

式中，ω_n 为执行器结构的无阻尼自然频率。可明显看出，对于给定的材料组合，有必要对输入信号的频率进行调整，以匹配外部阻抗。外部阻抗与使用执行器传递功的系统特性有关，这通常可以作为自由或受迫振动的弹簧-质量块系统来建模。例如，对于给定的输入电压 V_{in}，只有当信号频率 ω 增大时，较高的自然频率 ω_n 才能获得较大的输出力 F_{out}，而信号频率 ω 的增大，反过来又需要较大的集成功率放大器单元。如果选择最佳的材料，就有可能减小对放大器的要求，而最佳材料的选择，需要对 $\omega=\omega_n$ 时传递函数的极限值进行估算。因此，将 $\omega=\omega_n$ 代入式（28.3-50）可得

$$G=\frac{F_{out}}{V_{in}}=\frac{Z_L''}{\frac{Z_L''}{\phi}-\frac{\phi}{C_{be}\omega_n}} \tag{28.3-49}$$

在 $G\to\infty$ 时会发生机电振荡，也就是说对于极小的 V_{in}，为了获得较大的 F_{out}，式（28.3-49）的分母应该趋近于零。因此，式（28.3-49）简化为

$$Z_L''=\frac{\phi^2}{C_{be}\omega_n} \tag{28.3-50}$$

式（28.3-50）是为匹配外部阻抗时最佳材料组合选择的关键性能指标。考虑到无阻尼自然频率 ω_n 的范

围在一个量级内，为了克服较大的阻抗，有较大 ϕ 值和较小 C_{be} 值的材料组合是理想的。使用式(28.3-44)，并对几何与介电常数归一化 ϕ 与 C_{be}，可以获得性能指标：

$$[C_{be}]_I = C_{be}\left(\frac{t}{Lb\varepsilon_r}\right) = \frac{(1-K^2)(1+\xi_o)}{\xi_o} \tag{28.3-51}$$

$$\phi_I = \frac{\phi L^3}{bt^3} = \frac{16E_I\xi_o^2}{9(\xi_o+1)^2} \cdot d_{31} \tag{28.3-52}$$

式中，$[C_{be}]_I$ 和 ϕ_I 分别为电容指标和换能指标。图 28.3-30 和图 28.3-31 所示为几种衬底上不同压电材料的 $[C_{be}]_I$ 和 $\lg\phi_I$ 等值图。

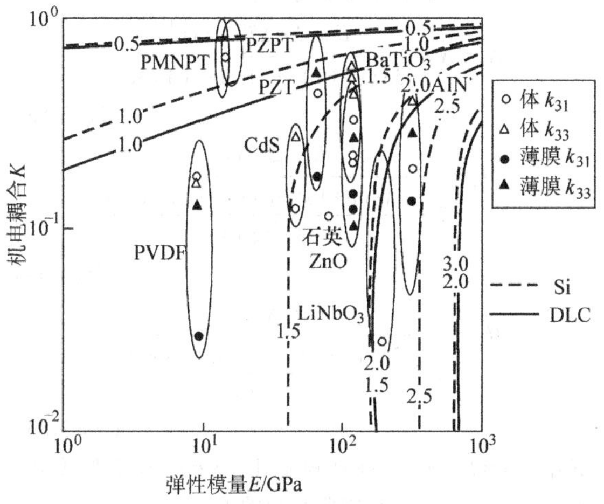

图 28.3-30　Si 和 DLC 衬底上不同压电材料的封闭电容指数（$[C_{be}]_I$）等值图

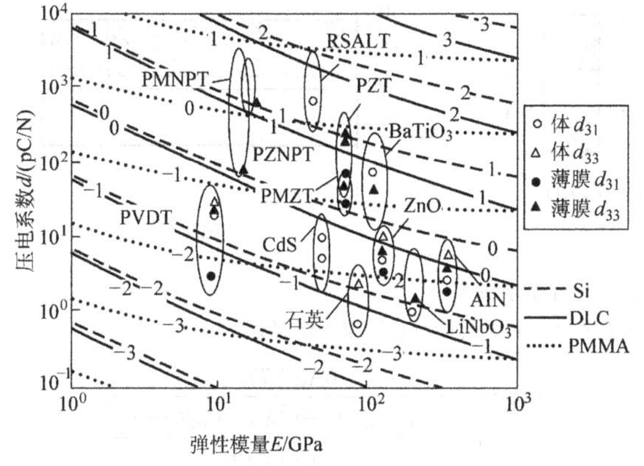

图 28.3-31　几种衬底材料上不同压电材料的机电换能指数（$\lg\phi_I$）等值图

4.3　性能综合

对于驱动方式的选择，需要对不同的驱动方法进行估算。通常压电驱动特别适用于大驱动力的应用，从图 28.3-24 的等值图可以明显看出，大位移的应用相比（$\theta_{n0} \approx 10^{-8}$m/V），BPE 执行器更适用于大力/功的应用（$M_{n0} \approx 10$N/mV，$W_{n0} \approx 10^{-8}$N/V^2）。尽管压电驱动产生的单位体积功 $W \approx 10^5$J·m^{-3}，但在微米尺度 d 系数的下降约有一个量级，而 W 的减小约有两个量级。从图 28.3-25 容易看到，对于长 100μm、L/t = 30 的执行器，可以得到约 100kHz 的执行频率。此外，BPE 执行器的最大效率 $\eta \approx 0.1$。

从图 28.3-24 可以清楚地看到，铁电压电陶瓷相较其他压电材料具有更加优越的性能。石英是宏观执行器和传感器的传统材料，但它并不适用于 MEMS 执行器，这是因为石英的压电系数较低。尽管酒石酸钾钠晶体（$NaKC_4H_4O_6 \cdot 4H_2O$）拥有非常高的压电常数，但由于其不稳定特性以及较低的转变温度，也不太可能实际应用于微执行器。PMNPT、PZNPT、PZT 以及 $BaTiO_3$ 与 Si 或 DLC 等高刚度衬底材料的组合，是具有较高换能指标和理想执行效率（$\eta \approx 0.1$）的大力/功执行器很好的选材对象。对于高频应用（>100kHz），由于 AlN 相对较高的模量，它与 Si 或 DLC 衬底的组合稍优于其他材料组合。对于给定的机电应变，尽管聚合物衬底由于其黏性阻尼效应，相对于其他类型材料表现出较低的品质因数 Q，但与其组合使用的压电材料在所有情况下所需的驱动电压都更小。

工艺过程对压电陶瓷的机电特性有强烈的影响。例如，与脉冲激光沉积法相比，通过溶胶-凝胶法生长的 PZT 薄膜有相对更高的剩余极化强度（≈56.8μC/cm^2）和更低的矫顽场。此外，机电特性对压电陶瓷构成成分的配比也非常敏感。

执行器结构的工作温度对其性能有明显的影响。尽管温度的变化对压电材料弹性模量的影响并不明显，但压电材料的电学特性却对温度比较敏感。BPE 执行器所选择的压电材料的居里温度应高于其工作温度。除了酒石酸钾钠晶体（-18℃ 和 24℃）和 KH_2PO_4（-150℃），其他材料的居里温度都高于 200℃，这也使得酒石酸钾钠晶体和 KH_2PO_4 仅适用于低温。在超过 1000℃ 的严酷高温环境应用中，$LiNbO_3$ 与 AlN 有可能成为考虑的对象。

矫顽场会进一步限制执行器的响应，目前的材料选择策略尚未考虑到压电材料矫顽场的变化。理想的压电材料应具有较高的矫顽场，同时也应有较高的 d 系数。对于铁电陶瓷材料，在形变相界区（四方相-菱方相相变）的配比组合会增加 d 系数，但同时也伴随着矫顽场的降低。此外，只有当矫顽场 E_C 与内部矫顽场 E_{ic} 一样高时，压电材料上的外加电场才可能达到最大可以达到的值。然而，这也只有在纳米尺度时才是可能的，因为矫顽场与薄膜厚度成反比，并因此减少了单位周期做的功。对于聚合物薄膜，只有在Langmuir-Blodgett尺度时，E_C才接近于E_{ic}，这一尺度已超出了目前微机械加工的能力，同时，这一微小尺度也使得执行器产生的功和力非常的小。对于铁电陶瓷薄膜，在目前的微加工能力可以达到的微观尺度下，有可能获得高至几个兆伏特每米的E_C值，这仍比E_{ic}值小了一个量级。尽管压电聚合物的矫顽场（PVDF≈55MV/m）要高于铁电陶瓷一个量级，但其较低的弹性模量使得压电聚合物需要以更大的厚度来弥补，以获得最佳的性能，这对于许多的应用是不太可能接受的。

综上所述，PMNPT、PZNPT、PZT以及$BaTiO_3$与Si或DLC衬底的材料组合有望应用于有着较高换能性能及执行效率（$\eta \approx 0.1$）的大力/功执行器中。对于高频应用（600kHz），AlN与Si或DLC衬底的组合比其他可选材料表现得更好。由于存在黏性阻尼，故聚合物衬底表现出更高的材料阻尼。

5 热执行器

在MEMS领域中，常用的热执行器有两类：一类是离面执行器，其结构类似于宏观上的Bimorph结构；另一类是面内执行器。这两类执行器的偏转都是利用加热时，不同热膨胀系数材料或结构来实现的。其主要性能参数包括功率体积比、阻挡力/力矩、自由端位移/偏转角度等。这类执行器广泛用于中等尺度和微尺度器件以及定位系统，如微阀、微泵、光开关、片内光纤校准器件、内窥镜内的微扫描仪、以及中等/微尺度纳米定位仪等。本节只介绍离面执行器。

5.1 双层材料热执行器基本原理

图28.3-32a所示为双层材料热执行器的构成，它由两种不同弹性模量E_1、E_2，以及不同热膨胀系数α_1、α_2的材料构成。t_1、t_2是每一层的厚度，L是梁的长度。在随后的分析中，力和力矩由宽度b归一化。图28.3-32b所示为当双层材料层处于相同温差ΔT时产生的有效内力（N_1、N_2）和力矩（M_1、M_2）。力和力矩的连续平衡关系为

$$N_1 = N_2 = \frac{E_1 t_1 \Delta\alpha \Delta T(1+\lambda\xi^3)}{3\lambda\xi(\xi+1)^2+(1+\lambda\xi)(1+\lambda\xi^3)} \tag{28.3-53}$$

$$M_1 = \frac{E_1 t_1^2 \Delta\alpha \Delta T}{2 \cdot \dfrac{3\lambda\xi(\xi+1)^2+(1+\lambda\xi)(1+\lambda\xi^3)}{\lambda\xi^2(\xi+1)}} \tag{28.3-54}$$

$$M_2 = \frac{E_1 t_1^2 \Delta\alpha \Delta T}{2\xi \cdot \dfrac{3\lambda\xi(\xi+1)^2+(1+\lambda\xi)(1+\lambda\xi^3)}{\xi+1}} \tag{28.3-55}$$

式中，$\lambda = E_1/E_2$为弹性模量比，$\xi = t_1/t_2$为厚度比，$\Delta\alpha = \alpha_1 - \alpha_2$为材料热膨胀系数的差。

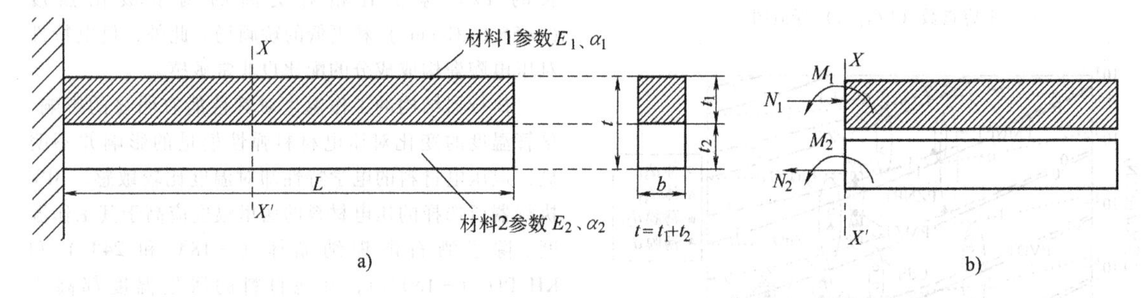

图28.3-32 双层材料离面执行器示意图

a）双层材料悬臂梁的几何尺寸 b）在相同温差ΔT下双层材料悬臂梁力学描述

5.2 性能设计

（1）自由端偏转角度（Θ_{th}）

自由端偏转角度由一致温差下的双层材料悬臂梁产生，而ΔT与大气温度相关。

$$\Theta_{th} = \frac{12 M_1 L}{E_1 t_1^3} \tag{28.3-56}$$

将式（28.3-54）代入公式（28.3-56），得到Θ_{th}的表达式为

$$\Theta_{th} = \frac{6\Delta\alpha\Delta T L}{t_1 \cdot \dfrac{(1+\lambda\xi)(1+\xi^3\lambda)+3\lambda\xi(\xi+1)^2}{\lambda\xi^2(\xi+1)}} \tag{28.3-57}$$

（2）阻挡力矩

当双层材料悬臂梁的自由端被严格固定住时，把梁加热至一致温度的过程中会产生力矩（阻挡力矩M_{blk}）。在式（28.3-57）自由端偏转角度和任意机械力矩下的等效自由端偏转角度之间，应用叠加原理，

使用复合梁理论就可以得到 M_{blk}：

$$M_{\text{blk}}=\frac{E_1 t_1^2 \Delta\alpha\Delta T}{\dfrac{2\xi(1+\lambda\xi)}{\xi+1}} \tag{28.3-58}$$

（3）相同体积下的功

通常情况下，执行器需要在有限的载荷下输出有限的位移。因此最普遍的执行器性能标准为单位体积下能够输出的功（能量）。

图 28.3-33 用图形显示了双层材料电热执行器的工作特性。在纵坐标 M 上的 C 点表示双端固支的情况，在横坐标 Θ 上的 D 点表示一端固支、一端自由的情形。CD 线上的任何一点表示力矩和偏转角度介于 C 和 D 之间的情况。最大单位体积功率等于三角形 OAB 的面积：

$$W=\frac{M_{\text{blk}}\Theta_{\text{th}}}{8Lt} \tag{28.3-59}$$

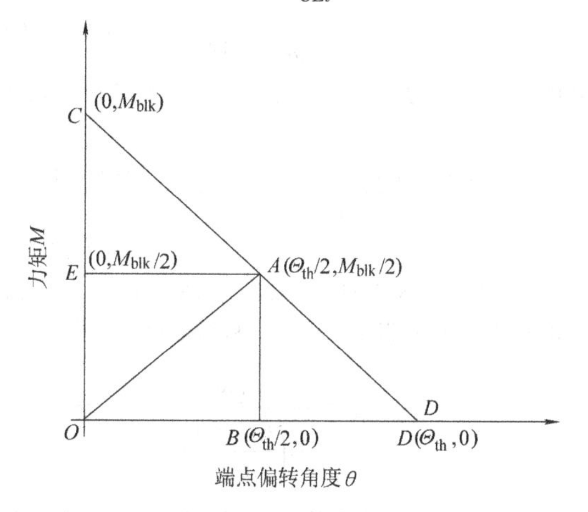

图 28.3-33　线性双层材料电热执行器的工作特性

结合上述公式，得到单位体积最大功率的表达式

$$W=\frac{3E_1\Delta\alpha^2\Delta T^2}{8\left[3(\lambda\xi+1)+\dfrac{(1+\lambda\xi)^2(1+\xi^3\lambda)}{\lambda\xi(\xi+1)^2}\right]\cdot\dfrac{\xi+1}{\xi}} \tag{28.3-60}$$

由式（28.3-57）、式（28.3-58）和式（28.3-59）给出的性能和有限元分析获得的结果进行了比较，在 ANSYS 6.0 中使用了 SOLID45 单元模拟了悬臂梁结构，长厚比为 10，$0.01<\xi<100$，$0.01<\lambda<100$，温度差 $\Delta T=10$℃。在所有的情况下，有限元模拟的结果和理论解的结果误差均小于 1%。

5.3　性能指标的优化

（1）自由端偏转角度/位移的优化

由式（28.3-57）可知，双层材料热执行器的自由端偏转角度是由给定温差 ΔT 下所用材料（主要参数为 E 和 α）和厚度比确定的。这简化了 Θ_{th} 最大化设计的优化工作。由于自然界中的材料很多，如一种给定的材料有相独立的 E 和 α 值，所以最有效的 Θ_{th} 优化方式是优化指定两种材料的厚度比 ξ。这意味着对于在恒定温度差下，指定 $\Delta\alpha$ 和固定厚度比时，式（28.3-57）中的 ΔT 应被归一化以获得最大性能。归一化的偏转角度（Θ_{n}）利用了式（28.3-57）表达的自由端偏转角度。

$$\Theta_{\text{n}}=\frac{\Theta_{\text{th}}}{6\Delta T\beta}=\frac{\Delta\alpha}{3+Z_\theta} \tag{28.3-61}$$

其中，$\beta=L/t$ 为双层材料悬臂梁的长厚比。

$$Z_\theta=\frac{(1+\lambda\xi)(1+\xi^3\lambda)}{\lambda\xi(\xi+1)^2} \tag{28.3-62}$$

在指定 $\Delta\alpha$ 时，为了使 Θ_{th}（Θ_{n}）最大化，Z_θ 应当最小化并限定在 $\xi>0$，λ（常数）>0。

提供最大 Θ_{n} 的优化厚度比为（对常数 λ）

$$\frac{\partial Z_\theta}{\partial\xi}=0 \tag{28.3-63}$$

将式（28.3-61）代入式（28.3-63），获得优化的厚度比（ξ_{opt}）：

$$\xi_{\text{opt}}=\frac{1}{\sqrt{\lambda}} \tag{28.3-64}$$

式（28.3-64）揭示了为了使给定两种材料的热执行器实现最大偏转角度，在所有截面上双层材料的厚度 t_1 和 t_2 以及相应的力矩 M_1 和 M_2 联系起来应当相等，$M_1/t_1=M_2/t_2$。因此，根据式（28.3-61）、式（28.3-62）、式（28.3-65），得到优化后归一化的自由端偏转角度：

$$(\Theta_{\text{n}})_{\text{opt}}=\frac{(\Theta_{\text{th}})_{\text{opt}}}{6\Delta T\beta}=\frac{\Delta\alpha}{4} \tag{28.3-65}$$

由式（28.3-65）可知，双层材料热执行器的归一化优化偏转角度仅取决于两种材料的热膨胀系数差 $\Delta\alpha$。同时，优化厚度比取决于弹性模量的比 λ。

图 28.3-34 所示为优化厚度比 ξ_{opt} 与 λ 的关系。从图中可以清楚看出，对于特定的两种材料，为了优化性能设计，降低 λ 时必须相应地增大 ξ_{opt}。

（2）阻挡力矩的优化

由式（28.3-58）可知，双层材料热执行器的阻挡力矩由给定温度（ΔT）下的材料和厚度比决定。使用式（28.3-58），非量纲参数力矩指数（M_1）定义如下：

$$M_1=\frac{M_{\text{n}}}{E_1\Delta\alpha}=\frac{1}{2Z_{\text{M}}} \tag{28.3-66}$$

其中，$M_{\text{n}}=(M_{\text{blk}}/t^2\Delta T)$。使用 $t^2\Delta T$ 归一化的阻挡力

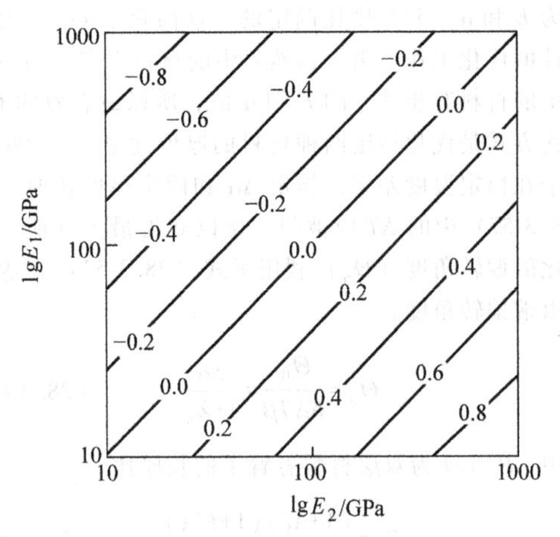

图 28.3-34　指定两种材料实现最大自由端偏转角度、阻挡力矩、单位体积功率时的优化厚度比 $\lg\xi_{opt}$

矩为

$$Z_M = \frac{\xi+1}{\xi}(\lambda\xi+1) \qquad (28.3\text{-}67)$$

为了实现最大 $M_n(M_{blk})$，力矩 M_1 应当被最大化，当 $\xi>0$，λ（常数）>0，Z_M 应当被最小化。对于给定双层材料，最小化 Z_M 时的优化厚度比由以下公式获得（常数 λ）：

$$\frac{\partial Z_M}{\partial \xi} = 0 \qquad (28.3\text{-}68)$$

将式（28.3-67）代入式（28.3-68），可以获得最小化 Z_M 时的优化厚度比 ξ_{opt}，这和式（28.3-64）所示相同。分析出的 M_{blk} 可以直接应用到 Θ_{th}，所以它们的优化结果也一样，因此图 28.3-34 也可以应用。

解式（28.3-64）、式（28.3-66）和式（28.3-67），可以获得给定一对材料的优化归一化阻挡力矩

$$(M_n)_{opt} = \frac{E_1\Delta\alpha}{2\left(\frac{\xi_{opt}+1}{\xi_{opt}}\right)^2} \qquad (28.3\text{-}69)$$

图 28.3-35 所示为双层材料执行器产生的 $(M_n)_{opt}$ 的轮廓图，即是 $E_1\Delta\alpha$ 和 ξ_{opt} 的函数。图中清楚的显示了当使用一种更低弹性模量、更大热膨胀率的材料替换一种材料时，就需要增加它的厚度。

（3）单位体积最大功率（W）的优化

由式（28.3-59）可以发现，单位体积最大功率同时意味着最大阻挡力矩 M_{blk} 和自由端偏转角度 Θ_{th}。因为优化的自由端偏转角度和阻挡力矩的关系由式（28.3-64）给出，优化功率也可以使用相同的关系。使用式（28.3-64），量纲为 1 的参数能量（E_1）为

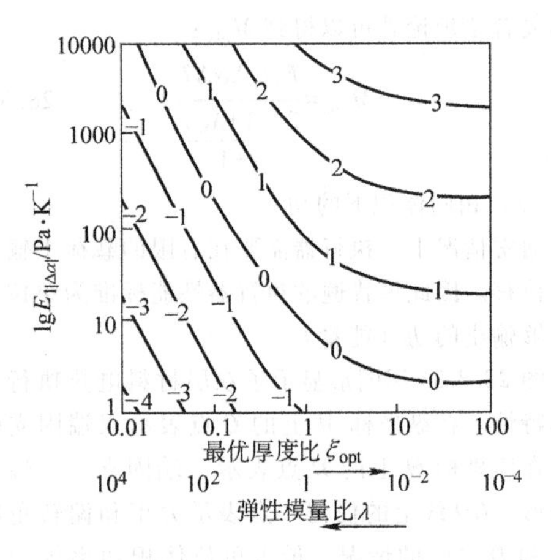

图 28.3-35　给定双层材料的归一化优化力矩 $\lg(M_n)_{opt}$ 轮廓图

$$E_1 = \frac{W_n}{E_1\Delta\alpha^2} = \frac{3}{8Z_E} \qquad (28.3\text{-}70)$$

其中，$W_n = W/\Delta T^2$。使用 ΔT^2 归一化的单位体积功率为

$$Z_E = \frac{(1+\lambda\xi)^2(1+\xi^3\lambda)}{\lambda\xi^2(\xi+1)} + \frac{3(\lambda\xi+1)(\xi+1)}{\xi} \qquad (28.3\text{-}71)$$

解式（28.3-64）、式（28.3-70）和式（28.3-71），可获得给定一对材料的优化归一化功率

$$(W_n)_{opt} = \frac{3E_1\Delta\alpha^2}{32\left(\frac{\xi_{opt}+1}{\xi_{opt}}\right)^2} \qquad (28.3\text{-}72)$$

图 28.3-36 所示为给定双层材料的 $(W_n)_{opt}$ 与 $E_1\Delta\alpha^2$ 及 ξ_{opt} 之间的关系。

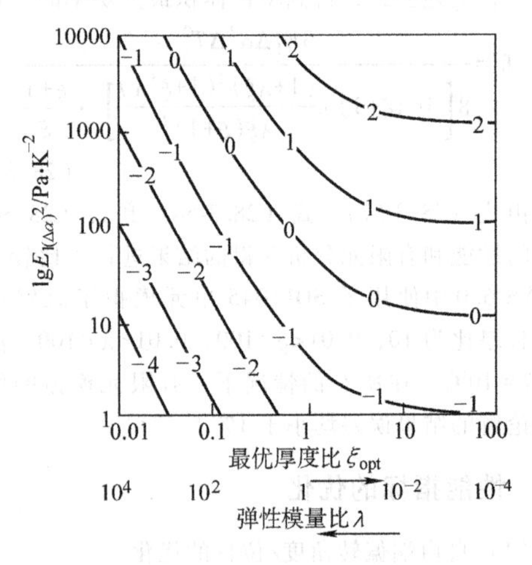

图 28.3-36　给定双层材料的归一化优化单位体积功率 $\lg(W_n)_{opt}$ 轮廓图

5.4 双层材料执行器材料选择

在选择材料和它们的厚度比之前，我们先权衡一下给定双层材料的力和位移。表 28.3-2 列举了一些 MEMS 候选材料。

表 28.3-2 MEMS 设计中使用材料的特性

材　　料	弹性模量 E/GPa	线胀系数 $\alpha/10^{-6}\cdot K^{-1}$
SiO_2	75	0.4
Si_3N_4	260	2.8
类金刚石(DLC)	700	1.18
SiC	460	4.51
Si	165	2.49
Ni	207	13.1
Cu	110	16.4
Al	68	24
Au	77	14.4
聚合物(a typical polymer)	4	20

图 28.3-37 所示为在给定厚度比（$\xi=0.5$）时，在不同衬底（SiO_x、SiN_x、DLC、SiC 和硅）金属和聚合物（如镍、铜、铝、金和聚合物）上制备的双层材料热执行器工作性能（归一化的力矩和偏转角度）的比较。可以看出，在有限的候选材料中，性能变化已经很显著了。图 28.3-37 所显示的曲线［对应于式（28.3-61）和式（28.3-66）］在固定厚度比时（考虑范围内的 ξ）可优化材料选择。

图 28.3-38 所示为衬底上不同厚度比（ξ）薄膜所对应的能量指数（E_1）比较。这组曲线［对应式（28.3-70）］表明，对于给定双层材料，有一个可以实现最大功率的优化厚度比。该曲线可以用于确定给定双层材料的厚度比。表 28.3-3 列出了在不同衬底上不同薄膜能够实现的最大优化功率。

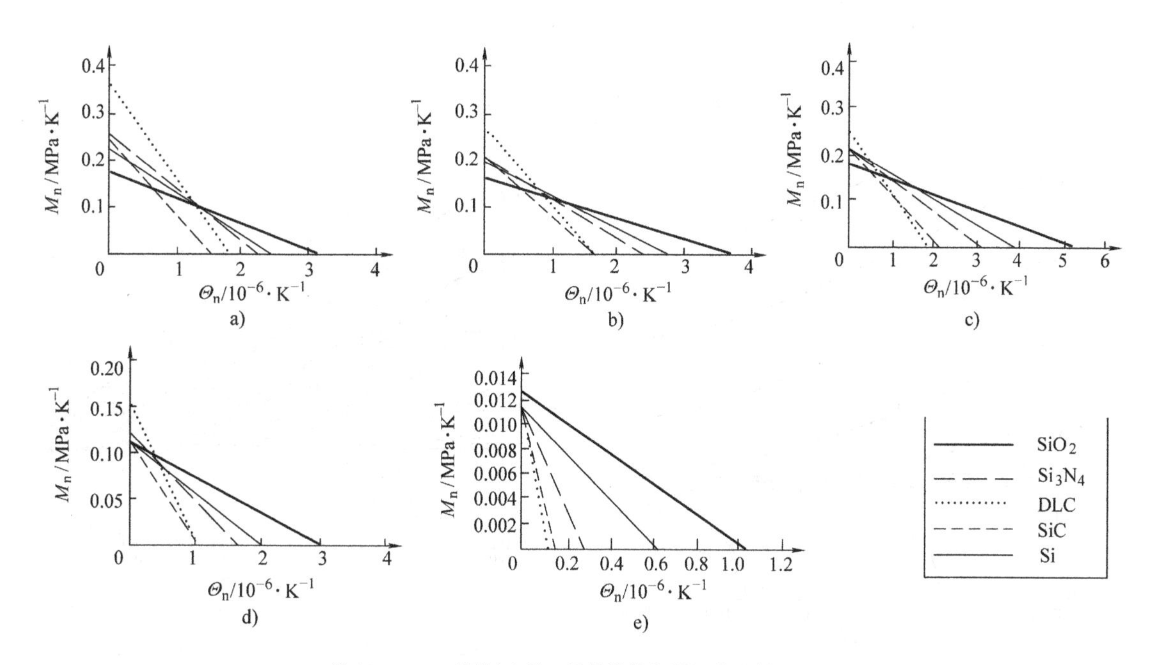

图 28.3-37 不同衬底的双层材料执行器工作性能的比较

a）镍 b）铜 c）铝 d）金 e）聚酰亚胺

表 28.3-3 多种衬底上不同薄膜优化的单位体积功率 $(W_n)_{opt}$（单位：$Pa\cdot K^{-2}$）

材料	Ni	Cu	Al	Au	聚合物
SiO_2	0.42	0.52	0.90	0.32	0.09
Si_3N_4	0.57	0.70	1.25	0.38	0.09
DLC	1.16	1.23	1.93	0.67	0.11
SiC	0.51	0.66	1.26	0.33	0.08
Si	0.49	0.60	1.09	0.34	0.08

为了实现更有效的材料选择，需要扩展材料范围，这就需要不同的选择策略。固定一种材料，就可以在有很多材料的选择图上绘出性能轮廓图。在主要材料参数域（弹性模量和线胀系数）上绘制 $(W_n)_{opt}$ 的轮廓图，就可以发现可用于双层材料热执行器的新材料。图 28.3-39 显示了硅衬底上的归一化功率性能轮廓图。任何衬底上的新材料都可以通过相应材料和候选材料的性能轮廓图获得。

图 28.3-40 所示为在 E-α 域中硅材料的性能优化轮廓图。$(M_n)_{opt}$ 轮廓线在 E-α 域中为平行的线，而

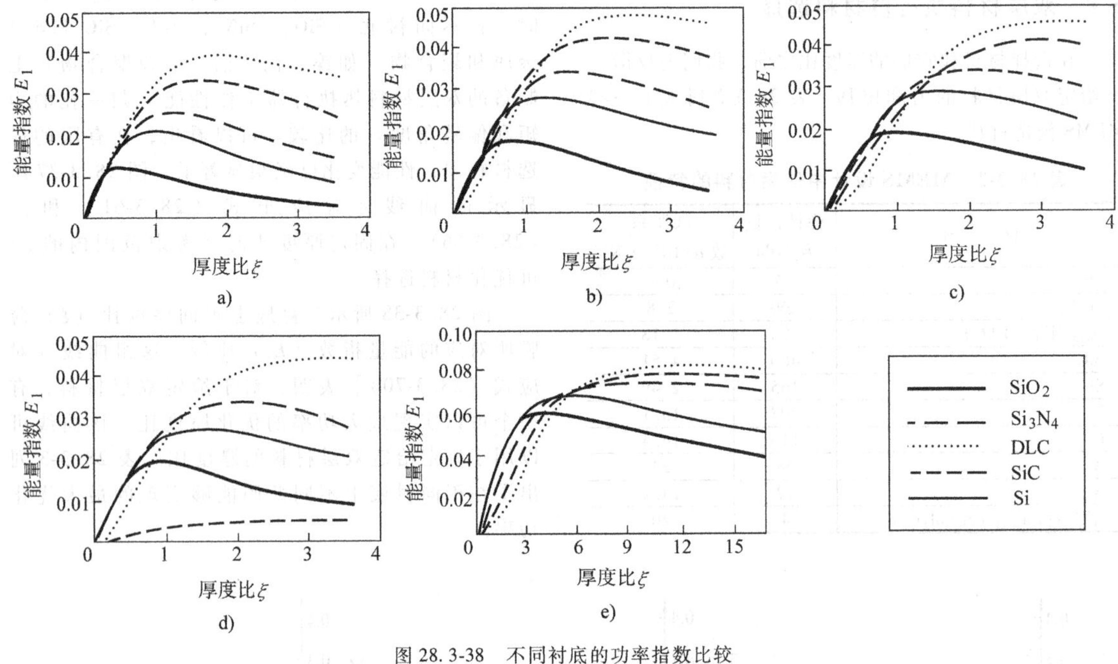

图 28.3-38　不同衬底的功率指数比较

a）镍　b）铜　c）铝　d）金　e）聚酰亚胺

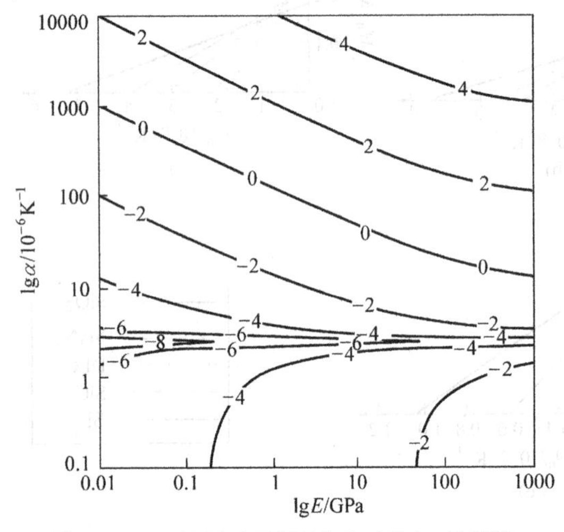

图 28.3-39　硅衬底上不同材料 lg（W_n）$_{opt}$轮廓图

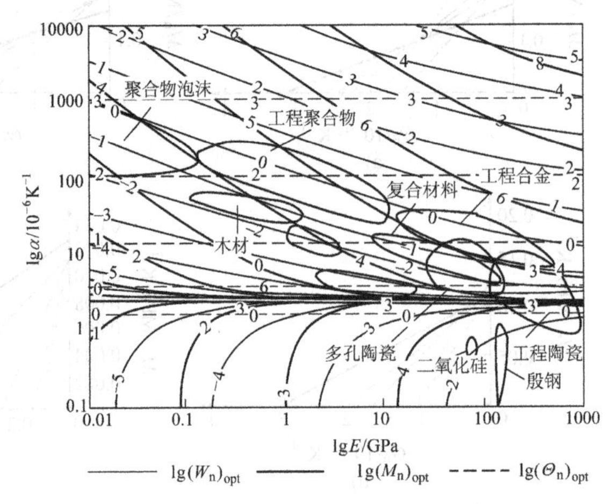

图 28.3-40　硅衬底上的不同材料性能轮廓图

（W_n）$_{opt}$则是抛物线。对硅材料，它们都成了渐进线。图中（Θ_n）$_{opt}$都是和横坐标平行的直线，这是因为它和材料的弹性模量无关［见式（28.3-65）］。可以看出，工程聚合物和工程合金在硅衬底上实现了最高的（W_n）$_{opt}$。

基于归一化功率的优化，有助于确定能够同时提供大力矩和大偏转角度的材料。表 28.3-4 列出了在 3 种不同衬底（硅、SiO_2 和 PMMA）上，一些能够提供大于 0.1Pa·K^{-2}的（W_n）$_{opt}$的工程聚合物和工程合金。聚合物提供了大偏转角度和小力矩，而金属提供了相反的输出。对于有些如微泵的应用，它需要在相应的单位功率下提供大力矩和偏转角度。硅/SiO_2 衬底上的环氧聚合物、锌、铝、镁、PDMS、MEL、铅、铜、钢和镍，PMMA 衬底上的钛和锌都能提供较大的（W_n）$_{opt}$，而 M_n 为 0.04~0.4MPa·K^{-1}，Θ_n 为（1~20）×$10^{-6}K^{-1}$。这些组合中，有些还没有被大单位功率的双层材料热执行器所考虑。图 28.3-41a 和 b 所示分别为 SiO_2 和 PMMA 衬底上的归一化优化功率的轮廓图。

表 28.3-5 列出了从图中选出的归一化优化力矩明显大于 0.1MPa·K^{-1}的材料（仍然在前述 3 种衬底上）。可以明显看出，少数在硅上或 SiO_2 上的工程合

金和陶瓷（锌、铝、镁、钢、镍、铍、铜和 Zr_2O_3）能够提供大力矩，而聚合物则提供了较小的力。图 28.3-42a 和 b 所示分别为 SiO_2 和 PMMA 上的归一化优化力矩轮廓图。

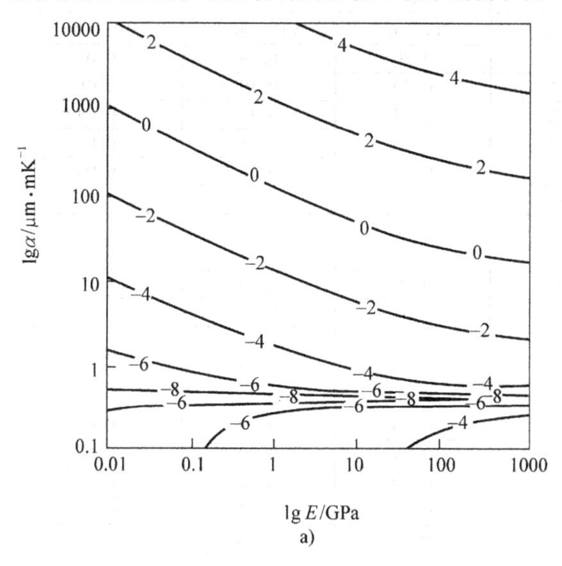

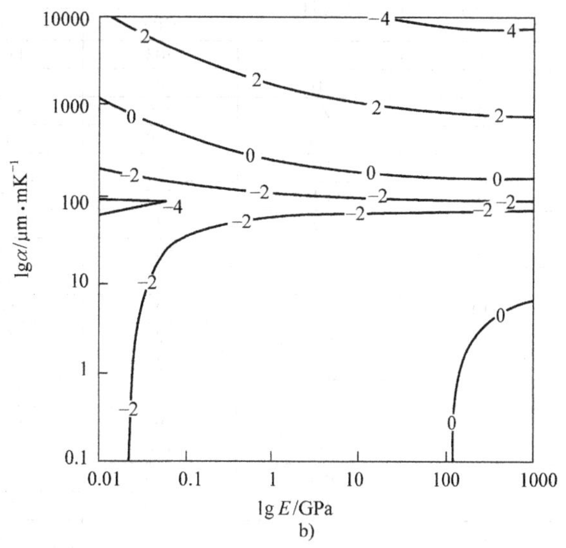

图 28.3-41　$\lg(W_n)_{opt}$轮廓图

a）SiO_2 衬底　b）PMMA 衬底

表 28.3-4　不同衬底上提供大 $(W_n)_{opt}$ 的双层材料热执行器的候选材料

序号	备选材料	E_2	α_2	Si[E_1=165GPa, $\alpha_1=2.49\times10^{-6}\cdot K^{-1}$]				SiO_2[E_1=75GPa, $\alpha_1=0.4\times10^{-6}\cdot K^{-1}$]				PMMA[E_1=2.5GPa, $\alpha_1=75\times10^{-6}\cdot K^{-1}$]			
				$(W_n)_{opt}$	M_n	Θ_n	η_n	$(W_n)_{opt}$	M_n	Θ_n	η_n	$(W_n)_{opt}$	M_n	Θ_n	η_n
		GPa	$10^{-6}K^{-1}$	$Pa\cdot K^{-2}$	$MPa\cdot K^{-1}$	$10^{-6}\cdot K^{-1}$		$Pa\cdot K^{-2}$	$MPa\cdot K^{-1}$	$10^{-6}\cdot K^{-1}$		$Pa\cdot K^{-2}$	$MPa\cdot K^{-1}$	$10^{-6}\cdot K^{-1}$	
1	铍	303.00	11.50	0.42	0.25	13.52	0.02	0.39	0.19	16.65	0.02	0.79	0.07	95.25	0.03
2	钢	207.00	13.10	0.49	0.24	15.92	0.03	0.44	0.19	19.05	0.02	0.73	0.06	92.85	0.03
3	Zn	97.00	31.20	2.40	0.45	43.07	0.05	1.89	0.33	46.20	0.04	0.33	0.04	65.70	0.01
4	Cu	110.00	16.40	0.60	0.23	20.87	0.04	0.54	0.18	24.00	0.04	0.61	0.06	87.90	0.03
5	Mg	45.00	26.10	1.01	0.23	35.42	0.06	0.88	0.18	38.55	0.06	0.37	0.04	73.35	0.02
6	PMMA	2.50	75.00	0.98	0.07	108.77	0.13	0.93	0.07	111.90	0.13	—	—	—	—
7	PS	3.00	72.50	1.07	0.08	105.02	0.13	1.02	0.08	108.15	0.13	—	—	—	—
8	尼龙	0.62	80.00	0.31	0.02	116.27	0.12	0.31	0.02	119.40	0.16	—	—	—	—
9	MEL	8.00	40.00	0.71	0.10	56.27	0.10	0.67	0.09	59.40	0.10	0.12	0.02	52.50	0.01
10	硅氧烷	4.00	60.00	0.93	0.09	86.27	0.12	0.88	0.08	89.40	0.12	—	—	—	—
11	环氧树脂	2.00	55.00	0.42	0.04	78.77	0.12	0.41	0.04	81.90	0.14	—	—	—	—
12	PP	2.00	120.00	2.10	0.10	176.27	0.14	1.98	0.09	179.40	0.14	0.11	0.01	67.50	0.00
13	Pb	14.00	29.10	0.56	0.11	39.92	0.09	0.53	0.10	43.05	0.09	0.24	0.03	68.85	0.02
14	Ni	207.00	13.10	0.49	0.24	15.92	0.03	0.44	0.19	19.05	0.02	0.73	0.06	92.85	0.03
15	Ti	110.00	9.00	0.13	0.11	9.77	0.03	0.16	0.10	12.90	0.03	0.77	0.06	99.00	0.07
16	BeO	345.00	7.00	0.11	0.13	6.77	0.01	0.14	0.12	9.90	0.02	0.92	0.07	102.00	0.06
17	Al_2O_3	370.00	7.40	0.13	0.15	7.37	0.01	0.16	0.12	10.50	0.02	0.91	0.07	101.40	0.05
18	铸铁	165.00	12.00	0.35	0.20	14.27	0.03	0.34	0.16	17.40	0.03	0.74	0.06	94.50	0.04
19	Al	68.00	24.00	1.09	0.27	32.27	0.05	0.93	0.21	35.40	0.05	0.43	0.04	76.50	0.02
20	Zr_2O_3	200.00	12.00	0.38	0.22	14.27	0.03	0.36	0.17	17.40	0.03	0.75	0.06	94.50	0.04
21	W	400.00	4.30	—	—	—	—	—	—	—	—	1.01	0.08	106.05	0.09
22	B	320.00	8.30	0.18	0.16	8.72	0.02	0.20	0.13	11.85	0.02	0.88	0.07	100.05	0.05
23	Nb	105.00	7.30	—	—	—	—	0.10	0.08	10.35	0.04	0.81	0.06	101.55	0.08
24	Ge	102.00	5.75	—	—	—	—	—	—	—	—	0.84	0.06	103.88	0.10
25	Si	165.00	2.49	—	—	—	—	—	—	—	—	0.93	0.07	108.77	0.12
26	SiO_2	75.00	0.40	—	—	—	—	—	—	—	—	0.93	0.07	111.90	0.13
27	Si_3N_4	300.00	2.80	—	—	—	—	—	—	—	—	1.03	0.08	108.30	0.12
28	类金刚石	700.00	1.18	—	—	—	—	—	—	—	—	1.14	0.08	110.73	0.15
29	般刚	145.00	0.35	—	—	—	—	—	—	—	—	1.02	0.07	111.96	0.14

表 28.3-5　提供大 $(M_n)_{opt}$ 的双层材料热执行器的候选材料

S. No	备选材料	E_2	α_2	Si[E_1,α_1]	SiO_2[E_1,α_1]	PMMA[E_1,α_1]
		GPa	$10^{-6}\cdot K^{-1}$	$MPa\cdot K^{-1}$	$MPa\cdot K^{-1}$	$MPa\cdot K^{-1}$
1	Be	303	11.5	0.20	0.19	0.07
2	钢	207	13.1	0.20	0.19	0.06
3	Zn	97	31.2	0.37	0.33	0.04
4	Cu	110	16.4	0.19	0.18	0.06
5	Mg	45	26.1	0.20	0.18	0.04
6	PMMA	2.5	75	0.07	0.07	—
7	PS	3	72.5	0.08	0.08	—
8	尼龙	0.62	80	—	—	—
9	MEL	8	40	0.09	0.09	—
10	硅氧烷	4	60	0.08	0.08	—
11	环氧树脂	2	55	—	—	—
12	PP	2	120	0.09	0.09	—
13	Pb	14	29.1	0.10	0.10	—
14	Ni	207	13.1	0.20	0.19	0.06
15	Ti	110	9	0.09	0.10	0.06
16	BeO	345	7	0.10	0.12	0.07
17	Al_2O_3	370	7.4	0.11	0.12	0.07
18	铸铁	165	12	0.16	0.16	0.06
19	Al	68	24	0.23	0.21	—
20	Zr_2O_3	200	12	0.17	0.17	0.06
21	W	400	4.3	0.04	0.07	0.08
22	B	320	8.3	0.13	0.13	0.07
23	Nb	105	7.3	0.07	0.08	0.06
24	Ge	102	5.75	—	0.06	0.06
25	Si	112	2.49	—	—	0.07
26	SiO_2	75	0.4	—	—	0.07
27	Si_3N_4	300	2.8	—	—	0.08
28	类金刚石	700	1.18	—	—	0.08
29	殷钢	145	0.36	—	—	0.07

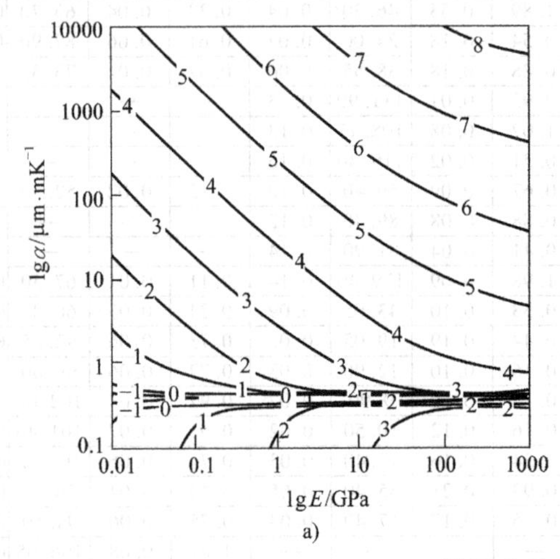

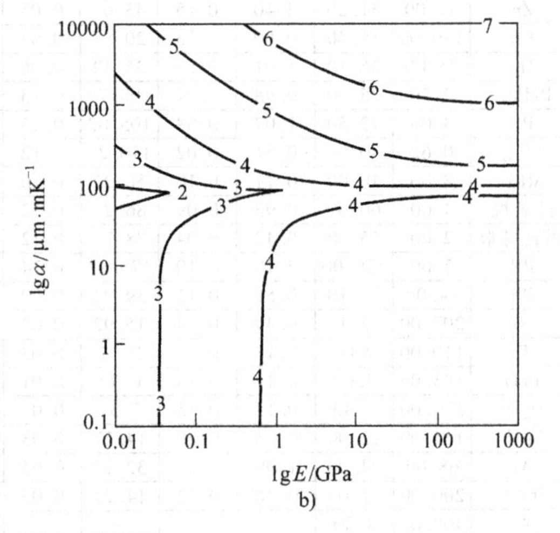

图 28.3-42　$\lg(M_n)_{opt}$ 轮廓图

a）SiO_2 衬底　b）PMMA 衬底

在有的应用中大偏转角度是主要指标，在硅、SiO_2、Ge、BeO、Nb、In 和陶瓷衬底上的 PP、尼龙、PMMA、PDMS、环氧聚合物、PS 能够提供 $10^{-4}K^{-1}$ 数量级的输出。因此，从图 28.3-41 中可以看出，聚合物适用于输出大偏转角度的应用。

在基于单位体积功率的材料选择中，需要考虑的另一个因素是执行器的结构效率（η_s）。η_s 被定义为双层材料热执行器中，最大单位体积功率和两个独立的材料层总应变能的比值。从表28.3-4可以看出，虽然聚合物提供的力矩很低，但是它和金属相比在很多衬底上的效率更高。

5.5 执行器设计的其他因素

执行器设计所选择的材料取决于制造工艺以及实现的形状和功能需求。前述的双层材料执行器的材料选择方法是基于工作机理的。这样的方法从大量材料中选出了一小部分作为候选材料。然而执行的成功设计取决于从所有需求性能中选出的指标。因此，这些候选材料在双层材料执行器中的适用性还需要进一步分析最大工作温度、功率需求、热损失、微加工工艺兼容性以及成本。

在前期设计阶段，材料的选择是基于性能指标的。候选材料还需要进一步过滤，指标为最大工作温度（由屈服强度/断裂强度决定）、功率（由电学材料参数决定）、热损失（由热学传导、辐射和对流决定），以及微制造过程中产生的残余应力。除了这些设计限制，响应时间、灵敏度和线性度也需要在材料选择中考虑。但是，对于很多应用，温度限制一般在100℃左右，这对于大多数材料来说都是可以接受的。对于这些应用，前述选材方法可以直接应用。

现有的微制造材料（如铝和硅）是高性能双层材料热执行器的主要选择材料。在金属衬底（镍、铜、铝）上DLC的$(W_n)_{opt}$和硅上铝的$(W_n)_{opt}$在同一个数量级上。因此，对于大功率或高力执行器，硅上的铝［$(W_n)_{opt}=1.09\mathrm{Pa\cdot K^{-2}}$，$(M_n)_{opt}=0.23\mathrm{MPa\cdot K^{-1}}$］是非常好的候选材料，只劣于硅上的锌［$(W_n)_{opt}=2.4\mathrm{Pa\cdot K^{-2}}$，$(M_n)_{opt}=0.37\mathrm{MPa\cdot K^{-1}}$］。对于大位移执行器，硅上的PMMA（$\Theta_n=108.77\times10^{-6}\mathrm{K^{-1}}$）是最好的选择。大多数材料在$E$-$\alpha$域中，分布在$0.1\sim1\mathrm{Pa\cdot K^{-2}}$之间，因此即使通过优化材料选择，也不能使$(W_n)_{opt}$超越这个数量级。

6 热气动和相变执行器

MEMS中的热气动执行是指提高温度来增加封闭空间内流体（通常是空气或混合气体）的压力，使体积膨胀，从而使隔膜形变。焦耳加热是提高流体温度的常用方法，因为其简单和易于实施。执行循环包括有电加热流体提高压力来实现体积膨胀，以及冷却来降低压力。热气动执行器单位体积功率相对较低，这是由于热能向气动能的转换效率低，它由材料的弹性参数、薄膜应力和柔顺情况决定。能实现的执行频率只有$10\sim10^2\mathrm{Hz}$。不同于热气动执行器需要足够幅度的温度变化来实现体积变化，相变执行器利用特定体积的物质，改变物质形态（固态至液态，液态至气态，或固态至气态），通过相变来吸收/释放相变热来实现能量转化。这类执行器的应用有：驱动微阀、流量控制、微泵等。

6.1 热气动执行器的原理

图28.3-43所示为热气动执行器的结构。该执行器由一个隔膜在封闭的硬腔上构成。腔内气压的提高是通过使用焦耳热提高气体的温度，从而造成隔膜向外变形。可实现的最大工作温度限制了空腔的体积扩张和压力。

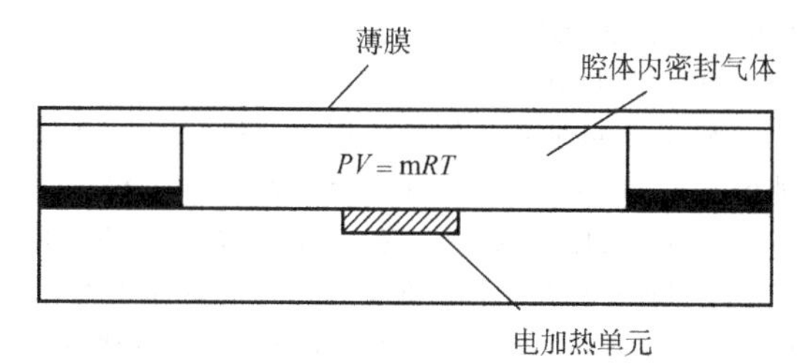

图28.3-43　热气动执行器结构简图

最大工作温度通常由加热部分所允许的电流密度（$10^5\sim10^6\mathrm{A/cm^2}$）来限制。虽然工程陶瓷和少数合金（钨和铂）能够承受高达1000℃的温度，但是因为它们的高电阻率，实现这样温度的电压非常高。现有的大部分MEMS器件中的加热部分使用的工程合金是铝、铜和金，这是因为它们有着低电阻率，而且和微制造工艺兼容。最大工作温度由相变温度或材料熔化温度限制，通常很少超过400℃。假设大气温度为293K，并且过程是绝热的，气体不能超过的最大温度比$(T_r)_{max}$如下：

$$(T_r)_{max}=\frac{(T_2)_{max}}{T_1}=\frac{673}{293}\approx2 \tag{28.3-73}$$

式中，T_1和T_2分别代表初始温度和最终温度。在等容过程中，最大压力比$(P_r)_{max}=(P_2)_{max}/P_1$不会超过$(T_r)_{max}$，这一假设是基于理想气体的，其中压力变化很小。因此，状态方程为

$$\frac{P_rV_r}{T_r}=1 \tag{28.3-74}$$

其中，$P_r=P_2/P_1$，$V_r=V_2/V_1$，$T_r=T_2/T_1$分别为压力比、体积比和温度比。初始状态通常是大气环境，$P_1=1\mathrm{atm}$（101kPa），T_1约为293K。

腔内的压力和体积由隔膜的柔顺特性决定，柔顺特性由材料的弹性力学参数、给定几何尺寸和边界条件决定。因此，材料、几何尺寸、边界条件和温度比的综合可以决定器件的性能。

6.2 隔膜结构的机械设计

隔膜结构理想化为轴对称圆盘，并且考虑了制造

过程中残余应力引入的张应力。少数微制造的薄膜，如硅、DLC、PMMA的预应力可以控制到只有5MPa，因此圆盘结构的隔膜可以假设为理想的。这样的假设可以预估最好的可实现性能，提供对执行器设计的范围。任意材料制造的隔膜结构长宽比和允许的工作温度需要设计准则的规范，以实现最好的性能。由于可实现的热气动压力较低［约2atm（0.2MPa）］，在给定刚度下可以假设隔膜的变形小于隔膜的厚度，因此可以应用线性理论建立盘/薄膜结构的模型。当隔膜的长宽比非常大而导致几何结构的非线性效应时，这样的假设就不合适。

（1）轴对称圆盘膜结构

图28.3-44所示为轴对称热气动执行器的简图。被牢牢固定的半径为R圆形隔膜受到了值为ΔP的压力差。隔膜的厚度为h_d，腔的高度为h_c。考虑到隔膜为理想轴对称盘结构，在受到均匀的内部压力时，应用线性盘理论，z方向的离面形变$w_p(r)$为轴向位置r的函数，即

$$w_p(r)=\frac{\Delta P}{64D}(R^2-r^2)^2 \tag{28.3-75}$$

式中，D为各向同性梁的抗弯刚度，$D=Eh_d^3/12(1-\nu^2)$；E为弹性模量；ν为柏松比。

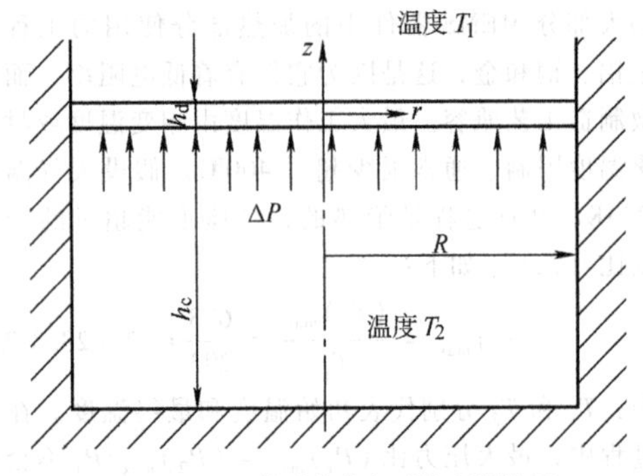

图28.3-44 轴对称热气动执行器简图

如果初始体积为$V_1=\pi R^2h$，内部压力变化（$\Delta P=P_2-P_1$）带来体积变化（$\Delta V=V_2-V_1$）为

$$\Delta V=\int_{r=0}^{r=R}\int_{z=0}^{z=w_p(r)}2\pi r\mathrm{d}z\mathrm{d}r=\frac{\Delta P\pi R^6}{192D}=\frac{\Delta P}{k_s} \tag{28.3-76}$$

式中，$k_s=192D/\pi R^6$，是流体腔的体刚度，它主要取决于隔膜的柔顺情况。

如果假设膨胀过程是绝热的，内部系统的能量变化等于弹性隔膜储存的势能：

$$\frac{k_s\Delta V^2}{2}=mC_v(T_2-T_1)=\frac{P_2V_2-P_1V_1}{\gamma-1} \tag{28.3-77}$$

式中，m为流体的质量，C_v为恒定体积的比热，γ为绝热指数。

式（28.3-77）可以表达为量纲为1的形态，即

$$M_p(V_r-1)^2=\frac{P_rV_r-1}{\gamma-1} \tag{28.3-78}$$

式中，$M_p=128E'V'/\xi^4$，是盘形结构的材料指数，它决定了可实现的压力和体积膨胀；$E'=E/(1-\nu^2)$；P_1为量纲为1的模量，定义为盘形结构模量和初始压力的比值；$V'=V_1/V_d=h_c/h_d$，是腔体积和薄膜体积的比值；$\xi=2R/h_d$，是隔膜结构的长宽比。

从式（28.3-74）、式（28.3-78）中消去P_r，得到V_r为T_r和M_p的函数：

$$V_r=\sqrt{\frac{T_r-1}{M_p(\gamma-1)}}+1 \tag{28.3-79}$$

式（28.3-74）和式（28.3-79）一起提供了给定温度比T_r、和材料指数相关的压力和体积膨胀。

执行器所提供的功可由压力和体积膨胀的工作范围获得。图28.3-45所示为P-V域的热气动执行器的工作特性。在温度快速变化时，膨胀是不可逆非平衡的热动态过程，因此当内能改变时，执行器所做的功在从初始状态到最终状态是变化的。虽然不可逆过程所做的功是热动态不定量的，这里考虑执行器所做有用功的计算，为从初始状态到最终状态的直线（温度上升很低）。执行器所做与路径S_1相关的功比W_r为

$$W_r=\frac{\oint_{S_1}P\mathrm{d}V}{P_1V_1}=\frac{(P_rV_r-1)-(P_r-V_r)}{2} \tag{28.3-80}$$

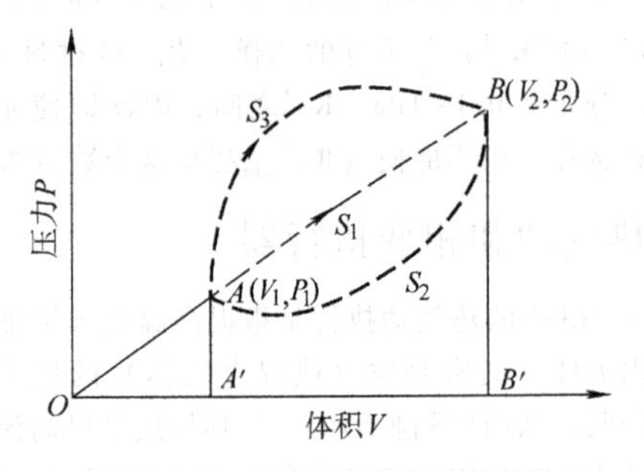

图28.3-45 热气动执行器工作特性

从式（28.3-80）可知，要实现最大有效功率，需要满足以下条件：

$$P_r=V_r=\sqrt{T_r} \tag{28.3-81}$$

由此可知，为了输出最大功，初始/最终状态的矢量分量应当遵从三角矢量法则。将式（28.3-81）代入式（28.3-80），可获得通过路径S_1的最大功

$(W_r)_m$：

$$(W_r)_m = \frac{V_r^2 - 1}{2} = \frac{P_r^2 - 1}{2} = \frac{T_r - 1}{2} \tag{28.3-82}$$

将式（28.3-81）代入式（28.3-78），可以获得代表最大功的材料指数 M_{po}：

$$M_{po} = \frac{\sqrt{T_r} + 1}{(\sqrt{T_r} - 1)(\gamma - 1)} \tag{28.3-83}$$

图 28.3-46 所示为使用式（28.3-83）优化出的 T_r 与材料指数 M_{po} 关系。当 $T_r = 1$ 时，曲线的趋势是渐进线（$M_{po} \to \infty$）。当 $V_r = 1$ 时，功为 0。式（28.3-83）还揭示了和温度比相关的优化材料指数。因为在每循环内温度变化剧烈，需要 M_p 对 T_r 较不敏感的范围，以获得所需的性能。然而，这只能在高温时实现（$T_r \geqslant 1.6$），由于常用的流体热导率较低，所以很难实现。加热部分的工作温度在 150℃和 200℃之间，可以实现腔内 50~70℃的稳定状态，其中假设加热体积为腔体积的 20%。执行器在允许的腔内温度下，比如 $T_r \leqslant 1.2$，且隔膜小形变时，使用以下条件

$$V_r \leqslant 1 + \frac{8}{15V'} \tag{28.3-84}$$

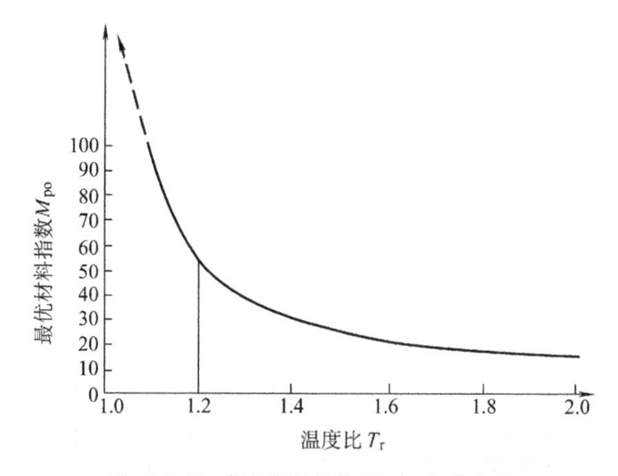

图 28.3-46　优化材料指数 M_{po} 与 T_r 的关系

用于分析系统不可逆过程的更重要手段是熵的变化。理想气体系统熵的改变如下：

$$\begin{cases} \int_1^2 \mathrm{d}s \geqslant \int_1^2 \frac{c_v \mathrm{d}T}{T} + \int_1^2 \frac{P\mathrm{d}V}{T} \\ s_2 - s_1 \geqslant \frac{(c_p + c_v)\ln T_r}{2} \end{cases} \tag{28.3-85}$$

从式（28.3-85）可以知道，当 T_r 很小时，系统的熵改变（$s_2 - s_1$）非常小。尽管 T_r 较大时 M_{po} 的改变非常小，但不可逆过程的影响很大，从而降低了总体效率。使用式（28.3-83）和式（28.3-85）可以折中最大功和不可逆度之间的关系。

图 28.3-47a 显示了优化性能的等效长宽比。当 $T_r \leqslant 1.2$ 时，聚合物的优化长宽比（40~60）低于工程合金/陶瓷（100~200）。当 $R = 50\mu m$ 时，聚合物隔膜的允许优化厚度为 2~3μm，而对于工程合金/陶瓷，厚度则降为 1μm。现在的微制造工艺可以简单地制造出薄聚合物薄膜，用旋涂工艺可以达到几微米厚。尽管已经建立的制造工艺可以生长 0.5~1μm 厚的候选材料（硅、铝、铜、镍、DLC）薄膜，结构释放时的无应力释放成为关键议题。更进一步说，如果在设计中要求增加隔膜的厚度，会自然导致半径 R 的增大，造成维持腔在一定温度时更多的能量消耗。使用式（28.3-74）和式（28.3-79），图 28.3-47b 给出了量纲为 1 的参数 P_r、V_r、W_r 与 E' 及 T_r 在 $V' = 50$ 和 $\xi = 50$ 的关系图。O 点代表着这个配置中的优化性能。尽管低值量纲为 1 的模量可实现的 V_r 值很高

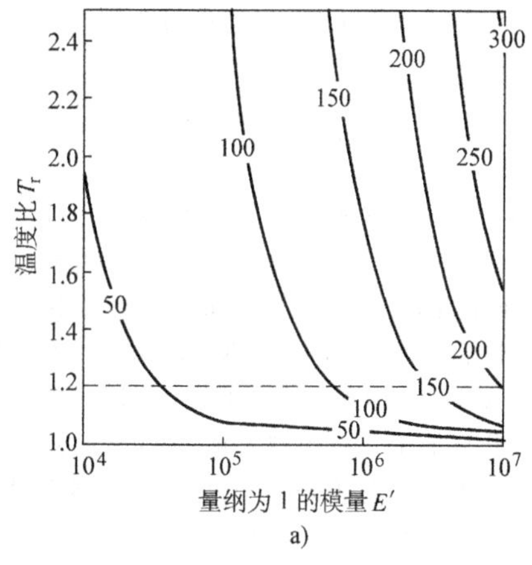

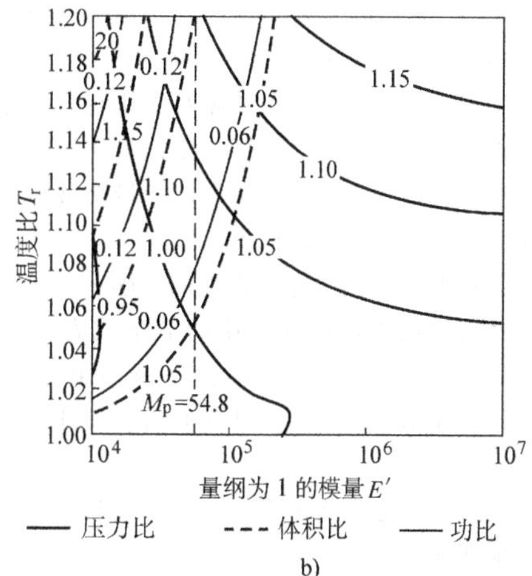

图 28.3-47　轴对称盘的优化长宽比轮廓图及 P_r、V_r、W_r 的轮廓图

a）轴对称盘的优化长宽比轮廓图

b）P_r、V_r、W_r 的轮廓图

(10^4)，应用线性理论分析得到离面形变的压力比很低（$P_r<1$），然而若 $P_r<1$，为了实现优化性能，应当选择 E' 约为 $10^{4.7}$ 的材料。

(2) 预张应力对执行器性能的影响

任何高长宽比薄膜中的预应力都会造成执行器效率的降低。预张应力的主要影响是改变了压力/体积的比值。因为不同薄膜材料的预应力变化较大，这里只考虑极端情况的预张应力。当内部压力均匀时，纯轴对称薄膜在 z 方向上的离面形变是轴向位置 r 的函数

$$w_m(r) = \frac{3\Delta PR^2}{Eh_d^3k_m^2}(1-v^2)(R^2-r^2) \tag{28.3-86}$$

式中，$k_m=\sqrt{N_0R^2/D}$，是量纲为 1 的预张应力参数，它和单位长度上的初始轴向张应力相关，对于薄膜结构，k_m 通常大于 20。

利用前述的热动态方程，轴对称薄膜的材料指数参数 M_m 为

$$M_m = \frac{16E'V'k_m^2}{3\xi^4} \tag{28.3-87}$$

图 28.3-48a 显示了预张应力参数 $k_m=100$ 时，实现最大性能的长宽比。这和半径为 500μm、厚度为 1μm、面内轴向应力为 570MPa 的硅隔膜相对应。从图中可以看出，这种应力下薄膜的优化长宽比比那些平板要大 4 倍。因此，所有预张应力隔膜的厚度需要降低至几百纳米。对于现有的 MEMS 工艺，生长几十到几百纳米的薄膜是一个挑战。图 28.3-48b 显示了 $V'=50$、$\xi=50$、$k_m=100$ 时，量纲为 1 的参数 P_r、V_r、W_r 与 E' 及 T_r 的关系轮廓图。使用式（28.3-74）和式（28.3-79），并用 M_m 替换 M_p 就可以获得这些轮廓图。可以看出，张应力薄膜对于执行器性能的影响是决定性的。和无应力结构相比，可实现的功小一个数量级。这主要是较高的热气动能量会被转换为内部张应力能，从而显著降低离面形变。

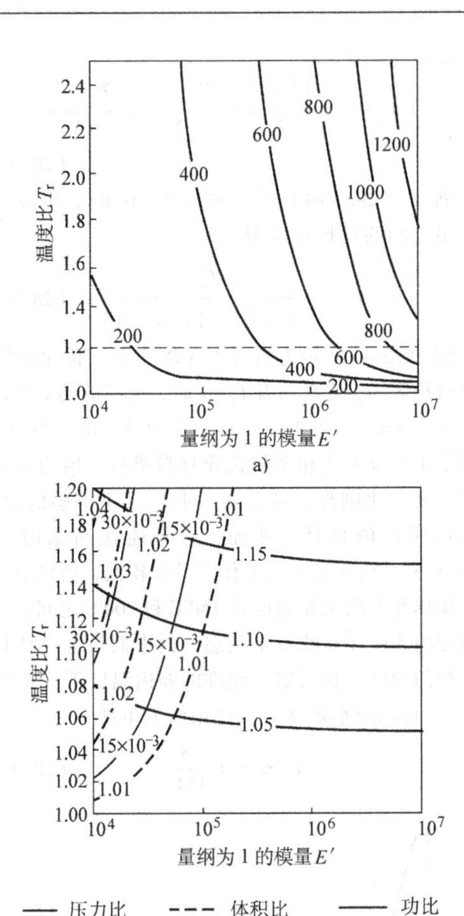

图 28.3-48　轴对称薄膜优化长宽比轮廓图及 P_r、V_r、W_r 的轮廓图
a) 轴对称薄膜优化长宽比轮廓图
b) P_r、V_r、W_r 的轮廓图

(3) C 凸起结构尺寸对性能的影响

当执行器用于流体控制中的活塞或者密封器件时，就需要用到中央凸起结构。图 28.3-49 显示了不同压力下凸起结构的简图。凸起的内、外部半径分别为 R_o 和 R_i。

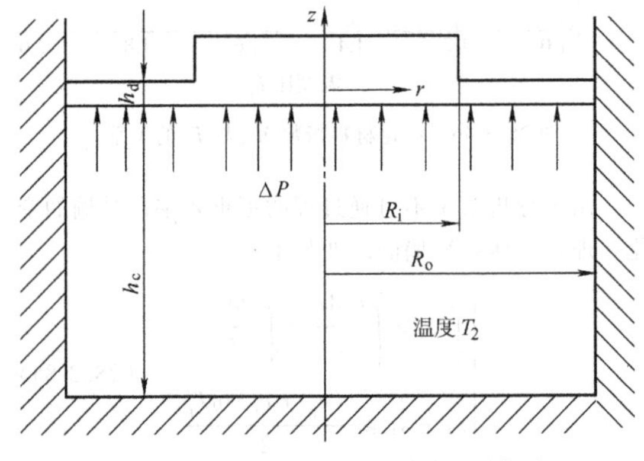

图 28.3-49　有凸起的热气动执行器简图

使用线性理论，在内部压力下的纯盘结构加凸起结构的形变如下：

$$w_{bp} = \frac{3\Delta PR_o^4}{16Eh^3}[(1-\zeta^2)(1-\zeta^2+2\zeta_b^2)+4\zeta_b^2\lg\zeta] \tag{28.3-88}$$

其中，$\zeta=r/R_o$，是轴上任一点与外部半径的比；凸点比 ζ_b 是在 $r=R_i$ 时的值。

利用前述的热气动方程，凸起隔膜在纯盘结构配置下的材料指数 M_{bp} 为

$$M_{\mathrm{bp}} = \frac{64E'V'}{3\xi_{\mathrm{o}}^{4}(1-v^{2})B_{\mathrm{bp}}} \qquad (28.3\text{-}89)$$

其中，$V'=h_{\mathrm{c}}/h_{\mathrm{d}}$，是腔体积和凸起盘结构薄膜体积的比；$\xi_{\mathrm{o}}=2R_{\mathrm{o}}/h_{\mathrm{d}}$，是长宽比；$B_{\mathrm{bp}}=1/6-\zeta_{\mathrm{b}}^{2}+(\zeta_{\mathrm{b}}^{2}/2)\cdot(1-4\lg\zeta_{\mathrm{b}})+\zeta_{\mathrm{b}}^{6}/3$，是凸起比 ζ_{b} 的函数（$0<\zeta_{\mathrm{b}}<1$）。

图 28.3-50 显示了函数 B_{bp} 随 ζ_{b} 的变化，这是符合线性理论估计的归一化中心形变的趋势的。从图中可以看到，B_{bp} 比 ζ_{b} 范围大一个数量级。

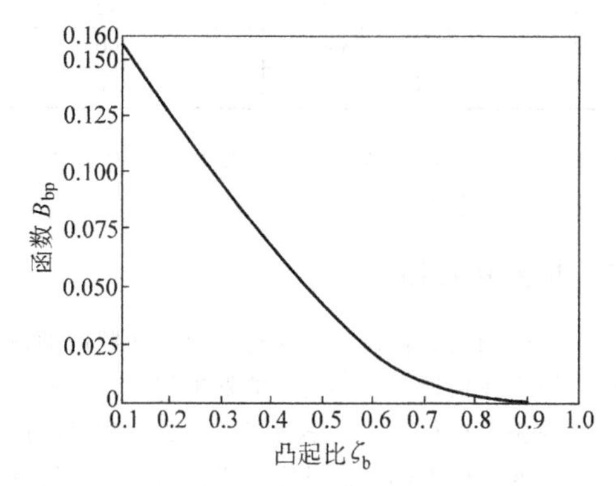

图 28.3-50　B_{bp} 随 ζ_{b} 的变化

图 28.3-51a 显示了 $V'=100$、$\xi_{\mathrm{o}}=100$、$\zeta_{\mathrm{b}}=0.5$ 时，量纲为 1 的参数 P_{r}、V_{r}、W_{r} 与 E' 及 T_{r} 关系的轮廓图。使用式（28.3-74）和式（28.3-79），并用 M_{bp} 替换 M_{p} 就可以获得这些轮廓图。从曲线可以看出，有凸起结构的 W_{r} 只有没有凸起结构 W_{r} 的 50%。

6.3　热气动执行器的热学性能

以下分析是假设与温度无关的准静态过程。在初始设计阶段，用集总热容模型计算执行器结构的瞬态热响应。因为流体腔和衬底相比非常薄，层中的热传递假设为只有热传导。这个假设实际上是因为 MEMS 结构中较小的 Biot 数，导致了热传导在传热中占优势。对流散热对腔内流体的影响以及外阻抗对执行器的影响需要在执行器详细设计时考虑。

图 28.3-52 显示了圆柱结构中的轴对称一维传热模型和能量在微分单元中的传输。用环状划分圆柱体热阻的解析解计算等效热阻。同时假设内半径 R_{ic}（约 1Å）可忽略，以便在求解时避免出现奇异点。衬底的轴向长度为 h_{s}。执行器的等效热学特性［热导率 k_{eq}、比热容 $(\rho C)_{\mathrm{eq}}$ 和热扩散率 α_{eq}］如下：

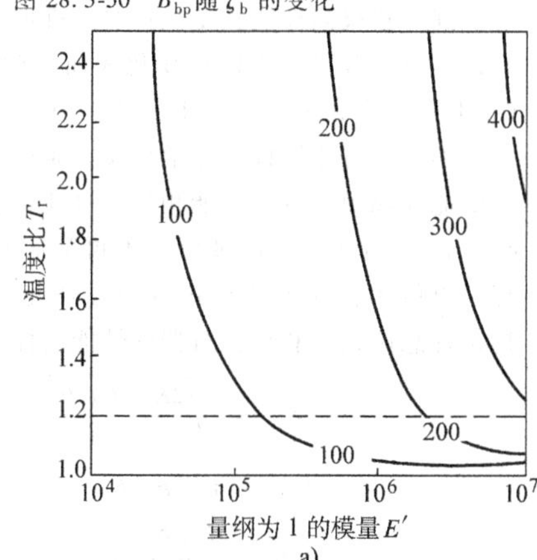

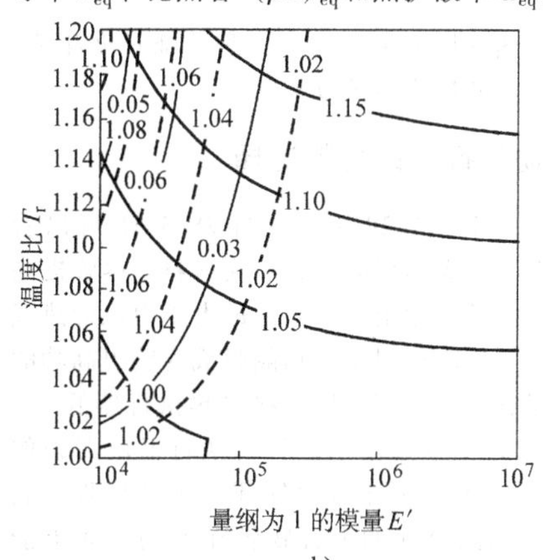

—— 压力比　- - - 体积比　—— 功比

图 28.3-51　带凸起的轴对称薄膜长宽比轮廓图及 P_{r}、V_{r}、W_{r} 的轮廓图

a）带凸起的轴对称薄膜长宽比轮廓图　b）P_{r}、V_{r}、W_{r} 的轮廓图

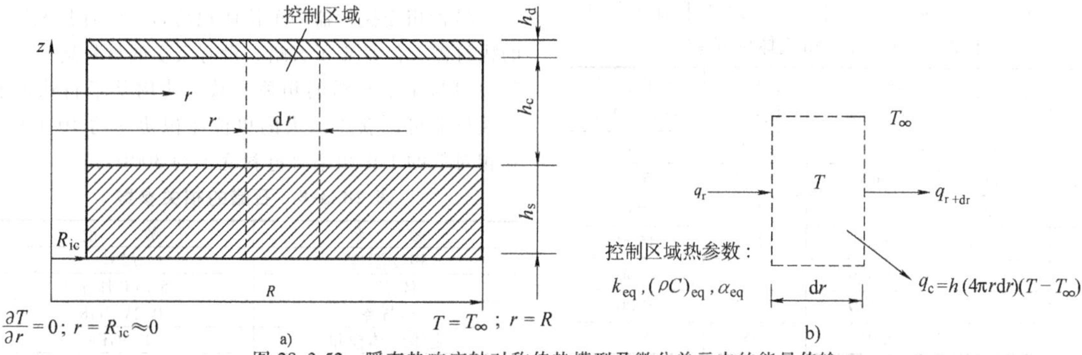

图 28.3-52　瞬态热响应轴对称传热模型及微分单元中的能量传输

a）瞬态热响应轴对称传热模型　b）微分单元中的能量传输

$$k_{eq}=\frac{k_d h_d+k_f h_c+k_s h_s}{h_d+h_c+h_s} \tag{28.3-90}$$

$$(\rho C)_{eq}=\frac{(\rho C)_d h_d+(\rho C)_f h_c+(\rho C)_s h_s}{h_d+h_c+h_s} \tag{28.3-91}$$

$$\alpha_{eq}=\frac{k_{eq}}{(\rho C)_{eq}} \tag{28.3-92}$$

式中假设圆周和大气间的微尺度热传输系数 $h=10\text{W/m}^2$。通过瞬态热传输方程可得到从 $t=0$ 时的初始平均温度 $T_{av}{}^i$ 到最终平均温度 $T_{av}{}^f$。

$$T^{i+1}=\frac{T^i+T_\infty F_o}{F_o+1} \tag{28.3-93}$$

$$F_o=\frac{2\alpha_{eq}\Delta t\left[\dfrac{1}{\ln\left(\dfrac{R}{R_{ic}}\right)}+\dfrac{h(R^2-R_{ic}^2)}{k_{eq}(h_d+h_c+h_s)}\right]}{R_2-R_{ic}^2} \tag{28.3-94}$$

式中，F_o 为傅里叶数，T^i 和 T^{i+1} 分别为 t 到 $t+\Delta t$ 时的平均温度。工作频率计算如下：

$$f=\frac{1}{t_c} \tag{28.3-95}$$

通过集总热容模型求得的频率和特征长度相关，这个长度也是温度幅值的扩散长度。

6.4　热气动执行器的材料选择

从图 28.3-47、图 28.3-48、图 28.3-51 可以看出，工程聚合物是大形变的优先隔膜材料，尽管提高了工作气压并降低了输出力。产生最大压力比的热气动能量 $(P_r)_{max}=T_r$ 使得聚合物隔膜成为输出高功的优良材料，尽管单位体积功比直接电热执行器低了 2 个数量级。表 28.3-6 列出了热气动执行器所考虑的材料和气体。气体的属性是大气环境下的属性。表 28.3-7 显示了不同尺寸的聚合物膜在不同衬底上能够实现的工作频率。腔室气体（空气、氦气、氩气）的选择并不显著影响工作频率。然而，衬底材料确实由于热扩散散热影响频率。在温度差约为 150℃、半径为 50~250μm 时，可以实现几十到几千赫兹的工作频率。这样的频率范围适用于生物芯片中微泵的粒子记数和流体混合。

表 28.3-6　材料和气体的参数

S. No	材料/气体	热导率 $k/\text{W}\cdot(\text{mK})^{-1}$	密度 ρ $/\text{kg}\cdot\text{m}^{-3}$	比热容 C $/\text{J}\cdot(\text{kg}\cdot\text{K})^{-1}$
1	Si	150	2280	700
2	DLC	1100	3500	518
3	玻璃	1.2	2450	780
4	PMMA	0.2	1190	1500
5	空气	0.026	1.177	1006
6	He	0.149	0.167	5200
7	Ar	0.018	1.784	577

注：所有参数值均为在测量环境（0.1MPa，20℃）下的代表性值。

表 28.3-7　不同衬底上 PMMA 隔膜在温差150℃时的工作频率

S. No	衬底材料	薄膜半径 $R/\mu\text{m}$	执行频率 f/Hz
1	Si	50	≈800
		250	≈30
2	玻璃	50	≈5
		250	—
3	DLC	50	≈4850
		250	≈42
4	Hf	50	≈90
		250	≈5

6.5　相变执行器

简单的相变执行器可以通过更换气体腔内的流体实现，使之在接近大气环境下能发生相变。微执行器中使用的相变材料要求化学性能不活泼，相变温度接近大气温度，低潜热，低黏度，优良相变稳定性并容易得到。建议高性能相变执行器的机理为：升华，蒸发，熔化。升华因为体积变化大而受到欢迎。干冰、$C_{10}H_8$、I_2 会在大气温度下升华，但是很难控制其速率、毒性、可燃性以及化学反应。通过相变材料膨胀应变能和隔膜形变应变能相等，可计算平均离面形变 δ_{av}。阻挡力 F_{blk} 是通过体积不再膨胀时的压力来计算。单位体积最大功由 δ_{av} 和 F_{blk} 决定。假设隔膜结构是理想圆盘，相变执行器的性能指标为

$$\delta_{av}=\sqrt{\frac{2K}{E}}\cdot\frac{\varepsilon_{rec}R^2}{h_d} \tag{28.3-96}$$

$$F_{blk}=\pi R^2\varepsilon_{rec}K \tag{28.3-97}$$

$$W=\frac{F_{blk}\delta_{av}}{8\pi R^2 h_c} \tag{28.3-98}$$

式中，ε_{rec} 和 K 分别为可恢复的体积应变和相变材料的体模量。

尽管相变执行器的单位体积功高于所有其他原理的执行器，但是除了石蜡，没有太多的材料选择。表 28.3-8 显示了石蜡的相关参数。使用基于石蜡的相变执行器可以获得巨大的单位体积功（约 10^7J/m^3）和相对低的工作频率（硅衬底上约 300Hz）。

表 28.3-8　石蜡的相关参数

参　数	数　值
相变温度	72℃
体应变	15%(0 压下)
热导率	0.2W/mK
流体的体模量	1.6GPa
固体的弹性模量	3GPa
熔融潜热	150~200kJ/kg

6.6 设计综合

温差为 70℃时，使用优化材料指数（$M_{po}=54$）能实现 120μm 的最大形变和 10kPa 的压力。热气动执行器和相变执行器的工作频率相对低，在几十到几百赫兹之间，取决于衬底的材料（硅、玻璃、DLC）和尺寸（50~250μm）。

相变执行器性能的限制因素是缺少性能超过石蜡的候选材料。隔膜结构的刚度和石蜡的低热导率使能达到的体积应变少了 5%，即使在自由膨胀下也少了 15%。相变执行器适合用于高力场合（1N）或功是第一需求的低频应用（300~400Hz）场合。

若只考虑效率，相变执行器（η_0 约为 0.07）超过其他工作方式，原因在于高的体应变。尽管热气动执行器的效率也很高（η_m 约为 0.15），和相变执行器在同一数量级，但因为从电热能转变为气动能的能量少，其总效率和电热执行器差不多（η_0 约为 10^{-4}）。量纲为 1 的高模量和应力的隔膜材料能够进一步降低热气动执行器的效率约 1 个数量级。

7 磁执行器

磁驱动是通过在微执行器的两部分间形成一定的磁场，利用磁场的排斥力和吸引力使得两部分间产生相对移动。磁相互作用在很大程度上得益于按比例缩小规则，因此，磁微执行器能展示出优异的性能。

首先，磁执行器的优势之一在于它可以避免使用引线，这在静电、热和压电执行器里都不可避免，这样可以明显地减少封装和使用的复杂度。磁 MEMS 执行器能够真正地完成非连线操作。例如，基于 MEMS 的微型机翼，它是用磁性材料装饰的，可以产生升力（能够举起 165μg 的机翼）而不需要任何电线附着在上面。它的能量是由交变的磁场（500Hz）提供。微磁搅棒与微流体沟道结合可以混合和抽吸流体而不需要附着电线来提供电压和电流。

其次，在自由空间存在相对较大的磁场而没有对人和自然环境造成危害。相反，在自由空间或电介质中较大的电场会导致诸如介质击穿或触电的问题。

再次，用无源永磁体，可以提供足够强的外部磁场，可为微尺度器件提供可观的力和扭矩。这种磁体成本很低，而且在工作时不消耗能量。

但是，由于磁微执行器有一些特殊的要求，比如：为了在某个位置产生磁力，磁微执行器应当有一个产生磁通量的感应部分；还要有一个传输磁通量到偏移端的磁芯；一个完全集成化的磁微执行器还必须具备材料的一些特殊性能，如磁芯和可偏移部分都得具有高的磁导率和良好的力学特性。磁性材料制备与 IC 工艺不兼容，工艺难度较大。

不论产生磁场的方法如何，外部磁场都可以分为两大类：空间均匀磁场和带有梯度的非均匀磁场。产生的合力或者力矩由磁体的种类（硬磁或软磁）和磁场中的初始取向（与磁力线平行或不平行）决定。

磁执行器的应用主要有：手机上 RF 开关，读/写头和微定位器，光纤光网络的光通信阵列，非侵入外科手术和微机器人中的微马达，微流控器件上的微泵和微喷嘴，微电源中的电磁发电机，自适应光学中的微镜，硬盘驱动中的磁悬浮等。

7.1 按比例缩小规则

（1）永磁体产生的磁场

如图 28.3-53 所示，一个体积为 v、磁极化强度为 J_1 的磁体，在距离 r 处的任意一点 P 产生了一个标量势 V。

在 P 点的标量势 V 可以写成

$$V(P)=\frac{v}{4\pi\mu_0}\frac{\vec{J}_1\cdot\vec{r}}{r^3} \tag{28.3-99}$$

在该点的磁场 H 可以直接写成该点的标量势 V 的梯度

$$\vec{H}=\overrightarrow{\text{grad}}V \tag{28.3-100}$$

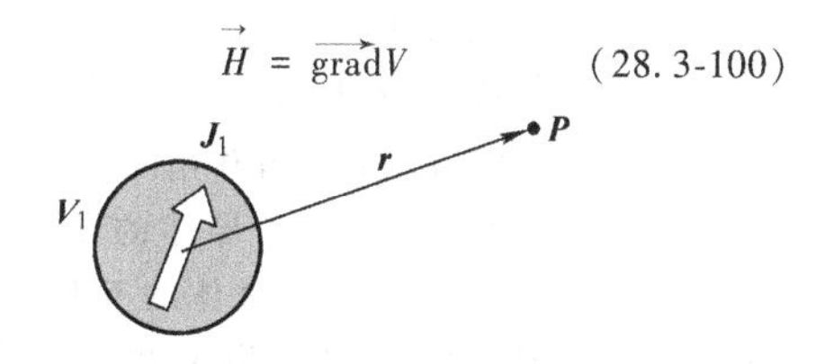

图 28.3-53　磁体产生的磁势

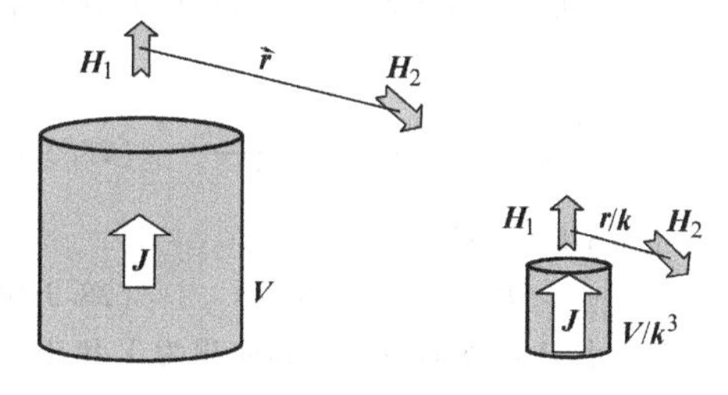

图 28.3-54　磁体的缩小示意图

磁系统缩小时，将所有的尺寸按同样的比例因子 k(10，100，1000，…) 缩小（见图 28.3-54），并且保留所有的内部的物理特性（包括磁极化强度 J_1）。当所有的数值都除以 k，则距离 r 和体积 v 各自减小 k 或 k^3 倍，即

$$r'=r/k \text{ 和 } v'=v/k^3 \tag{28.3-101}$$

相应地，标量 $V(P)$ 正比于 $v\cdot r/r^3$，被除以 k。

（2）磁体周围的磁场梯度的变化

在一个缩小的磁铁周围，当距离被除以 k 时，场保持不变，场梯度乘以 k。这在尺寸减小的磁相互作用变化中有许多内在意义。如果磁互作用单元是一个带电导体，作用在每个电子上的洛仑兹力正比于场，所以保持不变，并且作用在导体上的所有体力之和也保持不变，如图28.3-55a所示。

但是，如果互作用单元是一个磁体或一个软磁材料，如图28.3-55b所示，作用在每个质点上的体力正比于该点的磁场梯度，因此要乘以缩减因子k。当尺寸缩小，磁-电流互作用力与体积之比保持不变，磁-磁和磁-铁的互作用大大增强。

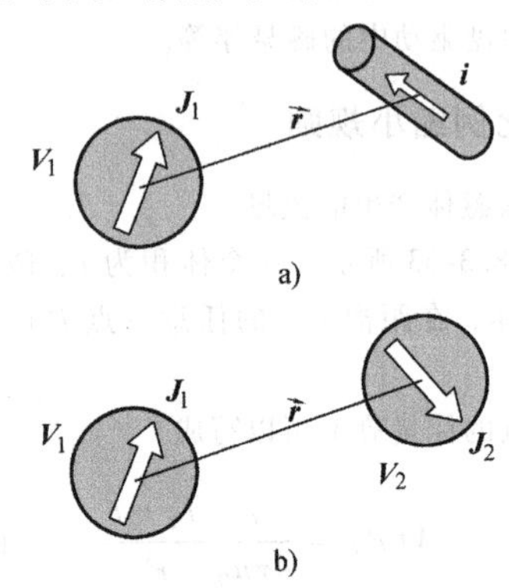

图28.3-55　永磁体和导体的相互作用及两个粒子之间的相互作用

a）永磁体和导体的相互作用

b）两个磁粒子之间的相互作用

(3) 磁体和电流之间的互作用

另外一种理解方式是从导体的角度来看。图28.3-56所示为电流和永久磁体的互作用示意图。Biot和Savart定律指出，由长为dl和截面积为S、电流密度为δ（电流$i=\delta\cdot S$）的导体在点P处产生的磁场H为

$$\vec{H}(P)=\frac{1}{4\pi}\cdot\frac{\delta\cdot S\cdot \mathrm{d}\vec{l}\wedge\vec{r}}{r^3}\quad(28.3\text{-}102)$$

尺寸缩小后，磁场变为

$$H'(P')=H(P)/k\quad(28.3\text{-}103)$$

现在考虑P点处的磁体，其体积为V和磁极化强度为J，在由导体产生的磁场H中，由导体产生的作用在磁体上的磁场力可由它们的磁互作用能量W_i的微分得到

$$W_i=-\vec{J}\cdot V\cdot\vec{H}$$

$$\vec{F}=-\overrightarrow{\mathrm{grad}}W_i\quad(28.3\text{-}104)$$

尺寸缩小后，能量W_i除以k^4，力F除以k^3，即

$$F'=F/k^3\quad(28.3\text{-}105)$$

因为体积和质量都要除以k^3，所以力对质量（或力对体积）的比率不变，即

$$F'/m'=F/m\quad(28.3\text{-}106)$$

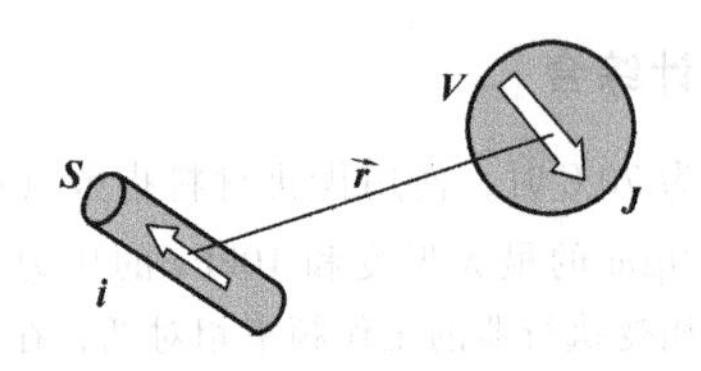

图28.3-56　电流和永久磁体的互作用

(4) 磁矩的扭转

考虑P点处的磁体，其体积为V和磁极化强度为J，放置在均匀磁场H中，其所受的转矩正比于M和H（磁转矩为$M=V\cdot J$）。在同样的$1/k$缩小中，H和J都保持不变，所以转矩对体积的比率仍然保持为常数。

(5) 尺寸缩小对磁互作用的影响

所有上面的计算对涉及软磁材料、电流和时变产生的电流的磁互作用也适用。表28.3-9总结了在恒定的电流密度下，按比例因子k缩小的整体效应，包括基本的磁元件（磁体、电流、永磁材料、一定程度的感应现象）的质量和体积力的相互影响。

从表中可以看到，尺寸缩小，磁互作用增强；在小尺寸器件中，最有效的磁互作用包括了永久磁体，因为：①在宏观尺寸中，任何能有效利用永久磁铁和电流相互作用的电磁结构都可以微小化；②在尺寸缩小以后，永久磁体间的互作用被显著提高；③避免了电感效应。

表28.3-9　在恒定的电流密度下，按比例因子k缩小的整体效应

缩小因子 l/k	磁体	电流	铁	电感 $E=\mathrm{d}\Phi/\mathrm{d}t$
磁体	$\times k$		$\times k$	$/k$
电流		$/k$	$/k$	$/k^2$

7.2　永磁体和线圈间的等效

考虑一个尺寸为R的圆柱形永磁体和一个同样形状线圈。永磁体的磁力矩正比于它的磁极化强度和体积，即

$$M_{\text{magnet}}\propto J\cdot R^3\quad(28.3\text{-}107)$$

其中，永磁体的磁化强度J是材料的内部属性而并不取决于尺寸。

线圈的等效磁矩正比于流过它的总电流I和线圈

面积，即

$$M_{coil} \propto I \cdot R^2 \qquad (28.3\text{-}108)$$

总电流 I 等效于流过线圈横截面积的电流密度 δ，并且横截面积正比于 R^2。线圈的扭矩为

$$M_{coil} \propto \delta \cdot R^2 \cdot R^2 \propto \delta \cdot R^4 \qquad (28.3\text{-}109)$$

在按同样尺寸比例缩小中，等效力矩 M_{coil} 最终被缩小为 $1/k^4$，但是 M_{magnet} 只减小了 $1/k^3$，因此，为了保持和永磁体的磁等效，线圈中电流密度 δ 必须提高 k 倍（见图 28.3-57）。

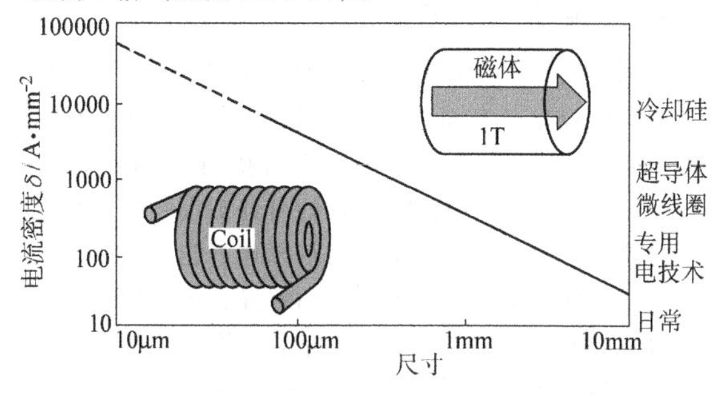

图 28.3-57　相同尺寸下，对应于 1T 的永磁体，线圈中电流密度与尺寸的关系

但是，导体中 Joule 能量损失随着电流的增加而增加，这意味着存在热限制以及能量效率问题。因此，即使在微米尺寸，连续维持高于 10kA/mm^2 的电流密度是困难的，并且很难用微线圈代替小于 100μm 的微永磁体。

7.3　微线圈中的电流密度

微线圈经常用于磁传感器和执行器，它们有各种各样的形状和尺寸。由于具有小体积-表面积比和平面几何结构，微线圈能承受非常高的电流密度而不会烧毁。微线圈中允许的电流密度比大线圈要高得多，这是因为 Joule 能量损失正比于加热导体的体积，而热流冷却正比于它的表面积。这里尺寸缩小因子 k 仍然适用：能量损失可用 $k^3/k^2=k$ 计算。此外，微导体通常都是扁平的并且和良好的热导体衬底（Si）直接接触。但 Joule 能量损失降低了工作效率。图 28.3-58 所示为允许提高微线圈中电流密度的因素。

根据导体的尺寸和形状，和正常尺寸的经典值 $5\sim10\text{A/mm}^2$ 相比，微执行器 $10^3\sim10^4\text{A/mm}^2$ 密度是可以保持的。这在微执行器的能量密度上有积极的影响。例如，把淀积在 Si 上的铜微线圈里脉冲磁场提高到 50T，1500~3500A 的脉冲电流在线圈里保持了 30ns，线圈尺寸为 $\Phi_外$ 150μm、$\Phi_内$ 50μm、厚 7μm，总计达到每平方毫米数百万安培。

引进一个因子 k_i 来代表电流密度的增加，则正比于电流密度的洛仑兹力就直接乘以 k_i，即

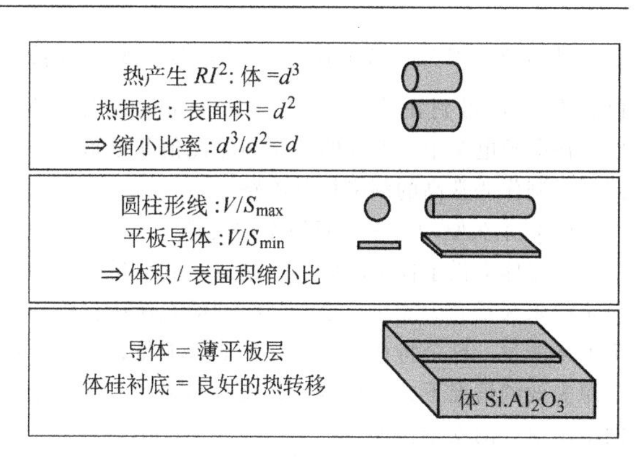

图 28.3-58　提高微线圈中电流密度的因素

$$F'/m' = k_i \cdot F/m \qquad (28.3\text{-}110)$$

考虑到上面描述的表面积/体积热之比，计算表明持续加热的 $k_i=k^{1/2}$。但电流密度可以提得更高到 $k_i=k$。提供足够的冷却是必要的，而且焦耳损耗引起的能量损失也是可以接受的。对允许的电流密度的直接提高，意味着执行器中的能量-质量比可以以同样的因子 k_i 提高（见表 28.3-10）。

表 28.3-10　比例因子降低（$1/k$）对磁互作用的影响

缩小因子 I/k	磁体	电流	铁	电感 $E=\mathrm{d}\Phi/\mathrm{d}t$
磁体	$\times k$	$\times k_1$	$\times k$	$/k$ 频率
电流	$\times k_1$	$\times k_1 \times k_2/k$	$\times k_i/k$	$\times k_1/k^2$ 频率

从表 28.3-10 可以看出，提高电流密度（在允许的热学限制下）可以提高线圈间的互作用；永磁体是高效磁执行器的关键。

当微系统中的速度和频率很高时，感应效应增强。因此，在表 28.3-10 最后一列，感应效应几乎没有负面影响。

7.4　磁相互作用的优点

电磁互作用除了在磁场和电流中具有高能量密度外，还具有很多优点。

（1）高速执行

因为磁执行器尺寸的减小，所以具有非常快的速度。在给定力下的执行模式中，加速度正比于可动部件的质量，因此微执行器具有非常快的响应时间，通常在 1~100μs 的范围。在物理学上，允许的最大转动速度取决于旋转单元的半径和材料的强度。这种关

系（即ω^2R）说明：当半径R除以k时，速度ω能提高$k^{\frac{1}{2}}$。可得到在范围是10^5～10^6r/min的工作速度。在电子电路中，涉及的感应和电能值非常低，因此可以制作非常高的频率控制电路。

（2）永久驱动力——双稳态的支撑

永磁体提供了恒定的磁场，这意味着简单的或双稳态的永久系固力能在一个给定结构的系统中保持而不消耗能量。这个特征不仅保证了节约能量，而且在电源失效的情况下，也是对于无线电频率或光纤通信网络配电盘的安全保证。

这种永久力也能应用到无源磁悬浮/轴承上，为MEMS的摩擦问题提供了有效的解决办法。

（3）长行程驱动

和MEMS的尺寸比较，磁场及其梯度作用的距离更长。这使得远距离和广角度的执行器成为可能，而静电执行器要完成这些功能将需要非常高的电压。

（4）无接触遥控执行

不需接触的磁互作用允许通过密封的接口实现遥控执行。这不仅能实现无线执行，而且允许共振系统的真空封装，避免了振动过程中空气引起的阻尼，因此可以得到很高的品质因子Q。远程互作用也意味着宏观尺寸的永久磁体可以附加在系统中，提供更强的静态磁场或磁场梯度，而不需要集成在系统中，这样就简化了制造。

此外，通过密封接口的遥控执行也使得磁执行器能更好地适应于苛刻的环境（如ABS传感器）。

8 执行器比较

8.1 微执行器分类

MEMS执行器按其工作原理主要分为四类：静电执行器、压电执行器、热执行器和磁执行器。这四类还可以继续细分下去，见表28.3-11，表中同时给出了典型器件。例如，MEMS磁执行器包括电磁执行器、磁致伸缩执行器、磁继电器以及外磁场执行器等。为了减少类别数目，分类时尽量将不同执行器分到一起。

表28.3-11 MEMS执行器的分类

静电执行器	压电执行器	热执行器	磁执行器
梳状	双层	双层	电磁
蹭式	膨胀	固体膨胀	磁致伸缩
平行板		结构优化型	外磁场
尺蠖		形状记忆合金	磁继电器
冲击		流体膨胀	
分布式		相变	
排斥力		热继电器	
弯曲电极			
S形			
静电继电器			

8.2 MEMS执行器和宏观执行器的性能图

图的横、纵坐标为执行器的性能参数，如位移和最大工作频率等。图中MEMS器件以黑体字表示，宏观器件以斜体字表示。图28.3-59～图28.3-61所示为MEMS执行器和宏观执行器的性能图。

8.2.1 最大力和最大位移

图28.3-59所示为最大力对最大位移的性能图，其中的宏观器件都是和MEMS执行器有类似工作原理的执行器。显然，宏观器件的执行力和位移比MEMS器件大。但MEMS器件的可选工作原理比宏观执行器多，而且相当一部分执行原理不能用宏观器件实现。这部分是因为制造方法的差异，部分是因为尺寸效应的原因。例如，MEMS静电梳状执行器只有在间隙距离很小时才能产生较大的执行力，而且因为MEMS的间隙一般比气体的分子平均自由程都小，所以它不会有宏观小间隙静电器件遇到的高压击穿问题。因为这些原因，宏观静电器件一般难以制造。不过也有的宏观执行原理是MEMS无法实现的，如气动和水动器件等，这主要是因为MEMS工艺的相对精度不够高，微观下磨损较大等原因造成的。

通过对不同种类MEMS执行器的对比可以得到一些结论。首先，最普遍的静电执行器的执行力处于10^{-6}～10^{-3}N之间中等范围，但它们输出的位移可以达到200μm。通过重复原理和倒齿原理，还可以将位移进一步提高，如蹭式执行器和冲击执行器等。这类执行器的位移范围仅仅只受衬底尺寸的限制。通过优化结构设计，可以使梳状谐振器输出最大力和最大位移。

电磁、磁致伸缩类执行器的输出力较小。因为等比例缩小对磁场力削弱得比较厉害。此类执行器最大可达到的力在10^{-7}～10^{-4}N之间，最大位移在10^{-5}～10^{-3}m之间。为了增大微观器件的输出功，需要使用磁能密度更高的材料。而目前的磁体并不是最佳选择，这主要是受到微加工工艺的限制。

压电执行器的最大输出力在10^{-5}～10^{-3}N之间，最大位移在10^{-7}～10^{-3}m之间。因为压电材料的可选种类很多，所以它们性能范围跨度也较大。总的来说主要有三类材料：低应变压电材料应变最大不超过3×10^{-5}，高应变压电材料可以达到2×10^{-4}，压电聚合物可以达到1×10^{-3}。因为高压电系数通常意味着低弹性模量，所以压电执行器的设计主要是在执行力和执行位移之间做折中。例如，双层材料压电执行器，它通过牺牲执行力的代价换取较大的输出位移。尽管位移较大，MEMS 压电执行器的性能一般也不比静电执行器高很多。这主要还是受到材料工艺和结构尺寸的限制。

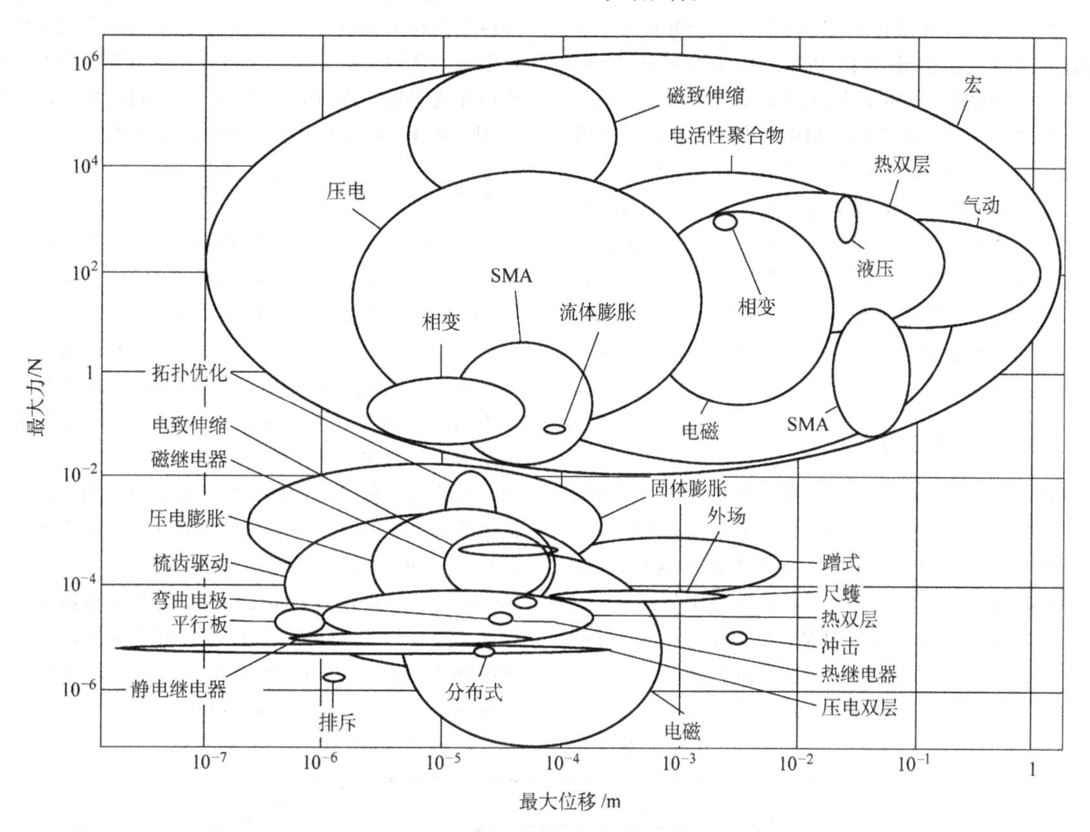

图 28.3-59　MEMS 和宏观执行器的最大力对最大位移的性能图

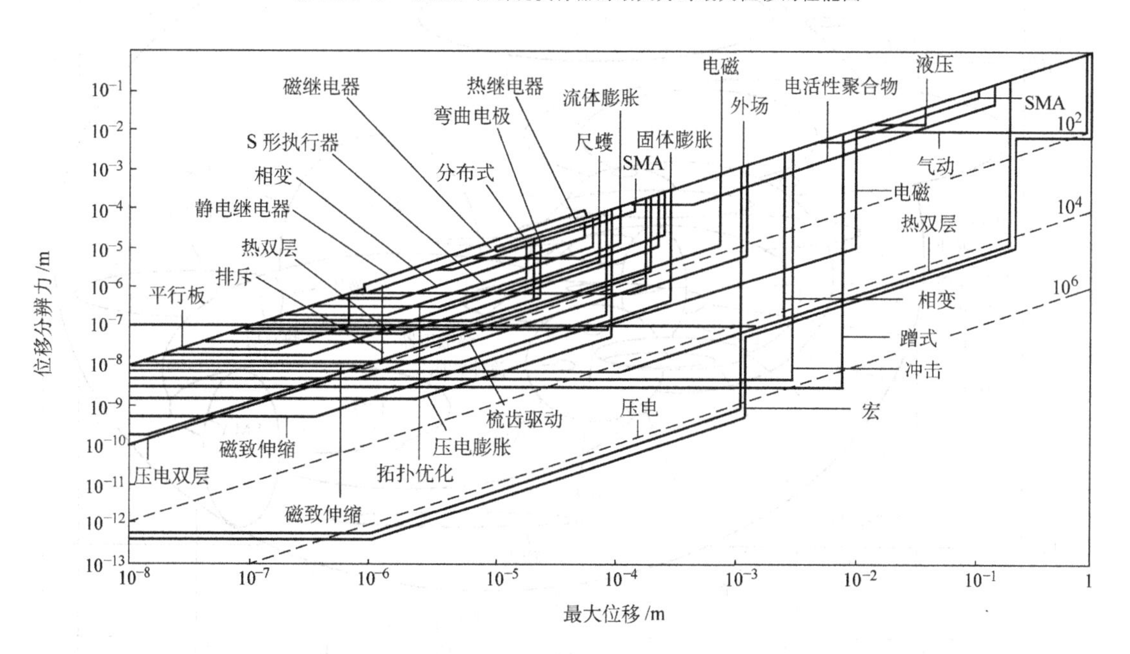

图 28.3-60　MEMS 和宏观执行器的最大位移分辨力对最大位移的性能图

MEMS 执行器的最大输出力还和它们的工作温度范围有关，如对形状记忆合金（SMA）执行器、相变执行器、固体和液体膨胀执行器等。SMA 执行器的输出力很大，输出位移中等，其应变可达 10%，应力可达 500MPa。如果在设计上对结构进行优化，还可以进一步提高其性能。相变和膨胀类执行器也有很高的能量密度，能输出较大的力和位移。例如，在此类执行器中设计褶皱膜结构，可以显著增加其变形范围。热膨胀执行器根据材料热膨胀系数的不同，其输出力和位移范围可以涵盖很大范围。需要较大位移时，可以选择热膨胀系数最大的材料，如聚合物等。面内和离面双层结构热执行器都能以较小的输出力换来较大的输出位移。

8.2.2　位移分辨力与最大位移

图 28.3-60 中画出了各类 MEMS 和宏观执行器的位移分辨力与最大位移。最上面一根粗线上的位移分辨力和最大位移相等。三类继电器都属于这种情况。工作在粗线旁边区域的执行器就可以有比分辨力更大的位移范围。总体上看，MEMS 执行器比宏观器件的分辨力更大。不过所有执行器中分辨力最高的是宏观压电器件。这种器件将多个执行器叠起来工作，每个分别加以驱动，这种工作方式目前 MEMS 还没法做到。

和宏观执行器相比，MEMS 执行器的分辨力相对其最大位移来说也是比较小的，大多数都不到 10^3 个数字位。从图上看，它们都挤在分辨力等于最大位移的边界线附近，而且和图 28.3-59 不同的是，这里的 MEMS 执行器的边框落在宏观执行器之内。

8.2.3　最大频率与最大位移

图 28.3-61 画出了各类 MEMS 和宏观执行器的最大频率与最大位移。MEMS 执行器的频率范围在 1~10^5Hz 之间，最大位移为 1~100μm。

宏观执行器中，频率最高（约 10^7Hz）的是磁致伸缩和压电类执行器。但同类 MEMS 执行器的频率却不如它们高。这主要是因为 MEMS 器件大多是薄膜结构，以弯曲方式工作，很多时候还要用上杠杆结构，这些都降低了它们的一阶谐振频率。热执行器普遍频率较低，因为传热需要较多时间。传热主要通过结构表面的对流方式，受热容和尺寸影响较大。MEMS 只在热执行器方面比同类的宏观执行器的频率要高，主要体现在 SMA 执行器、相变执行器和双层薄膜热执行器上，如图 28.3-61 所示。这主要是因为尺寸减小后，比表面积下降，相对散热加快。上述三类宏观热执行器的频率一般都不到 10Hz。

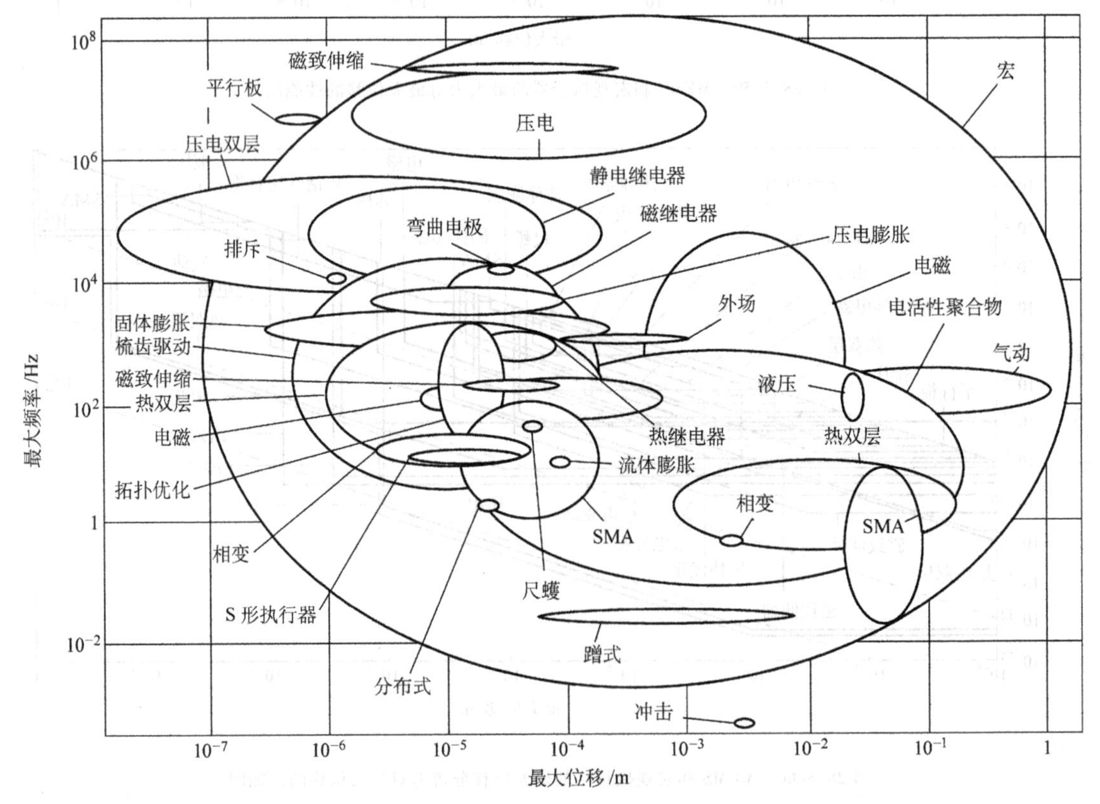

图 28.3-61　MEMS 和宏观执行器的最大频率对最大位移的性能图

第4章　微机电系统实例

1　微机械压力传感器

压力传感器是MEMS领域主要产业化产品之一。压力传感器在汽车电子方面有发动机气阀、燃料管、废气阀、轮胎和座椅等应用。生物医疗方面研究和应用有测量眼压、颅压、肠压等植入型器件，或者埋入血管用来辅助检查血管疾病。很多工业应用是与制造过程的监测相关的，如在半导体制造方面，工艺等离子体刻蚀、淀积或者是化学气相淀积对实施过程中的压力都非常敏感。

在利用微加工技术制造压力传感器的相当长的时期里，加工技术的进步推动着器件设计水平的提高，如压力传感器可以用来监测汽车某些方面的性能。众多传感器技术的不同的相关优势得到了进步，而且稳步地朝着提高性能的方向发展，如灵敏度、分辨力、动态范围。虽然有多种可选择的材料，但是硅依然是最受欢迎的用来制作微加工的压力传感器结构的材料。这是因为，一方面硅有着优良的材料特性，另一方面可以利用集成电路产业的制造能力和关键技术。

1.1　器件结构与性能参数

因为膜受到压力作用时会发生弯曲形变，所以大多数微加工的压力传感器边缘支撑隔膜的形变量可以通过测量膜中的应力变化或者是膜片的弯曲位移来得到[45]。对于压阻式压力传感器，在膜片的几个特定的位置设计几个压阻用来测量应力；对于电容式压力传感器，可以在膜片下方的衬底上制作电极形成电容，通过测量电容的变化得到膜片受压的形变量。选择硅作为这两类传感器结构材料的原因是硅有相对大的压阻系数，而且硅材料也可以作为电极使用。

很多情况下，膜片受压弯曲的形变量和与之对应的应力可以通过解析方式得到。一般情况下，尺寸和边界条件需要做一些假设简化。常用的假设是：虽然膜的边界是刚性连接的，但是可以把它看成是简单支撑。如果膜厚h远远小于膜的半径a，这种假设是合理的。这种情况下，可以防止膜周边处中性面的纵向位移，而允许有旋转和长度方向的位移。从数学上来说，膜位移二阶导数在边缘处为零。在这个假设条件下，圆膜下表面的应力可用极坐标表示为

$$\sigma_r = \frac{3\cdot\Delta p}{8h^2}[a^2(1+\nu) - r^2(3+\nu)] \tag{28.4-1}$$

$$\sigma_t = \frac{3\cdot\Delta p}{8h^2}[a^2(1+\nu) - r^2(1+3\nu)] \tag{28.4-2}$$

式（28.4-1）为沿径向的应力分量，式（28.4-2）为沿切向的应力分量，式中a和h分别表示膜的半径和厚度，r表示径向坐标，Δp为施加在膜上表面的压力，ν为泊松比（见图28.4-1）。对于（100）晶面的硅，[011] 晶向的泊松比是0.066，[001] 晶向的泊松比是0.28。两个公式表明：不管是径向应力还是切向应力，都是从膜中央的最大张应力到膜周边的最大压应力而变化。对于不同r的薄膜，在0和a之间存在某个值，其两项均为零。总的来说，压阻应该放在压应力和张应力最大值的地方，以便得到最大的响应。在以上假设情况下，圆膜的弯曲位移由下式给出：

$$d = \frac{3\cdot\Delta p(1-\nu^2)(a^2-r^2)^2}{16Eh^3} \tag{28.4-3}$$

式中，E为结构材料的弹性模量。与泊松比一样，对于（100）晶面的硅，弹性模量具有四重对称的特性，沿 [011] 晶向为168GPa，沿 [100] 晶向为129.5GPa。当结构层材料选用多晶硅时，尺寸和晶体晶向的变化会带来复杂的效应。需要注意的问题是，当晶体有杂质掺杂或者有晶格缺陷时，力学特性的变化有可能比较显著。式（28.4-3）表明了膜的最大形变量发生在膜的中心位置，同时这个形变量也与膜半径4次方、厚度3次方有关，因此对这些参数变化非常敏感，这在电容式压力传感器控制灵敏度时需要考虑。

需要注意的是，这里所做的分析都是假设膜的残余应力很小，可以忽略。虽然这方便了数学计算，但是实际情况一般不是这样。在实际中，一般张应力从5MPa到50MPa，这会极大降低设计的准确度，特别是当膜很薄的时候，更是如此。

压力传感器通常分为三类：绝压、表压和差压压力传感器。绝压压力传感器输出是相对真空为参考的，一般通过在薄膜下方制作密封的真空腔来实现其测量。表压压力传感器的输出是以大气压为参考。差压压力传感器输出是两个输入端压力的差值。

当进行性能比较时，众多的压力计量单位会给我们带来一些困扰。1atm（1个标准大气压）等于14.696psi、101.33kPa、1.0133bar或760Torr。

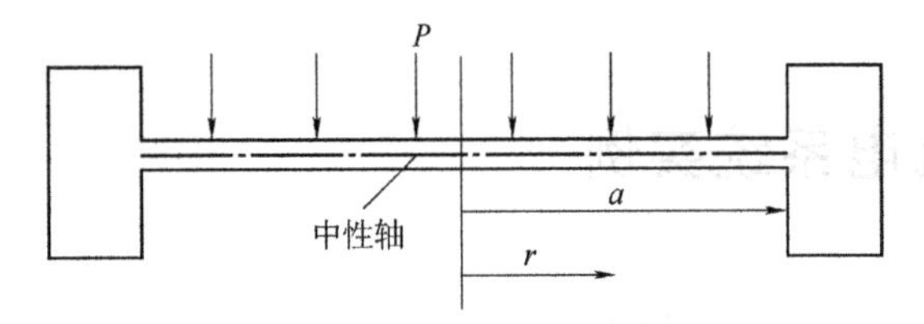

图28.4-1 压力作用下膜的形变图

压力传感器主要性能指标是灵敏度、动态范围、全量程输出（FSO）、线性度、温度系数和补偿。这些参数与器件尺寸、器件结构材料、封装材料的力学及热学特性有关。灵敏度是单位压力变化所对应的信号变化量与参考信号之比：

$$S=\frac{1}{\theta}\frac{\partial\theta}{\partial p} \tag{28.4-4}$$

式中，θ为输出信号。$\Delta\theta$为外加压力Δp变化对应的信号变化量。动态范围是传感器可以测量的有效压力范围，这由传感器输出信号的饱和值决定。另外，也与压力膜制作的成品率和失效机制有关。压力传感器的全量程输出是最终输出的简单代数差分。线性度指器件相对于特定直线的近似程度。它为传感器输出与该曲线的最大偏差，表示为所占全量程的百分比。一般而言，电容式压力传感器有更大的非线性输出，压阻式压力传感器具有较好的线性输出。

压力传感器的温度系数是非常重要的一个性能参数。温度系数的灵敏度（TCS）定义为

$$\text{TCS}=\frac{1}{S}\frac{\partial S}{\partial T} \tag{28.4-5}$$

式中，S为灵敏度。其他的较为重要的性能参数为温度系数偏移量（TCO）。压力传感器的偏移量为一定参考压力下传感器的输出信号，如当$\Delta p=0$时为零偏输出。因此

$$\text{TCO}=\frac{1}{\theta_0}\frac{\partial\theta_0}{\partial T} \tag{28.4-6}$$

式中，θ_0为偏移量，T为温度。薄膜与衬底之间或者与封装材料之间不同的膨胀系数引起的热应力是温度漂移的主要原因。

1.2 压阻式压力传感器

目前最主要的商用微机械压力传感器为体硅工艺制备的压阻式压力传感器。这类器件对单晶硅圆片进行刻蚀，具有相对较好的可控机械特性。薄膜能够利用各向异性湿法腐蚀溶液（如KOH溶液）对（100）硅圆片进行背面腐蚀制备得到。可以利用电化学自停止腐蚀、浓硼掺杂自停止腐蚀或者氧化硅掩埋层自停止腐蚀来控制最终刻蚀出的薄膜厚度。薄膜四边固支，没有暴露到腐蚀液当中，并且保证了薄膜的整体厚度（见图28.4-1）。有选择性地对薄膜进行离子注入，可制备压敏电阻。虽然这种形式的PN结隔离在高温环境下会有较为显著的漏电流，并且这种电阻的单位长度方块电阻取决于PN结二极管的偏置，但是它使设计者可以利用硅基衬底的压阻系数，并将压敏电阻放置于薄膜的最大应力处。

用表面微机械加工技术制备压阻式压力传感器时，使用氮化硅作为薄膜结构的材料，多晶硅同时用作牺牲层材料和压敏电阻。这种制备方法可以制备具有高封装密度的小型器件。不过，薄膜的最大形变量取决于牺牲层的厚度并限制了动态范围。

对于各向异性材料，如单晶硅，电阻率是由电场三个方向的分量与电流三个方向分量的比值张量决定的。一般而言，这个张量是包含9个元素的3×3矩阵，基于对称考虑，可将这个矩阵简化为6个独立的变量：

$$\begin{pmatrix}\varepsilon_1\\ \varepsilon_2\\ \varepsilon_3\end{pmatrix}=\begin{pmatrix}\rho_1 & \rho_6 & \rho_5\\ \rho_6 & \rho_2 & \rho_4\\ \rho_5 & \rho_4 & \rho_3\end{pmatrix}\begin{pmatrix}j_1\\ j_2\\ j_3\end{pmatrix} \tag{28.4-7}$$

式中，ε_i和j_i代表电场分量和电流密度分量，ρ_i代表电阻率分量。如果笛卡儿轴在立方晶体结构（如硅）中与［100］轴对齐，ρ_1、ρ_2、ρ_3则相等，它们代表了沿［100］轴方向的电阻率，都由ρ表示。电阻率矩阵中的其他项代表横轴电阻率，由于无应力硅在电学中各向同性，因此为0。当在硅上施加应力时，电阻率矩阵会发生改变。6个独立项均变化$\Delta\rho_i$，会与所有应力项有关。应力同样可化简为三个正应力项（σ_i）和三个切应力项（τ_i）。电阻率矩阵中6项的变化（表示成为无应力电阻率ρ的分数）通过36个张量元与6个应力项联系起来。根据对称性因素，张量仅用3个非零项表示：

$$\begin{pmatrix}\Delta\rho_1/\rho\\ \Delta\rho_2/\rho\\ \Delta\rho_3/\rho\\ \Delta\rho_4/\rho\\ \Delta\rho_5/\rho\\ \Delta\rho_6/\rho\end{pmatrix}=\begin{pmatrix}\pi_{11} & \pi_{12} & \pi_{12} & 0 & 0 & 0\\ \pi_{12} & \pi_{11} & \pi_{12} & 0 & 0 & 0\\ \pi_{12} & \pi_{12} & \pi_{11} & 0 & 0 & 0\\ 0 & 0 & 0 & \pi_{44} & 0 & 0\\ 0 & 0 & 0 & 0 & \pi_{44} & 0\\ 0 & 0 & 0 & 0 & 0 & \pi_{44}\end{pmatrix}\begin{pmatrix}\sigma_1\\ \sigma_2\\ \sigma_3\\ \tau_1\\ \tau_2\\ \tau_3\end{pmatrix} \tag{28.4-8}$$

式中，π_{ij}为压阻系数，单位为Pa^{-1}，其为正值还是负值由掺杂类型、掺杂浓度和工作温度决定。很显然，π_{11}为纵向压阻系数，π_{12}和π_{44}为横向压阻系数。

式（28.4-8）是在坐标轴与{100}三个晶轴对准时得到的，不太方便应用。对于任意方向扩散电阻，更好的表达式为

$$\frac{\Delta R}{R} = \pi_l \sigma_l + \pi_t \sigma_t \qquad (28.4\text{-}9)$$

式中，π_l 和 σ_l 分别为纵向压阻系数和与电阻电流方向平行的应力（也就是与长度方向平行），π_t 和 σ_t 分别为横向压阻系数和横向应力。沿电阻方向的压阻系数可以从坐标变换得到，表示为

$$\pi_l = \pi_{11} + 2(\pi_{44} + \pi_{12} - \pi_{11})(l_1^2 m_1^2 + l_1^2 n_1^2 + n_1^2 m_1^2) \qquad (28.4\text{-}10)$$

$$\pi_t = \pi_{12} - (\pi_{44} + \pi_{12} - \pi_{11})(l_1^2 l_2^2 + m_1^2 m_2^2 + n_1^2 n_2^2) \qquad (28.4\text{-}11)$$

式中，l_1、m_1 和 n_1 为单位长度向量的方向余弦（相对于晶轴），与电阻的电流方向平行；l_2、m_2 和 n_2 为垂直于电阻方向的单位长度向量的方向余弦。因此，$l_i^2+m_i^2+n_i^2=1$。例如，对于［111］晶向，所有晶向的投影相同，$l_i^2=m_i^2=n_i^2=1/3$。

表 28.4-1 列出了硅样品的压阻系数。很明显，P 型 Si 性质主要由 π_{44}决定，它比其他压阻系数大约 20 倍。通过使用主要的压阻系数，忽略次要的压阻系数，式（28.4-10）、式（28.4-11）可以进行进一步简化。但是需要注意的是，电阻注入浓度的不同以及工作温度的不同能够显著改变压阻系数。最简单表示变化的方法就是将其归一化到室温下轻掺杂硅的压阻系数。图 28.4-2 所示为 P 型和 N 型硅参数 P 的变化图。

$$\pi(N, T) = P(N, T)\pi_{\mathrm{ref}} \qquad (28.4\text{-}12)$$

表 28.4-1　室温下硅的压阻系数

（各向异性因子 $\pi_A=\pi_{11}-\pi_{12}-\pi_{44}$）

硅材料	ρ/ Ω·cm	π_{11}/ 10^{-11}Pa^{-1}	π_{12}/ 10^{-11}Pa^{-1}	π_{44}/ 10^{-11}Pa^{-1}	π_A/ 10^{-11}Pa^{-1}
N 型单晶硅	11.7	−102.2	53.4	−13.6	−142.0
P 型单晶硅	7.8	6.6	−1.1	138.1	−130.4

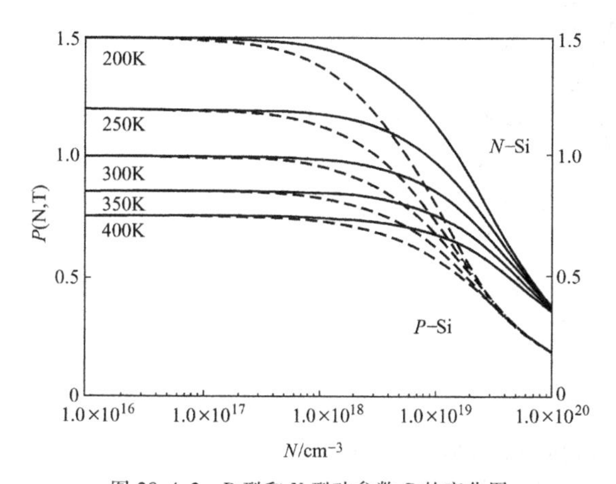

图 28.4-2　P 型和 N 型硅参数 P 的变化图

图 28.4-3 所示为（100）硅圆片表面电阻的纵向和横向压阻系数。注意每个图被分成两部分，分别对应于 P 型硅和 N 型硅的 π_l 和 π_t。如果分别用曲线描述，每一条曲线均在水平轴上。同样，需要注意的是：P 型硅 π_l 和 π_t 的峰值沿着［110］方向，而 N 型硅峰值沿［100］方向。因此，对于 P 型硅，可以用各向异性腐蚀在其表面制备出沿［110］方向的沟槽，P 型压阻最佳的摆放位置为平行或垂直于腐蚀槽。

如有两个 P 型硅电阻沿［100］方向，其位置靠近硅圆片上圆形薄膜的外边沿。一个电阻平行于薄膜的半径，另一个电阻垂直于薄膜半径。当压力施加的时候，电阻的相对变化大小相同，符号相反，用上面的公式可以表示为

$$\left(\frac{\Delta R}{R}\right)_{\mathrm{ra}} = -\left(\frac{\Delta R}{R}\right)_{\mathrm{rt}} = -\Delta p\frac{3\pi_{44}a^2(1-\nu)}{8h^2} \qquad (28.4\text{-}13)$$

式中，下标表示径向、切向电阻的方向。桥式电阻电路的读出很有益于电阻变化的互补性，如图 28.4-4 所示，这种情况下的输出电压为

$$\Delta V_0 = V_s\frac{\Delta R}{R} \qquad (28.4\text{-}14)$$

因为输出电压与电源电压 V_s 成正比，压阻式压力传感器的输出电压一般表示为单位压力变化相对于电源电压的改变量。因而，典型的灵敏度为 10^{-4}/Torr 量级。压敏电阻的最大相对改变量为 1%～2%的量级。由式（28.4-13）、式（28.4-14）可以看出，灵敏度的温度系数为每单位温度变化造成灵敏度的相对变化，其主要由 π_{44}温度系数决定。

桥式电阻的一个优点在于它具有相对较小的阻抗。这就可以使感应电路可以与薄膜保持一定的距离，而不用考虑寄生电容带来的负效应。

随着电阻长度的减小，电阻会随之减小，进而会引起功耗的上升，这是我们要避免的。而当电阻宽度减小时，由于光刻技术的非理想因素以及其他的工艺限制，会造成最小变化量较为显著的依赖于电阻。这些问题就限制了电阻的微小型化。其次，当薄膜尺寸减小的时候，电阻会在薄膜边沿和中心之间占据较大的面积，因为最大应力会发生在那些区域，所以电阻面积扩大，会引起应力平均，因此信号读出电路的灵敏度会被打折扣。另外，如果电阻标称值发生改变，桥路的两臂会产生不平衡，那么即使薄膜不发生形变，电路也会产生一个非零的信号。这种偏移与温度有关，而且变化不对称，较难补偿。

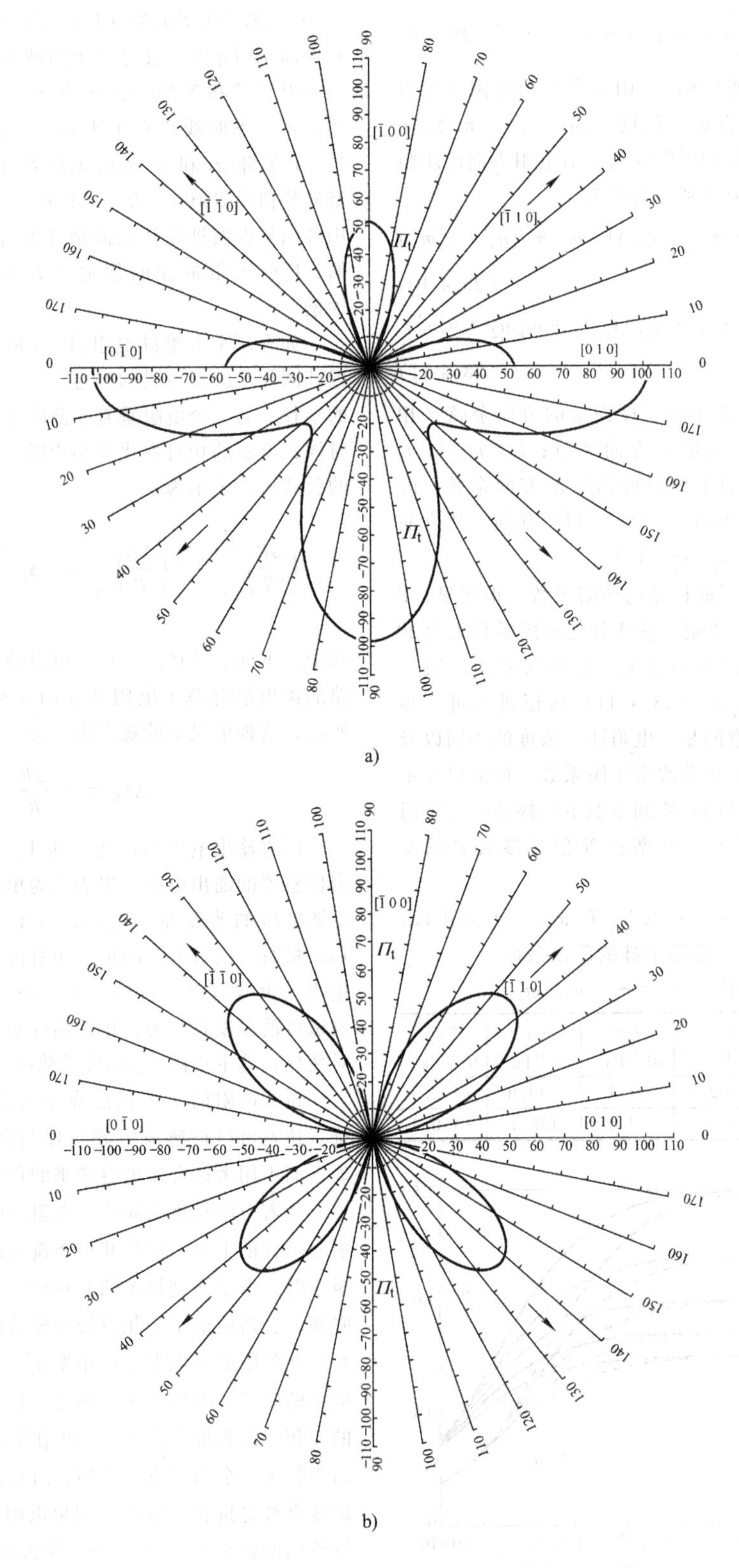

图 28.4-3　（100）硅圆片表面电阻的纵向和横向压阻系数

a）N 型　b）P 型

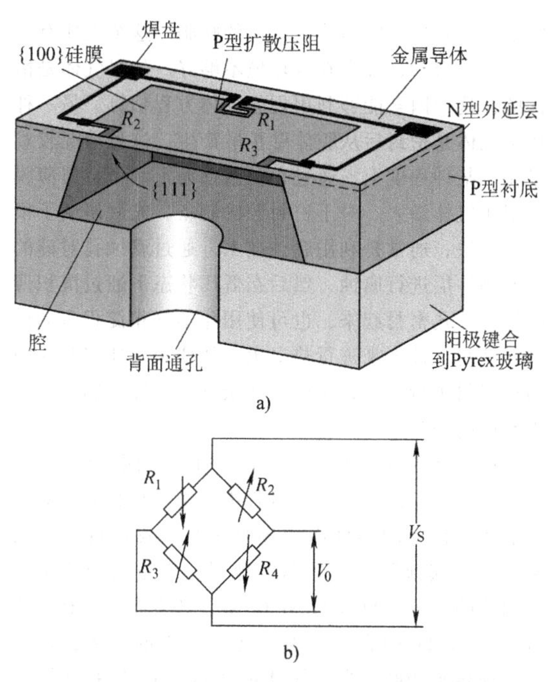

图 28.4-4　压阻传感器结构

a）方膜上横向和纵向电阻摆放位置　b）惠斯通电桥结构

1.3　电容式压力传感器

电容式压力传感器都有一个弹性薄膜作为电容的一个极板，而另一个极板位于衬底上面、弹性极板下方。弹性极板由于受到压力的作用而产生形变，会使两极板间的平均距离发生变化，从而导致电容值的变化，见图 28.4-5。

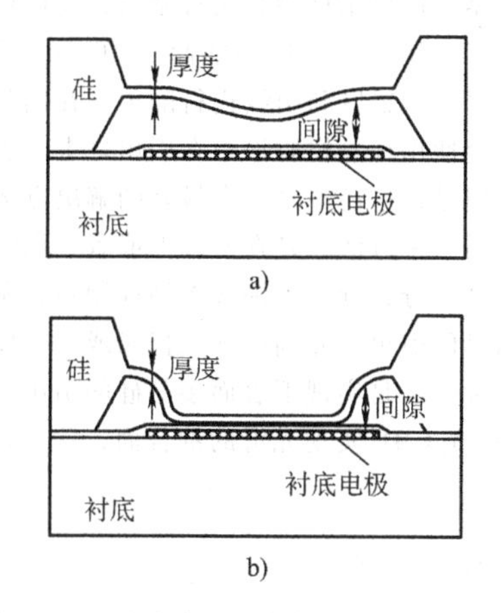

图 28.4-5　电容式压力传感器的两种工作模式

a）正常工作模式（非接触式）

b）接触工作模式（接触式）

图 28.4-5 显示了一种用体硅微机械加工技术制备电容压力传感器的工艺。在此结构中，第一次把硅圆片中的区域制备出凹坑，剩余的周边高台面作为薄膜的锚区。硼注入用于定义区域以便最终形成结构。硅圆片的上表面阳极键合到玻璃圆片上，其中玻璃圆片上事先镀上一层金属薄膜作为电容的固定电极，并同时实现电路的电引出。硅片的非掺杂区域最终被各向异性腐蚀溶液（如 EDP 溶液）溶解。为了获得一个低的剖面以及小尺寸，接口电路被混合封装于同一玻璃圆片的凹坑里面，这样就能够制备出一个足够小的传感器能够放置于外径为 0.5mm 的心血管用的导管里面。使用一个 2μm 厚、560μm×280μm 的薄膜，电容间距为 2μm，电路芯片 350μm 宽、1.4mm 长、100μm 厚，能够实现的压力检测分辨力小于 266.6Pa。

电容检测的方案避免了压阻式检测方案的问题。例如，由于压阻无需制备于薄膜上面，这样就能够消除应力集中以及电阻偏差的问题，可以很简单地缩小器件尺寸。另外，也消除了 π_{44} 随温度的变化对灵敏度温度系数的影响。全量程输出摆幅为 100%或者更高，而压阻式的灵敏度仅有 2%。实际上，由于直流电流为 0，传感器敏感元件是没有功耗的。但是，电容式压力传感器具有其他的一些局限性：随外界压力以及薄膜的形变，电容值变化非线性，即使是一小部分的改变，敏感电容也可能会很大，绝对量的改变会很小，并且感应电路的设计需要慎重。器件的输出阻抗大，也会影响接口电路的设计，器件输出与接口电路之间的寄生电容对输出也有很大的负面影响。也就是说，混合或者单片集成应用场合的电路，要尽可能与器件接近。另一个需要考虑的是信号引出和封装。在绝对压力传感器中，薄膜下的空腔必须真空密封。在空腔外的另一个电极上传输信号并且要保持密封，这对制造提出了较大挑战。

两平行极板间的电容可表示为

$$c = \frac{\varepsilon_0 \varepsilon_r A}{d} \tag{28.4-15}$$

式中，ε_0、ε_r、A 和 d 分别为真空介电常数（8.854×10^{-14}F/cm）、两极板间材料相对介电常数、有效极板面积和两极板间间距。由于薄膜发生形变时，两极板间的间距不是均匀变化的，所以一般使用有限元分析去计算电容式压力传感器的响应。不过，当在小形变范围内，也就是形变量相对于薄膜厚度而言很小时，灵敏度（定义为每单位压力值改变造成的电容的微小变化量）有下列关系：

$$S_{cap} = \frac{\Delta C}{C \cdot \Delta p} \alpha \frac{1-\nu^2}{E} \frac{a^4}{h^3 g} \tag{28.4-16}$$

式中，g 为薄膜与电极间的平均间距，其他符号与式（28.4-3）相同。式（28.4-13）给出了压阻式器件阻值的相对变化，很明显电容式器件更加依赖于 a/h 的比值大小，即薄膜半径与厚度的比率。另外，它们依赖于电容两极板的间距 g。电容式压力传感器的灵敏度一般在 10^{-3}/Torr（1Torr = 133.322Pa）左右，是压阻式压力传感器的 10 倍多，这是电容式压力传感器的一个很显著优点，但是它在线性度和动态范围方面会有所损失。

电容式压力传感器的动态范围，会受到全量程形变量的限制。动态范围定义为 $\Delta C = C$ 点的形变量。然而，实际上即使超出了阈值，也就是薄膜接触到它下面的衬底时，当压力继续增大，其电容值也会增大。因为压力增大的时候，电容的接触面积会增大，这就扩展了器件的有效工作范围（见图 28.4-5b）。只要下极板电极与薄膜是电绝缘的，如电容两极板中间是绝缘材料，传感器仍然可以使用。这种工作模式称为“接触式模式”。实际上，由于这种输出范围相对较大，所以可使薄膜与衬底接触，使用“接触式模式”。例如，对于一个 4μm 厚，面积为 1500μm×447μm 的 P^{++} 硅薄膜，平均电容间距为 10.4μm，实验证明在接触模式下其动态范围能达到 120Psi（1Psi = 6894Pa），而传统模式的电容压力传感器动态范围仅有 50Psi。接触模式的工作原理是利用了电容式压力传感器衬底能够提供一个自然的过压停止端，能够延缓或者阻止薄膜的破裂。这个特点是大部分压阻式压力传感器所不具备的。

在电容式压力传感器中，温度系数主要是由衬底和薄膜之间热膨胀不匹配造成的。可以通过选择适当的材料和加工次序使得这个效应的影响最小化。例如，当选用玻璃作为衬底（见图 28.4-6）时，选择热膨胀系数与硅相近的玻璃就是十分重要的。Pyrex7740 玻璃具有较好的性能。一般而言，薄膜材料与衬底材料相同时可得到最理想的情况。把硅结构阳极键合到一个硅衬底圆片上，并在其表面覆盖有 2.5~5μm 的玻璃，这样器件具有较低的 TCO。使用硅-玻璃阳极键合工艺制备的硅压力传感器，其 TCO 一般小于 $10^{-4}K^{-1}$。由于电容式压力传感器的灵敏度范围在 $10^{-3}Torr^{-1}$ 范围下，则 TCO 能够保持在 0.1Torr/K（1Torr = 133.3Pa）。

对于绝对压力传感器，影响温度灵敏度的最主要

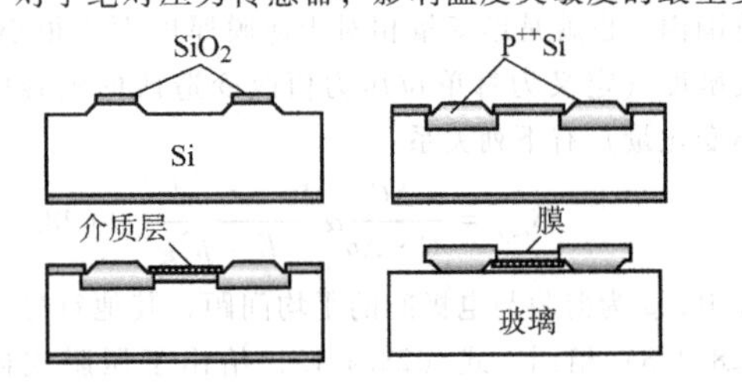

图 28.4-6　制作在玻璃衬底上的压力传感器示意图（采用重掺杂自停止技术）

因素为密封参考腔内残余气体的膨胀。这个气体有可能来自于密封过程中真空环境不够好。如果气体是惰性的，这个因素能够利用理想气体方程估算。另一种残余气体是密封后从腔体壁扩散产生，这种情况较难量化。某种程度上，通过在扩散壁面上制备金属薄膜以阻止气体渗入。对于密封腔的制备，先后研制了很多种方法，通常是利用腐蚀技术，通过腐蚀孔对硅的表面牺牲层进行腐蚀，然后在低压状态下通过沉积薄膜把腐蚀孔密封起来，也可使用化学气相淀积多晶硅进行密封。接下来进行热退火，使残余气体与腔体的内壁材料进行反应，从而使残余气体消除，制备出高真空度的密封腔。

即便这种方法适用于表面微机械封闭腔的制备，但是使用多晶硅进行密封过程中的反应热预算，对于玻璃作为衬底的器件而言还是过高。我们可以使用 NEG 的金属薄膜实现相似的效果，它适用于使用玻璃圆片的工艺。NEG 为 Ni/Cr 带，其表面覆盖有多孔 Ti 与 Zr-V-Fe 的合金。为了达到理想的结果，初始时，加热到 300℃ 进行气体的吸收，接下来进行参考腔的密封，最终加热到 400℃ 完成整个过程。最后制备出的密封腔，腔内的压力小于 1.3×10^{-13} Pa（10^{-15}Torr）。需要注意的是，当薄膜产生形变和腔的体积发生改变时，参考密封腔内的残余气体压力会发生变化。这会导致错误的输出以及灵敏度的损失。

对于电容式压力传感器，密封腔内敏感电极的电引出是一个长久存在的问题。对于如图 28.4-5 所示的器件类型，使用阳极键合实现密封，玻璃衬底上制备电引出，金属层的厚度不能超过 50nm。另外，使用薄膜绝缘层将锚区和引线进行隔离。在制备工艺的后期有时会使用环氧树脂涂敷在引出之上，进行密封的加强。但是，这还不是一个最好的解决方案，还有待完善。另一种方法，是在衬底上或者在微结构临近薄膜的刚性部分，利用刻蚀或者钻蚀制备孔洞，通过它进行信号的引出，并利用环氧树脂或者金属进行密封。第三种方法是实现下表面多晶硅的引出，利用化学-机械抛光 CMP 实现光滑的键合面，达到密封允许的程度。

1.3.1　设计改进

目前报道了大量的结构和材料可供选择，包括：超薄绝缘薄膜、具有突起或者波纹的薄膜、嵌入刚性电极双层薄膜以及在密封腔外有敏感电极结构的薄膜。

与硅工艺兼容的绝缘材料能够代替作为压力传感器的结构材料。其中较好的选择是经过应力补偿的氮

化硅，因为它具有稳定的化学性质和物理特性。需要关注的问题是，大而薄的薄膜在压力作用下出现的高应力问题，其会引起器件的失效，而氮化硅薄膜应力又是硅的两倍。直径为 2mm、厚度为 0.3μm 的大而薄的氮化硅薄膜能够实现较高的灵敏度。LPCVD 制备的氮化硅薄膜具有较高的残余张应力，会减弱薄膜的形变。为了对残余应力进行补偿，在两个氮化硅层之间（60nm/180nm/60nm）制备具有压应力的氧化硅薄膜对残余张应力进行补偿。为了补偿由大变形引起的非线性影响，在薄膜中心制备 3μm 厚、直径为薄膜直径 60%的 P^{++} 硅凸起，则较大部分具有低灵敏度，只有小部分会使线性度降低，它的灵敏度为 10^{-2}/Pa（5fF/mTorr）（1Torr = 133Pa），比传统电容性器件大 10 倍，压力最小分辨力为 13.3mPa，TCO 和 TCS 分别为 $910\times10^{-6}K^{-1}$ 和 $-2900\times10^{-6}K^{-1}$，动态范围大于 130Pa。

对于很小很灵敏的压力传感器而言，很重要的问题就是噪声。很多噪声源，包括电噪声和机械噪声，都会对输出信号产生影响。一般而言，噪声包括：薄膜表面气体的布朗运动，来自于感应电阻或电容的噪声，感应电路引起的静电力造成的压力改变，以及感应电路本身的噪声。

在压力传感器薄膜中引入波纹状结构，对于电容式压力传感器而言能够实现较大的线性范围以及较大的动态响应范围。波纹状结构可以通过干法或者湿法工艺制备。当波纹制备出之后，薄膜中的残余应力会引起翘曲，而在薄膜中心制备凹坑结构能够显著地提升性能，但是会在相反方向产生形变。

前面给出的绝大部分压力传感器的掩膜制备都是用来制作内部真空腔电极的引出。图 28.4-7 给出了一种在密闭真空腔外部制作拾取电容的压力传感器，能够解决密封带来的电引出问题。如图 28.4-7 所示，一种 T 形的电极，延伸至真空密闭腔外面，作为感受压力形变的电极。固定电极位于衬底 T 形电极下方，通过在衬底上制备金属形成。当外部压力增大时，薄膜中心向下发生形变，T 形电极的外围向上发生翘曲，会减小拾取电容。形变会随着外部压力增大而单调改变，直到外部压力增大到使中心薄膜触碰到衬底的阈值。因此，这种器件结构能够工作于接触模式，扩展动态范围。

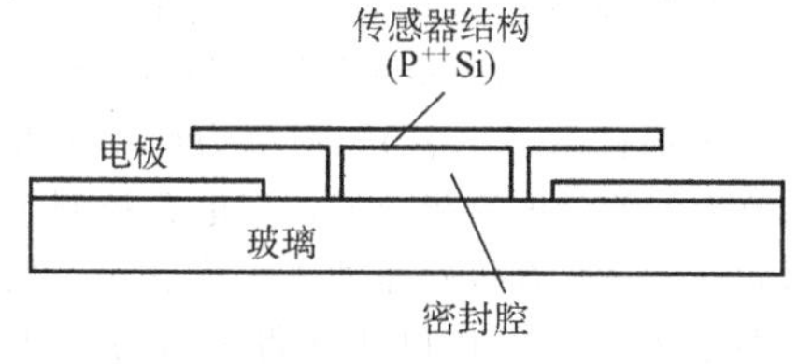

图 28.4-7　受外部压力作用压力传感器电极与 T 形电极做相反方向运动的示意图

1.3.2　电路集成和器件补偿

电容检测电路一般将电容转变为其他的易于处理的电学量，如电压、电流和频率。目前出现的检测电路大概可分为电容-电压转换电路和电容-频率转换电路。将电容转换成频率的最简单方法就是采用 RLC 回路形成共振，来检测频率大小或相位的变化或电容的变化。

（1）开关电容电路

开关电容电路利用 IC 加工时电容制作匹配性好于电阻的优点，通过分时处理的方式，采用电容反馈形式，获得与电容比值相关的电压输出，在 ADC 中具有重要的应用。其具有电容反馈的固有特点使得开关电容电路在电容测量中得到应用。开关电容电路的主要优点有：①与 CMOS 工艺兼容；②时间常数精确；③电压线性度高；④温度特性好。

开关电容电路通过时钟作用，分时实现电容的冲放电过程，使得电容上电荷产生转移，根据电荷守恒的原则，得到输入端对应的电压大小。图 28.4-8 所示为开关电容放大器的原理图。整个电路有两项互不重叠时钟控制 φ_1 和 φ_2，另外一个时钟 φ_1' 的下降端比 φ_1 提前一个时间 t_{lag}，其目的是采用底极板采样技术时钟，降低由于时钟变化而产生的注入电荷的影响。电路的输出为

$$V_{out} = V_{in} \cdot \frac{C_s}{C_f} \qquad (28.4\text{-}17)$$

这样通过开关电容电路就将电容量转换成电压的输出。在具体的应用中，有时会在输入端增加参考电容，通过分时工作得到电容变化量对应的电压值。

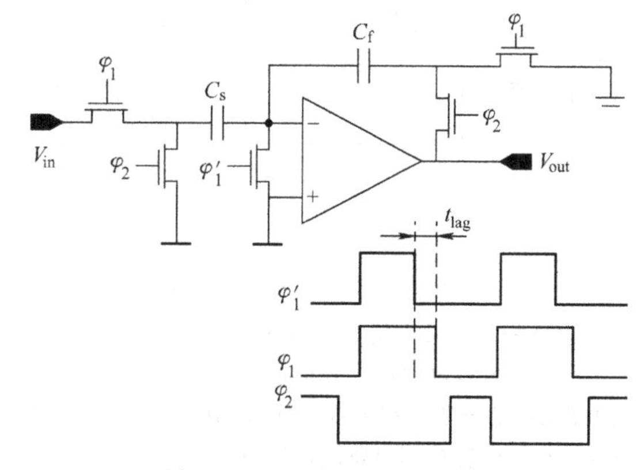

图 28.4-8　开关电容放大器原理

为了降低电路的复杂性，同时消除共模噪声的干扰，可以采用差分输入的方式，这样就在电容相连的一极施加驱动电压信号，电容的另外两极为输出端，

接入到差分电路中。驱动电压的干扰可以通过这种方式消除，提高了电源的干扰抑制能力，抵消了衬底噪声的影响。对于开关电容电路实现的电路形式，差分输入还有利于抑制由于开关打开而产生的电荷注入的影响。图 28.4-9 所示为电容检测电路的双端差分输入形式。其中，C_s 为传感器电容，C_r 为参考电容，两个电容相连组成桥式结构，在其中端施加驱动电压信号，电容的另两端分别接到运算放大器的两端，实现差分输入方式。C_{f1} 为反馈电容，通过这种方式，组成开关电容电路形式。C_p 为放大器的寄生电容，输入电压脉冲一般与电源供电电压匹配，一般为几伏大小，开关电容电路的输出与输入电压的变化成正比，电路电压变化为 $\Delta V_s = V_{s+} - V_{s-}$，在电容完全匹配的情况下，电路的输出电压为

$$V_{out} = \Delta V_s \frac{C_s - C_r}{C_{f1}}\left(1 - \frac{C_s}{C_s + C_{f1} + C_p}\right) \tag{28.4-18}$$

电路反馈使得放大器输入端的共模电压产生偏移，相应减小了作用在传感器电容和参考电容上的电压变化量。另外，寄生电容和反馈电容的不匹配都会造成一定的误差，小的偏差和温度变化都会使得输出发生偏移，影响电路的稳定性。寄生电容和反馈电容的失配造成的输出失调为

$$V_{offset} = \Delta V_s \cdot \frac{\Delta C_{f1} + \Delta C_p}{C_{f1}} \cdot \frac{C_s}{C_s + C_{f1} + C_p} \tag{28.4-19}$$

因为方案检测两电容之间的差值，寄生电容对两者造成的影响相同，所以输出不受寄生电容的影响。

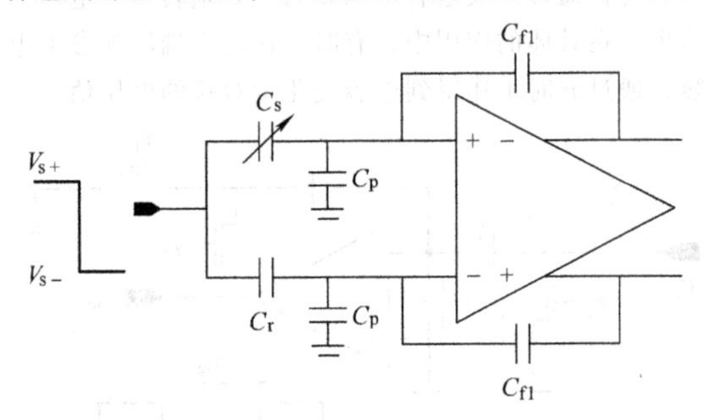

图 28.4-9　双端差分输入电容检测电路

（2）相关双采样技术（CDS）

在开关电容电路中，有很多种消除电路失调和低频 $1/f$ 噪声的方法，相关双采样（CDS）就是其中的一种。在微电容检测电路的设计中，采用双采样技术可以实现高精度。从信号分析的角度来看，相关双采样电路为一个高通滤波器，可以将低频的失调和噪声消除。顾名思义，相关双采样技术采用两次采样来消除失调，降低 $1/f$ 噪声。第一次为清零状态，这时输入为零，输出为电路的失调和 $1/f$ 噪声以及电荷注入，第二次为信号检测状态，输入为有效信号以及噪声，由于低频噪声随时间的变化较小，这样通过两次输出的差就可以得到消除噪声的有效信号。由于低频噪声随时间变化较小，因此是相关的。但对于高频噪声，如热噪声来说，CDS 技术不能消除，两次采样反而增加了电路的热噪声。对于电路部分热噪声的优化设计可以降低这部分噪声。图 28.4-10 所示为采用 CDS 技术实现的电容-电压转换电路。在 φ_{SN1} 采样状态下，电路的失调、电荷注入、$1/f$ 噪声被放大存储到保持电容 C_H 上，在 φ_{SN2} 采样状态下，电容输入端施加 V_S 的电压信号，这时有效信号和失调、电荷注入以及 $1/f$ 噪声一起被放大到电容 C_H 上极板，由于电容的保持效应，在电路的输出端得到第二次采样得到的值与误差信号的差值，电路的输出得到消除失调、降低 $1/f$ 的有效输出。在一阶近似的情况下，CDS 几乎完全消除失调和电荷注入，对 $1/f$ 噪声具有滤波整形作用，极大地减小了 $1/f$ 噪声的大小。

（3）器件补偿

电容式压力传感器与压阻式压力传感器相比具有诸多优点，但是有较高的非线性。压阻式器件一般线性度较好，但是在未补偿时，仅有全量程的 0.5%（8 位）。对于补偿而言，有两种较为可行的方案，一种是多项式拟合，另一种是全量程查找表。例如，通过使用片外 CPU 来实现，采用多项式拟合，使用逐步迭代方案，用 153 个固定采样点来描述压阻式多晶硅全桥薄膜器件，以及温度和压力补偿。在补偿之前，全量程的非线性为 29%，补偿之后，器件性能提高了 4.4 位。

对电容压力传感器，可采用高集成度方案，如电容式压力传感器具有 15 位的分辨力。片上电路能够利用 3 位多路传感器及其选择寄存器，提供 5 个不同传感器的接口。它通过可编程增益以及偏置电路来实现电路在不同量程和范围内正常工作，并具有 DC 模拟输出缓冲。系统提供校准和运行的模式以及外部调试引脚。最终阵列包含 5 个不同的传感器，能够覆盖 40000Pa（300Torr）的范围。由于电容式传感器对尺寸方面的依赖性，薄膜的尺寸变化范围仅仅为 1000~1100μm。薄膜为中心具有 BOSS 结构的 3.7/0.3μm 的 Si/SiO_2 膜。传感器的检测使用三级可编程开关电容电路（多晶硅参考电容）。前端为使用折叠共发射共基放大器差分电荷积分器，用电路控制工作状态，因此首先是所有传感器处于工作状态，然后电路决定哪个传感器工作以便获得最大分辨力。电路采用双采样时钟，用于降低闪烁噪声和放大器漂移。

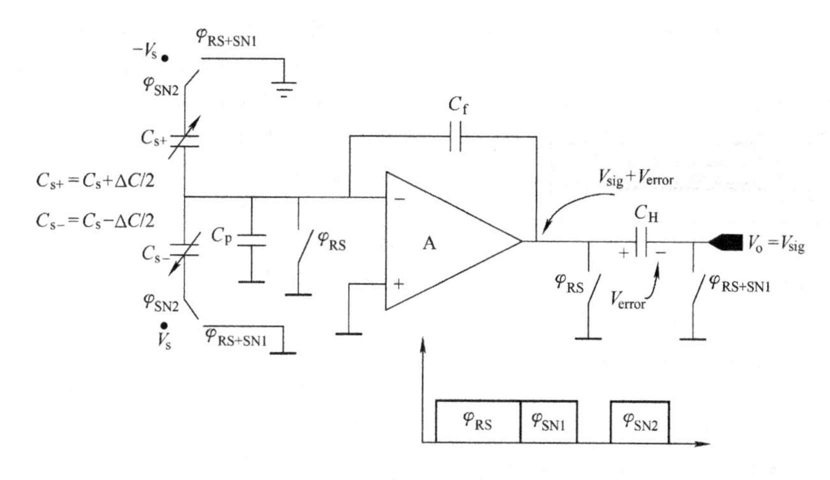

图 28.4-10　采用 CDS 技术实现的电容-电压转换电路

1.4　其他类型压力传感器

压力传感器除了利用电容和压阻检测方法外，还有其他方法，其主要目的是考虑一些特殊场合的应用或者是对参数要求严格的情况。谐振梁器件能够提供特别高的分辨力以及准数字输出，闭环伺服控制式器件能够提供较宽的工作范围，隧道式器件能够提供较高的灵敏度，光学器件是恶劣环境下的理想选择，热型压力器件特别适用于真空应用。

1.4.1　谐振式压力传感器

与电阻检测和电容检测相比，频率检测一直被认为具有更好的抗干扰性和更高的准确度。因此，与电特性相比，谐振式器件更容易受到机械特性的影响。主要的准则是：与传统的电容式或者压阻式相比，谐振式器件具有 10 倍或者更高的精度。另外，由于输出本身就是量化的值，因此更容易与数字系统接口。

谐振式器件是利用谐振梁上应力会影响其有效弹性常数，进而影响其谐振频率的原理。典型的谐振式压力传感器一般采用闭环式梁结构检测薄膜中的应力，就像压阻式器件检测一样，这种应力会反映薄膜的形变量。谐振梁可以通过静电力、磁场力或者光学的方式等激励。谐振频率同样可以使用这些方法检测，或者用压敏电阻进行检测。

第一个商用谐振式器件能够实现全量程优于 0.01%的精度。器件利用两个谐振梁，一个位于薄膜中心，另一个在薄膜外围，用来获得差分信号（见图 28.4-11）。通过使用四层外延层生长方式实现梁的真空密封，这是一种相当复杂的制备工艺。真空腔压力为 133mPa（1mTorr），通过外延层生长环境在低压氛围中实现。这种结构能够实现 50000 以上的 Q 因子。器件的温度灵敏度受到硅材料热膨胀的限制，温度系数约为 $-40\times10^{-6}\mathrm{K}^{-1}$。

将谐振梁放置于 DC 磁场环境中，并对其施以 AC 电流激励，可实现谐振梁的共振。由正反馈电路控制电流，来实现其等幅震荡。稍小的谐振幅值能够减小谐振中的二阶非线性，特别是频率响应的回滞。最高精度的器件可应用于航天。

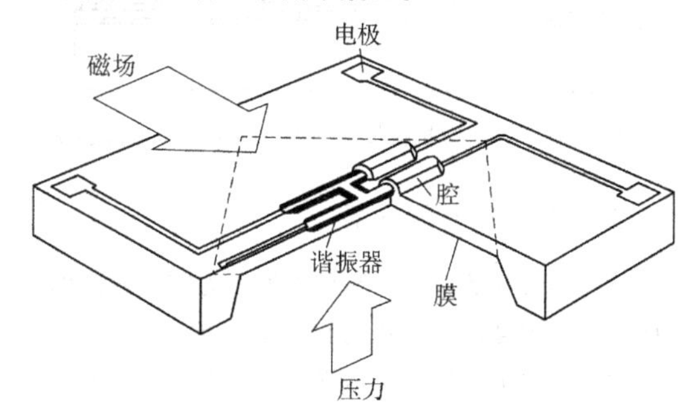

图 28.4-11　谐振式压力传感器结构示意图

1.4.2　伺服控制式压力传感器

闭环式压力传感器是将由压力改变引起的测量信号用于反馈控制中，以使该信号维持在其参考值的一种传感器。这种方法广泛用于微机械惯性传感器，以便增加其灵敏度、线性度以及动态范围，这同样也有利于压力传感器。为了实现这种设计方法，需要有执行器用于驱动压力传感器。为了实现这个目的，最常用的办法就是利用静电执行器。由于其简单，所以易于设计和制备，不过执行力比较小。

如图 28.4-12 所示的结构，硅膜悬浮于两个玻璃圆片之间，用于感应和反馈用的电极均位于玻璃圆片之上。在其中一块玻璃圆片上打孔，以提供施加外界压力的途径。下电极贯通整个硅圆片，实现引线的引出，这种方法为其他所有上表面电极的引出提供了一种实现方式。器件通过体硅工艺制备，需要两个玻璃圆片和一个硅片。对于10Torr（1.33kPa）外界压力，需要70V的静电驱动。

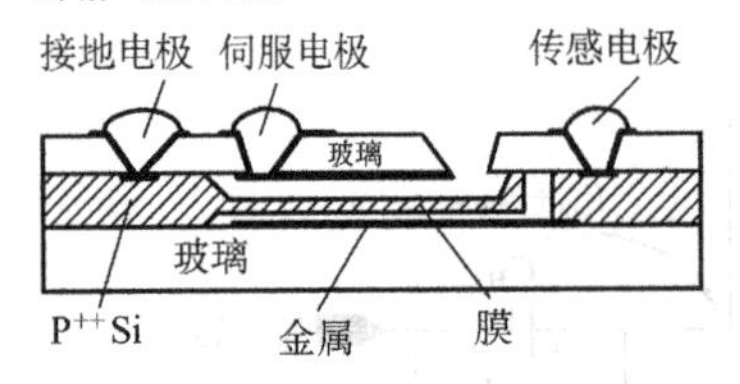

图28.4-12 静电伺服控制型压力传感器结构示意图

为了提高静电力平衡压力传感器的测量范围并降低驱动电压，可利用表面微机械工艺制备器件。如图28.4-13所示，为了实现低电压运行，设计电极区域要比薄膜面积大100倍或者更大，以便减小恢复电压/驱动电压。器件薄膜尺寸为20μm×20μm，整体占用面积为250μm×250μm。薄膜以及反馈电极均用多晶硅制备。制备过程需要15块掩膜版。器件为自密封结构，大大简化了封装形式。对于100kPa的外界压力，驱动电压小于12V。

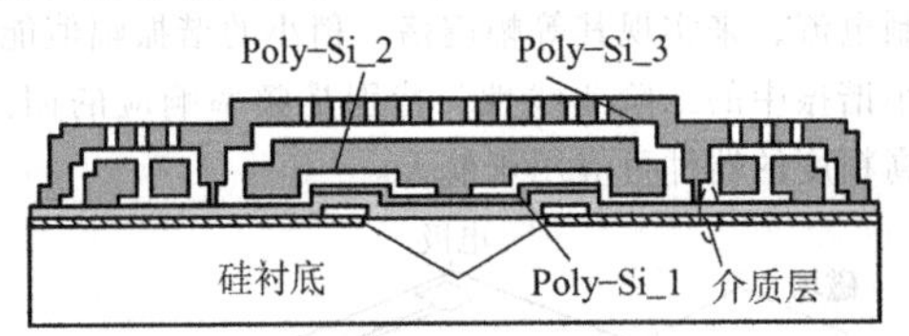

图28.4-13 表面微机械加工的静电力平衡压力传感器

1.4.3 隧道压力传感器

对一些特殊的应用，测量外界压力需要较高的灵敏度。高灵敏度电容式压力传感器需要制备厚度薄、面积大的压力敏感薄膜，以提供可测形变。然而，通过两个电极间的隧道电流检测，能够用于薄膜纳米尺度的形变。这是因为隧道电流与隧道顶端与对应电极之间距离为指数函数关系。这种器件的主要优点是它能够缩小。使用传统的电容式传感器，要达到相同的灵敏度，需要较大的尺寸。

常见的隧道压力传感器使用了两层硅片和一层玻璃片。第一层硅片用于制备悬臂梁作为隧道顶端，第二层硅片用于制备薄压力敏感膜。玻璃衬底上制备金属电极，用来提供静电力，使谐振梁向下进行偏转。两种工作模式均可以用。第一种模式，在外加压力下薄膜形变，在恒定偏压下隧道电流会发生改变。第二种闭环工作模式，通过在梁和偏转电极之间施加适当的偏转电压使得隧道电流保持恒定。当偏转电压或者隧道电压增加10V时，隧道电流都会产生两个数量级的幅值变化。由于梁的形变是压力的函数，信号/压力灵敏度为0.21nA/mTorr（1Torr=133Pa）。

由于隧道电流呈指数状态变化，因此动态范围在开环模式下被限制在1~10mTorr。闭环模式会显著提高检测范围。目前范围限制仅由器件的机械偏转特性决定。由于测量在纳米量级，所以噪声是器件的一个主要问题，不过也因为这个原因，器件的功耗非常小。隧道尖性能与时间有关，因此会产生长期性能漂移问题。然而隧道式电极不需要制备成尖端形状，可制备成平板状电极。隧道式压力传感器需要特殊设计的电路用于其工作。

1.4.4 光学拾取式压力传感器

在传输速度和远距离感应方面，光学器件一直保持较为显著的优势，比较适用于小环境监测。由于传感器可以使用光进行读取和定位，所以比较适用于恶劣环境。对于易燃区域，由于需要远距离控制并在腐蚀性环境工作，用电缆进行传输就变得不太实际。

已提出了一种专用的用于检测表面压力波动的压力传感器。对于高速湍流行为或者航空器表面的检测需要远距离感应，以及较好的空间和实时分辨力。光学测量需要外部的光源和光接收器。

（1）利用自由空间光束的敏感结构

自由空间光束可以用来探测物体的位置或是对某种造成位置变化的现象进行敏感探测。最简单的一种结构是让光束在某些微结构的反射面反射，如在悬臂梁的背面上发生反射。反射光束指向光敏二极管或是射到投影屏上。如果悬臂梁弯曲一定角度，那么反射光束的投影点将会随之移动。反射光束投影点的位移与悬臂梁弯曲的角度成正比。

（2）利用光学干涉测量法的位置敏感结构

干涉测量法是用于测量悬臂梁位移光学技术的灵敏度最高的技术之一。通过光学干涉可以十分精确地测量出参考物体和移动物体之间的相对运动。干涉法测量有多种方式，包括迈克耳孙干涉仪、法布里-玻罗共振腔以及利用梳状叉指结构作为衍射光栅等。利用干涉法得到的位移分辨力可达0.01Å，在考虑了所有实际的噪声源情况下，光学干涉换能器可以得到与电子隧道效应换能器相当的分辨力。

1.4.5 热型压力式传感器

热型压力传感器是依据传统真空测量Pirani计的基本原理而提出的压力传感器。传统的真空计是以热体暴露在周围气体中产生的热损失随周围气体压力变化的原理，以达到利用散热损失的变化来测量真空压力的功能。当热体温度变化ΔT时，热损失功率P和热导$G(\mathrm{p})$存在以下关系，

$$P = G(\mathrm{p}) \cdot \Delta T \qquad (28.4\text{-}20)$$

式中，热导$G(\mathrm{p})$为随压力单调变化的物理量。图

28.4-14 所示为 CMOS 兼容热损失压力传感器结构的示意图。传感器的主体结构为一个悬空的包含金属作为加热体的复合层薄膜和一个淀积在衬底上的相似薄膜，分别作为压力敏感元件以及参考元件。传感件采用双金属 CMOS 工艺兼容加工而成。底层的金属作为牺牲层，上层金属作为加热体。在底层金属上依次淀积介质层、金属和介质层，形成复合层薄膜作为传感器敏感单元。牺牲层的腐蚀入口采用钝化层腐蚀出压焊块位置的方式，然后腐蚀下面的金属，使得复合膜悬空。传感器的测量采用恒温差原理，固定传感器单元与参考单元的温度差通过测量加热体消耗的功耗来得到热导 $G(p)$，由于热导与压力一一对应，从而达到测量环境压力的目的。

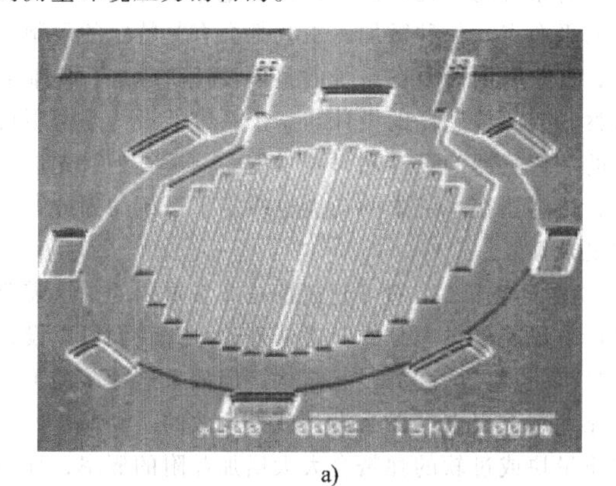

a)

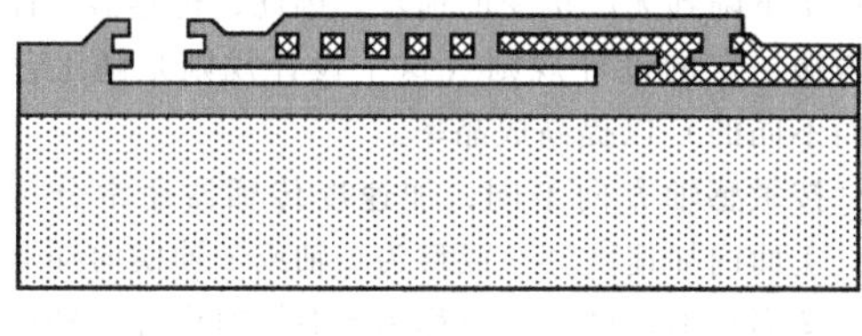

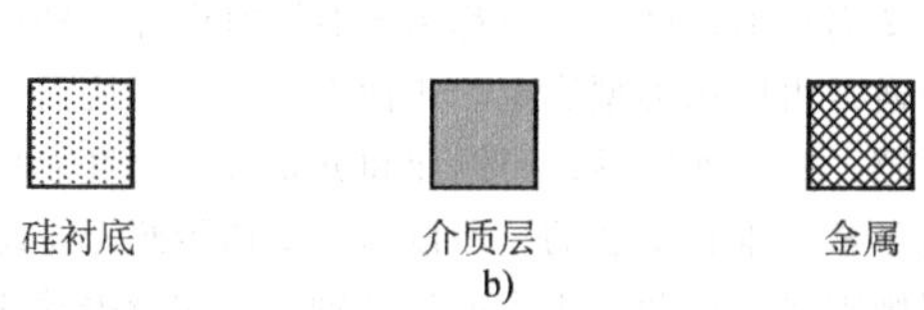

b)

图 28.4-14　CMOS 兼容热损失压力传感器
a）敏感单元 SEM 照片 b）结构剖面

气体的热导比辐射的热导对应的压力高约 133Pa，并且随压力变化保持线性变化，直到达到饱和点。对于常数项，如固体热导，可以被忽略，所以在一定压力范围内，热导保持线性变化。通过减小气体间距，测量热导的变化，能够增大压力检测范围。较小的空气间隙能够检测 $1.33\times10^{-4}\sim1.33\times10^{6}$Pa 的压力，扩展了大气压之上的检测范围。

1.5　压力传感器性能比较

表 28.4-2 列出了压阻、电容和谐振式压力传感器的主要性能。

表 28.4-2　压阻、电容和谐振式压力传感器的主要性能

性能/类型	谐振	压阻	电容
输出形式	频率	电压	电压
分辨力	$1/10^8$	$1/10^5$	$1/(10^4\sim10^5)$
精度/10^{-6}	10~1000	500~10000	100~10000
功耗/mW	0.1~10	≈10	<0.1
温度交叉灵敏度/℃$^{-1}$	-30×10^{-6}	-1600×10^{-6}	4×10^{-6}

2　微机械惯性传感器

惯性传感器是将惯性力转变为可测量信号的一种传感器。微传感器与宏观尺寸惯性传感器的原理并无区别。微传感器具有较小的封装体积或尺寸，较低的系统成本，有时还包括器件性能上的优势，这三者是微加工器件得到应用的主要原因，但通常这三个方面的优势是无法由一种技术同时实现的。在尺寸、成本以及合适的性能这三方面需求推动下，微机械惯性传感器得到了成功的应用，在汽车业中的应用就是其中较典型的例子。表 28.4-3 列出了汽车应用中所要求的惯性传感器性能指标。

表 28.4-3　应用于汽车业中的惯性传感器性能指标

性能指标	量程	应用说明
应用领域	±1g	防抱死系统(ABS)，牵引控制系统，虚拟现实技术
	±2g	纵向体运动探测
	±50g	正面气囊展开，车轮运动
	±(100~250)g	侧面气囊展开
	±(100°~250°)/s	安全与稳定控制中的行驶或偏航测量
分辨率	<0.1%	满量程，对所有应用
线性度	<1%	满量程，对所有应用
输出噪声	0.005%~0.05% FS/$\sqrt{Hz}$	满量程信号，对所有应用
零偏漂移	<1g/s	加速度计
	<0.1°/s	陀螺仪
温度范围	-40~85℃	工作条件
	-55~125℃	储存条件
交叉灵敏度	1%~3%	随应用不同
频率响应	稳态至 1~5kHz	针对安全气囊展开控制
	稳态至 10~100Hz	陀螺仪及 1g~2g 加速度计
抗冲击能力	>500g	带电情况下，所有轴向
	>1500g	不带电情况下，所有轴向

除了汽车市场之外，低 g 值惯性传感器产品在其他很多领域也有很多应用，如虚拟现实系统、智能玩具、工业机械控制、硬盘读写头保护系统、摄像机图像稳定系统、运输损坏检测、自动控制仓库、GPS 接收器及惯性导航系统。

2.1　惯性测量原理

惯性传感依赖于参考坐标系和被测量物体的坐标系，而线性加速度传感器和转动陀螺仪这两种主要的惯性传感器中使用的参考系和被测量物体的坐标系也是大多数惯性器件中使用的。加速度测量通常在笛卡儿直角坐标系中进行，测量的量为线性加速度产生的惯性力，如图 28.4-15 所示，该加速度计敏感轴为 x 轴，由锚区、弹簧、质量块和阻尼器组成。转动陀螺仪则常在柱坐标或直角坐标系中进行，被测量的量为转动或振动体上耦合科里奥力引起的主轴方向旋转角速度。

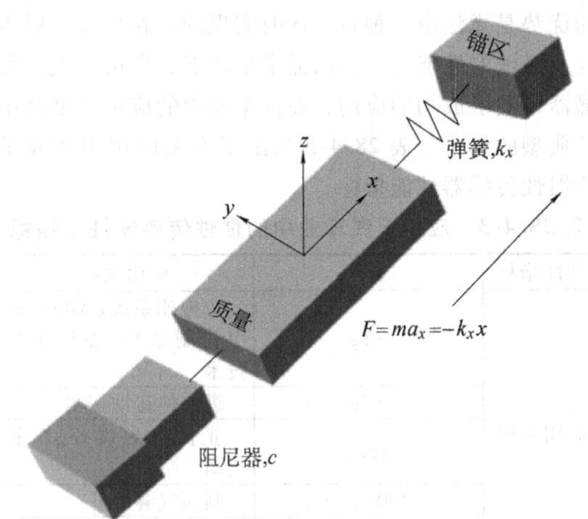

图 28.4-15　使用笛卡儿直角坐标系的线性加速度计

线性加速度 $\boldsymbol{a}$ 的定义为

$$\boldsymbol{a}=\frac{\mathrm{d}^2\boldsymbol{r}}{\mathrm{d}t^2}=\frac{\mathrm{d}v}{\mathrm{d}t} \tag{28.4-21}$$

式中，$\boldsymbol{r}$ 为线性位移（m），v 为线性速度（m/s）。该方程是向量形式的，虽然在多数系统中，运动是被限制在一个坐标轴方向上的（即可用标量 x 代替 $\boldsymbol{r}$），但复杂系统中对不同轴间交叉影响的分析是必要的。

转动陀螺仪测量角速度 $\boldsymbol{\omega}$ 定义为

$$\boldsymbol{\omega}=\frac{\mathrm{d}\boldsymbol{\theta}}{\mathrm{d}t} \tag{28.4-22}$$

式中，$\boldsymbol{\theta}$ 为角位移（rad），$\boldsymbol{\omega}$ 为角速度（rad/s）。也可测出角加速度 $\boldsymbol{a}$，定义为

$$\boldsymbol{a}=\frac{\mathrm{d}^2\boldsymbol{\theta}}{\mathrm{d}t^2}=\frac{\mathrm{d}\boldsymbol{\omega}}{\mathrm{d}t} \tag{28.4-23}$$

尽管可以通过微加工实现陀螺结构，微陀螺器件却常采用科里奥利效应来对运动部件的角速度进行测量。对于在一个坐标轴方向上做受迫振动的质量块，当其参考系发生转动时，会有一个正交于其振动方向的力作用在这个质量块上，这种耦合作用就是科里奥利效应，由下式描述：

$$\boldsymbol{F}_{\mathrm{e}}=2mv\times\boldsymbol{\Omega} \tag{28.4-24}$$

转动角速度 $\boldsymbol{\Omega}$ 作用于质量为 m、速度为 v 的质量块上时产生的力为 $\boldsymbol{F}_{\mathrm{e}}$，其方向由矢量 $\boldsymbol{\Omega}$ 和 v 的叉乘决定，正交于质量块自身的振动方向。

2.2　设计参数

惯性系统是相当复杂的系统，用微加工工艺制造这样的系统需要在传感器设计与电路设计之间找到合适的平衡点。每种微加工工艺都会有其特定的限制条件，这些限制需要在系统的整体设计阶段进行详细的考察，因此传感器的设计与整个系统的设计是密不可分的。传感器的设计和对技术能力的考查是最先进行的，传感器在系统中的功能也决定了系统的划分方式与复杂性。

保证传感结构的可制造性是非常重要的，这需要设计阶段就进行充分的考虑。理论上，我们可以设计出具有任意灵敏度的传感结构，但如果这种结构不能可靠地制造出来，那么设计就是无效的。例如，过大的质量块或过软的弹簧会大大增加黏附的概率，导致成品率下降到无法接受的地步。因此，传感器设计必须遵循一定的设计规则（这个设计规则是随工艺不同而不同的）以提高成品率。

按敏感轴方向不同，加速度传感器通常分为两类：①面内加速度计，或称为 x 轴或 x 轴横向加速度计；②离面加速度计，或称为 z 轴加速度计。轴向的选择通常由应用类型决定。正面安全气囊系统需要面内传感，即 x 轴传感，而侧面和分布式安全气囊传感器由于常是垂直安装的，所以需要 z 轴传感。陀螺传感器则需要至少两个正交的运动轴，以测量振动质量块转动时产生的微小科里奥利力。典型的陀螺仪是让质量块在面内振动，传感垂直于表面的科里奥利力。陀螺传感器的敏感轴示于图 28.4-16。

任何惯性传感器都需要设计振动质量块（或称参考质量块）、弹簧、阻尼器和测量质量块位移的方法。在加速或减速发生时，质量块将加速度转变为惯性力；弹簧通过弹性回复力为质量块提供机械支撑，并在加速度消失后使质量块回到中性位置；阻尼器一般就是空气，或是留存在传感器腔体内的环境气体，它可用于控制质量块的运动，以得到理想的频率响应特性；位移传感方法则将机械位移转变成电信号进行输出。

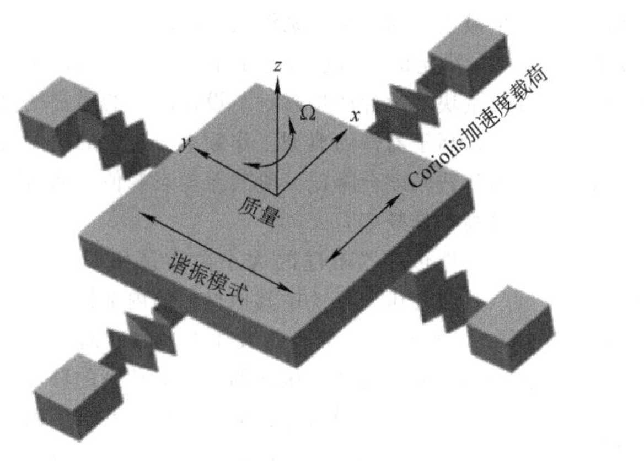

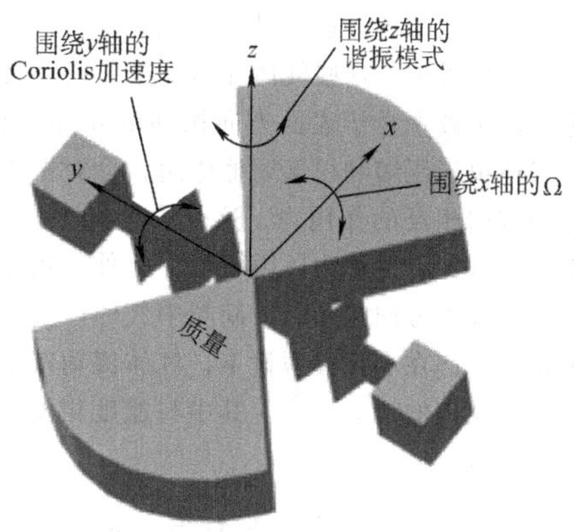

图 28.4-16　基于科里奥利效应的转动陀螺仪参考系及测量的敏感轴

2.2.1　质量块与弹簧

如前所述，惯性载荷会在质量块上产生惯性力，并由弹簧系统转化为位移的变化。简化的力平衡方程如式（28.4-25）所示，其中 m（kg）是质量块的质量，a（m/s^2）是静态或准静态惯性加速度，k（N/m）是弹簧的弹性系数，而 x 是质量块受惯性载荷作用后在参考系中的位移量。在理想情况下，质量块的位移是被严格限制在一个坐标轴方向上的。质量块的质量和弹簧的弹性系数确定了系统对惯性载荷的灵敏度。

$$灵敏度=\frac{输出(位移)}{输入(加速度)}=\frac{x}{a}=\frac{m}{k} \tag{28.4-25}$$

为了精确控制质量块的位移，质量块需要有足够的质量和刚度。通常，质量块的刚度需要比弹簧的刚度高至少一个数量级。对于面内传感，在给定传感器面积的条件下，质量块的质量随其结构层厚度线性增加，离面刚度呈三次方增加。

多数情况下，足够的质量块刚度并不难实现。但是设计常会被系统需求的其他方面所约束。例如，在面内电容式结构中，附加在质量块周围的叉指状传感齿会使质量块行为变得相当复杂。这些传感齿的刚度通常只比弹簧刚度大数倍，因此会在较大惯性载荷时发生变形而对灵敏度产生影响。为减小这种影响，电容式传感器的尺寸和标称电容值要折中。增加测量齿厚度可以提高梁的刚度和增大每对梳齿标称电容值。

弹簧的作用是将惯性力转化为质量块在敏感轴上的位移以得到合适的测量信号，同时还需要其在非敏感轴上有较高的刚度以减小轴间的交叉灵敏度。梁的弹性系数是由其几何结构及材料特性共同决定的。相同材料梁的弹性系数则由其长度与截面积之比决定。微加工的弹簧常被设计为折叠或弯曲结构，这类结构可以释放微加工材料内部的残余应力，提高圆片不同位置器件参数的稳定性，从而提高成品率。折叠梁式弹簧设计还能减小器件结构的面积，同时由于其弹簧锚区与传感结构边缘的距离较小，因此还有减小封装应力对传感器灵敏度的影响。

对于面内加速度计，如何增加其离面刚度是微加工工艺需要解决的主要问题，因为加速度计的冲击可靠性和交叉轴灵敏度都与其离面刚度关系密切。当梁的厚度增大时，其离面刚度呈三次方增加，面内敏感轴方向上弹性系数仅呈线性增加，因此梁的深宽比很大程度上决定了其面内刚度和离面刚度的差异大小。面内敏感轴方向上的弹性系数由器件的平面几何结构决定，增加其长度或减少宽度可以补偿增加厚度造成的敏感轴方向上弹性系数的增加。当然这也会造成离面刚度的减小，但这种减小是线性的，其影响程度比厚度的影响要小得多。

对于转动陀螺传感器，需要对质量块在两个轴向上的运动进行适当的控制，器件才能正常工作。冲击可靠性和交叉轴灵敏度也同样是设计所要考虑的重要因素。陀螺仪设计的首要任务即是设计出有足够的偏轴刚度的器件，这可以有效减小测量误差和信号噪声。与加速度计设计不同，增加微加工结构层厚度会同时影响陀螺仪两个运动轴向上的运动特性，这大大增加了其设计的复杂性。

2.2.2　阻尼器

质量块和弹簧是在静态的分析下进行设计的，而阻尼器的设计目标则是为系统提供合适的动态阻尼系数，通过选择合适的器件结构和封装气压来控制压膜阻尼可以达到这一设计目标。阻尼大小是由相对运动面之间间隙的几何尺寸以及环境气压共同决定的。间隙面积-宽度比的增加会显著增大压膜数，从而增大阻尼。

微加工惯性传感器通常是工作在充满氮气或其他气体的密封环境中，这些气体在器件工作时会耗散能量。考虑两个做垂直于表面方向振动的相邻平行板，板间的气体由于压缩和内部摩擦作用，会对平板产生与其运动方向相反的作用力，这个力消耗系统能量，产生阻尼。这种阻尼称为压膜阻尼。此外，相邻平面做平行于其表面方向振动时，间隙中气体产生的阻尼称为剪切阻尼。在小位移假设下，气体流动产生的力正比于位移及板的运动速度。其中与速度相关的系数称为阻尼系数 c。

$$m\frac{d^2\Delta x}{dt^2}+c\frac{d\Delta x}{dt}+k_x\Delta x=-ma_x \quad (28.4\text{-}26)$$

加速度计单轴运动模型由式（28.4-26）给出，该微分方程的解给出了运动主轴上的基频振动模态。一般来说，惯性传感器有多个需要控制的轴向和偏轴振动模态，但是敏感轴上的振动会对器件的工作状态产生最主要的影响。系统共振峰的峰值大小是由阻尼系数 c 决定的，这也决定了系统的稳定性，并对弹簧和质量块的设计产生影响。设计的目的通常是使谐振模态远高于器件的典型工作频率。过大的质量块或过低的弹簧刚度会降低一阶共振模态峰值，从而降低系统最高工作频率。

惯性传感器阻尼的大小由质量块周围空间的尺寸、封装气压和系统中其他材料的内部损耗决定。图 28.4-17 给出了一个表面微加工多晶硅面内加速度计的频率响应与封装气压间的关系。较高的环境气压可以提供较大的压膜阻尼，减小器件的共振峰值，从而可以更好地控制质量块的运动。该例中，对于给定的尺寸设计，阻尼系数 c 的增加率约是气压增大率的两倍。另一方面，在同样的气压下，改变缝隙的尺寸也会显著改变阻尼系数。在高气压封装中，改进缝隙的尺寸可以避免由于减小封装气压所需的复杂工艺。

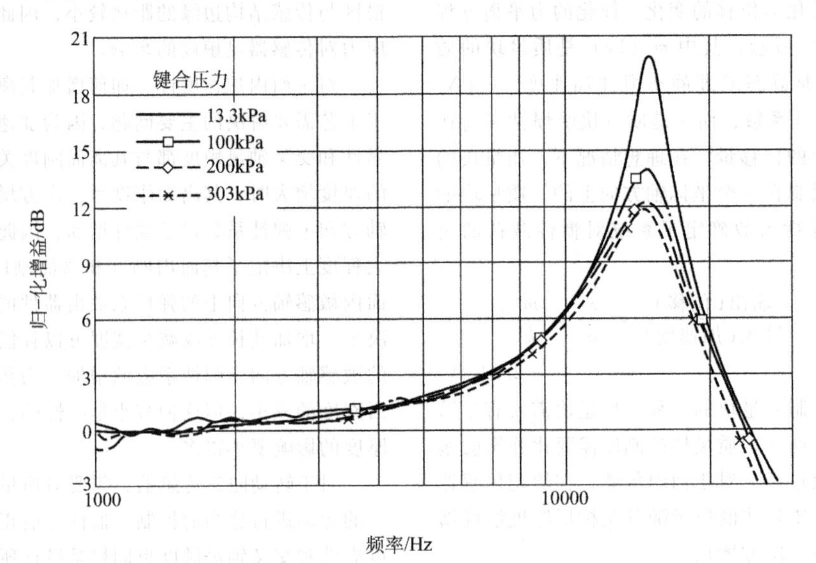

图 28.4-17　不同气压封装的 3μm 厚面内加速度计机械频率响应曲线

与阻尼相关的另一个概念是品质因数 Q。在受迫振动中，Q 是共振峰尖锐程度的度量。该值由系统固有频率与带宽 ω_1、ω_2 的比值决定，其中 ω_1 和 ω_2 是为系统响应 $\bar{x}$ 达到其峰值 0.707 倍时的频率。所以在阻尼较低时，品质因数 Q 近似与阻尼比 ξ 成反比。

为了避免传感器发生共振，需要阻尼比 $\xi>0.65$。环境气压和传感器结构都会影响阻尼的大小。例如，由 3μm 厚多晶硅技术制造的传感器结构在 0.1MPa 气压条件下阻尼比约为 0.11。如果使用更厚的传感器结构，阻尼会近似地随厚度 t 的平方增加。如当 $t=10\mu m$ 时，阻尼比为 1.1，约增加了 10 倍。如果同时改变设计使弹簧刚度保持为常数，阻尼会增加得更多。如 $t=10\mu m$ 弹簧刚度设计为与 $t=3\mu m$ 时一样，则阻尼比超过了 2，成为过阻尼情况。

对微加工面内加速度计，如果阻尼过低，外力作用时测量结构会产生过大的响应，导致输出信号超出后级电路控制范围之外，从而造成系统失效。加速度计常常需要较高的（接近临界的）阻尼条件。而陀螺传感器为了在一定的驱动力条件下得到足够的系统灵敏度，常需要较小的阻尼。所以，必须在 MEMS 器件设计的早期就考虑阻尼对系统设计的影响。

总的来说，微系统的封装气压是低于或远低于大气压力的。当气压减低时，气体分子（如氮气分子）的平均自由程增加。平均自由程增加到与两平板间的间隙厚度相仿时，就不能再把气体当作连续体看待了。因此在平均自由程已等于或大于气体间隙厚度时，需要引入一个有效黏滞系数，以使较高气压下的流体运动方程仍能用于处理低气压下的流体运动。

对压膜阻尼，在低频率或小压膜数时，空气薄膜的黏性阻尼效应是主要的，而在高频或大压膜数时，流动产生的弹性力变得更加重要。

水平振动微结构呈现出黏性阻尼，研究发现Stokes型流动模型比Couette型流动模型更能准确地描述黏性阻尼。

2.2.3 动态冲击

由于微惯性器件是将惯性传感元件与电路元件装配在一起的，因此它们可能会表现出宏观传感器系统不常见到的可靠性问题。通常使用跌落实验对系统装配的强度进行测试。当封装后的微系统从高台跌落至刚性表面时，封装体和微结构都会经历速度突变的过程。假设在下降过程中没有能量损失，发生碰撞前封装体和微结构有向下的速度 $v=\sqrt{2gh}$。碰撞后，封装体可能会停在地面上或以较小的速度反弹起来。微结构质量一般比封装体小5个数量级，因此计算封装体的运动时可以忽略微结构对它的影响。冲击下微结构产生的最大位移为

$$z_{\max}=\sqrt{\frac{2mgh}{k}}d_0(\xi,\ r) \qquad (28.4\text{-}27)$$

式中，$d_0(\xi,\ r)$ 是一个量纲为1的标量函数，只与阻尼比 ξ 及由恢复系数 r（$0\leqslant r\leqslant 1$）定义的碰撞弹性程度有关。质量块在碰撞冲击时产生位移，所以对于加速度计，可以把冲击载荷等效为相应的加速度载荷，如图28.4-18所示（器件参数为 $m=0.6\mu g$，$k=5N/m$，$r=0$）。

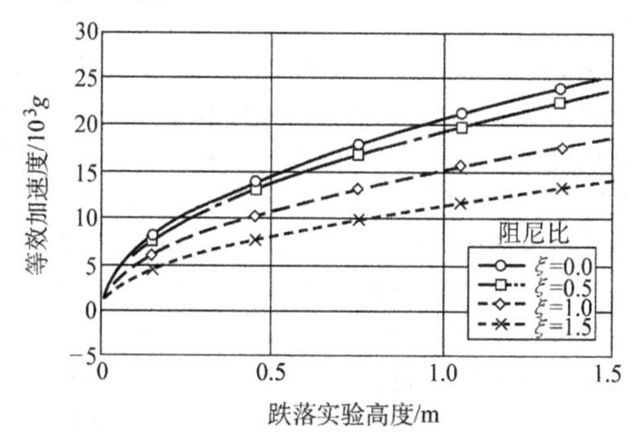

图28.4-18 不同的阻尼比条件下，跌落非弹性冲击在加速度计上产生的等效加速度载荷

对于1m高度跌落，非弹性碰撞（$r=0$）冲击效果相当于加速度计经受大于20000g的加速度冲击。在阻尼比为1.5（过阻尼）时，等效的加速度为14000g。如果封装体与地面发生的是弹性碰撞（$r=1$），以上的等效加速度还要加倍。总之，跌落产生的加速度是远远高于一般想象的。

2.2.4 传感方式

传感的方式主要有：压阻式、共振频率调制式、电容式、浮动栅场效应晶体管传感式、应变场效应晶体管（FET）传感式和隧道效应传感式等不同的传感方式。

压阻式传感技术已成功应用于单晶惯性传感器中。多年来，这种传感技术在压力传感器中的应用非常成功，制成的器件有着较高的灵敏度和很有市场竞争力的价格。该传感方式对温度变化较敏感，但可以通过电路进行补偿。温度灵敏度、结点噪声和结点漏电是高灵敏的压阻式传感系统需要解决的主要问题。

共振频率调制传感技术是利用外力作用下结构发生共振频率偏移的效应进行传感的技术，目前已被应用于一些高灵敏度高性能的惯性传感器产品上。针对高端应用的共振梁，音叉式惯性器件也在研发中。共振系统可以提供超过100g的满量程和mg级的分辨力。该技术对温度敏感，且需要灵敏、复杂的控制电路来保持传感器的共振幅度。

在所有传感技术中，电容式传感在目前的惯性传感器产品中有着最为广泛的应用。这是由电容式传感自身的优势造成的：该传感方式对温度不敏感，通过对传感器和电路进行优化设计，几乎可以将零偏及灵敏度的温度系数降到零；传感器的量程可以通过调节电容的大小进行改变；可与体加工、表面加工等多种微加工工艺兼容；可以传感各种轴向的运动；测量电路非常适合用CMOS电路实现。因此，开关电容传感电路应用广泛。

浮动栅FET结构测量惯性力技术的优点在于：它可以将惯性力直接转变为电压输出。但是该技术相当复杂，因为对测量起主要影响的功函数对于结构中空气间隙的变化非常敏感，另外也很难为FET器件提供足够稳定的偏置。这导致不同的封装环境下制造的器件输出零偏一致性较差，使得该方法很难在工业化生产中使用。

基于FET应变传感的微惯性传感器相关研究并不多，原来主要是在对大型CMOS电路封装效应研究中使用该技术进行应变测量，后将这种技术扩展到惯性传感应用中。它也可以直接提供与惯性力相关的电压输出。虽然使用微加工梁作为应变计的FET器件的可制造性与稳定性仍有待进一步研究，但该技术有望实现惯性传感器件与CMOS电路的单片集成。

隧道效应可以为器件提供极高的位移测量灵敏度，隧道电流大小随阴极和阳极之间间距变化非常剧烈，因此一般采用闭环工作方式。该方法进入实用还存在很多

挑战，如隧道尖端在长期工作后的漂移以及低频噪声等问题都有待解决。随着隧道效应传感技术向实用方面发展，人们将会找到方法解决目前的这些问题。

2.3 惯性传感器的系统问题

对惯性传感器的传感部分与控制输出部分的不同划分使得惯性传感器的实现形式千差万别。微加工结构与微系统的结合是很紧密的，其中涉及了控制技术及接口电路的选择。两者之中任何一方的改变都会强烈影响到另一方。在将集成电路与传感器集成的过程中，我们可以看到控制电路的结构对系统整体的影响以及为了生产复杂惯性传感系统所必需的系统级设计技术。

2.3.1 单片集成或多芯片集成

前面讨论的传感方法与技术，既可以构架成多芯片体系，也可制成单芯片集成系统。对单片集成还是封装级多芯片集成主要考虑系统成本和系统的性能。

芯片面积、工艺复杂性、圆片级测试需求和封装成本都会显著影响各种传感器系统的最终成本。有些多组件系统在工艺移植时引入了额外的复杂性，如需要避免传感器与集成电路工艺的相互影响，还需考虑如何将多个芯片封装到一个系统中。多芯片协同封装方法可以满足多数系统的需要。前道硅工艺的复杂性和成本与后道测试与封装需要折中，而后道成本通常是系统总成本中的很大一部分。相对于单片集成系统，多芯片系统没有太多应用范围方面的限制。工业化的双芯片传感器解决方案甚至可以应用在军事、航天等最复杂、对系统要求最高的行业中。

单片集成传感器技术由于避免了多芯片技术芯片间互连带来的寄生效应，性能接近本征传感性。研发重心更多倾向于增加前道技术的复杂性以进行可测试性设计，从而减少后道的测试与封装成本。单片集成的另一项优势在于他可以最大限度地减小所占用的芯片面积，这可能成为将来单片集成传感器技术发展的主要动力。

基于各种因素，我们需要考查带有电路的单片集成工艺的系统性能及成本，通过对各种应用进行评估找出最廉价而高性能的技术来满足应用的需要。将来的微惯性传感器应用，要求在越来越小的封装中得到更好的性能，因此需要选择可以与系统中其他元件相集成的传感器技术。在单片集成技术中，集成的方式决定了传感器的可制造性、工艺成本、可测试性及工艺集成能力。

2.3.2 开环或闭环控制

惯性传感器的传感方法可以分为两大类：开环控制类和闭环控制类。在开环控制系统中，惯性力使得质量块发生位移，相应的压阻或电容变化产生传感信号。这种信号通常要经过放大、补偿、滤波和缓冲等处理后成为模拟电压或数字信号形式的控制变量输出到系统中。开环控制体系可以提供线性的输出信号，且对于传感元件参数的微小变化并不敏感，因此本身就是较稳定的系统。更重要的是，这种系统所占的芯片面积比同类闭环控制传感器要小。

闭环控制体系依靠反馈力将质量块控制在其零位移位置上，所需的反馈力是与惯性载荷成比例的。该反馈力一般是在式（28.4-25）中加入的一个静电力，它可以决定系统的灵敏度。闭环系统需要考察反馈力对系统的动态性能产生的影响，它会使阻尼条件发生变化。力反馈系统常用于电容式惯性器件中。其中典型的例子是使用力平衡技术的 Analog Devices 公司 $50g$ 面内加速度计产品。闭环力反馈系统能够产生极高的灵敏度，可以应用于陀螺传感系统中。

2.4 系统实例

2.4.1 Motorola 双片集成横向加速度计

Motorola 的 $40g$ 横向加速度是大批量生产的产品，从对它的分析中，我们可以看到多种设计问题与解决技巧。其封装后的系统如图 28.4-19a 所示，双芯片协同封装是装配前位于引线框架上双列直插式塑料封装。传感器芯片由气密硅封盖密封，通过引线键合与相邻的集成电路控制芯片相连。低应力胶和涂敷材料的使用可以减小传感芯片与金属引线框架及塑料注射模材料间的机械耦合，同时也能减小系统的零偏。

图 28.4-19b 所示为传感器内部结构 SEM 照片。该传感器使用表面微加工多晶硅技术形成悬空的面内双面电容结构。在一定的封装气压下，中心质量块在 z 轴上的运动呈过阻尼状态。可动极板与固定极板构成面内电容结构，x 轴阻尼即由这些极板的深宽比决定。该传感器支撑结构采用折叠梁设计。这种设计即可以减少芯片外部机械应变的影响，使封装后 x 轴弹性系数保持在所设计的大小，也可增大 y 轴弹性系数以减小偏轴耦合。面内电容的可动极板与外界的电路连接也是通过梁完成的。结构的 z 轴运动由一系列的运动限制结构控制。双面电容结构是由一个质量块上的可动电极和与其相邻的左右两个固定电极构成的，这常被称为电容“梳齿”结构。这种梳齿结构可以提供传感中心质量块的惯性位移变化所需的电容量。

该器件具有明显的系统划分。双芯片技术可以通过最简单的工艺达到所需的传感器及控制芯片的性能。针对不同应用，对微加工部件及电路元件间隔离效果的不同要求，也可以对制造工艺和装配成本进行适当的优化。过去十年中，多种加速度计和陀螺仪系统都使用了这种技术。图 28.4-19 所示为 Motorola 公司使用双芯片系统的 40g 横轴加速度计。

双芯片技术也有一定的限制。片内寄生电容是与被测惯性载荷无关的固定电容，这就要求控制系统在测出一定大小的电容同时还能分辨出比该电容小很多倍的微小电容变化量。片内寄生电容的大小一般比所需传感的电容变化量大 2~5 个数量级，这需要非常精心的电路设计，才能减小寄生电容耦合效应的影响。

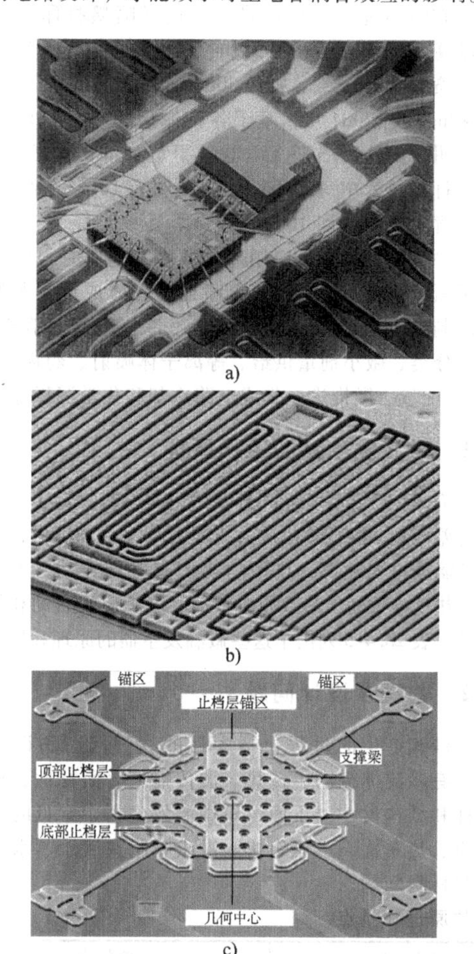

图 28.4-19　Motorola 公司双芯片 40g 横轴加速度计
a）双芯片封装盖帽前结构　b）传感器内部结构　c）传感器结构

2.4.2　ADI 单片集成陀螺仪

ADI 的 XRS150 陀螺仪是基于音叉振动式陀螺原理，内部谐振检测质量块通过弹簧与加速度计的框架相连。加速度计的外部框架通过弹簧与芯片表面相连。两套弹簧的弯曲方向成 90°。弹簧设计成杆状的机械结构，以便降低横向振动模态间的耦合。

整个传感器由两个反相驱动的结构组成，由此形成了差分传感器，可以更好地抑制振动和任何恒定的旋转加速度。

谐振器由梳状叉指结构驱动。通过加速度计框架边上常规的叉指电容器拾取电路来感测科里奥利运动。通过从科里奥利加速度结构的 Q 放大中获取增益，来增大输出信号是非常有吸引力的，这就需要将加速度计的 Q 峰值位置精确地设置为谐振器的峰值。然而，温度、时间以及工艺的微小变化，都会导致灵敏度很大的漂移，也可能使器件失效。为了达到最好的可制造性及稳定性，设置的加速度计谐振频率比谐振器的谐振频率高 16%，这样可以获得一些增益，但是参数变化时增益变化量不大。两个独立的传感器信号在进入处理电路之前连在一起，从而消除了共模信号，因此限制了电路必须处理的过载范围。

结构设计时，需要非常关注的是：在要求的方向上允许运动；在与之垂直的方向上阻止运动。因此，从谐振器方向泄漏到加速度计方向的运动几乎降低了 100000 倍，这种运动也成为“转象”运动。光刻和腐蚀步骤需要大量的研究工作，以便有较高的生产成品率。因为在陀螺仪中对阱侧面夹角和链宽度匹配的要求比加速度计更加严格。

器件在空气中进行封装，而不是在真空中，这跟其他所有的音叉式速度传感器一样。在非真空环境下封装，一方面是为了保持低成本，另一方面由于空气阻尼的作用可以得到高于 30000g 的冲击安全性。

为了在谐振器中建立所需的速度，以产生科里奥利加速度，制备了机电谐振器。机电谐振器的谐振决定了振荡器的频率。这样做的目的是从结构的品质因数中获得机械放大。这种设计可以放大 45 倍。为了得到更高的速度，采用 12V 供电的电荷泵来驱动结构。谐振器以这样的驱动，在 15kHz 的谐振频率下，峰峰值大约为 8μm。

在垂直于芯片表面施加恒角速率下，正比于谐振器速度且同相位的力作用在加速度计框架上。这个力被加速度计感应，然后通过低噪声差分放大器放大，接下来经过温度补偿增益级，最终被同步解调生成与速率成比例的电压信号。用户使用外接电容来设置速率通带宽度。

图 28.4-20 所示为 ADI XRS150 的单片集成陀螺仪。表 28.4-4 列出了器件的一些技术参数。可检测的运动位移和电容检测范围是通过在 Allan 均差渐近线上进行 10s 的积分测量得到的。$1/f$ 噪声是由机械梁 DC 偏置的电荷注入产生的。

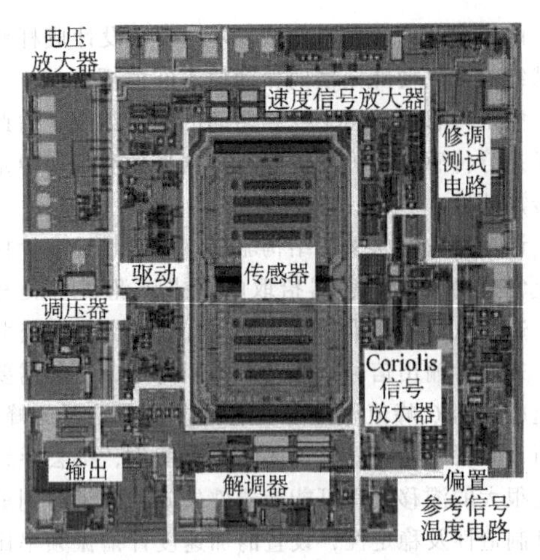

图 28.4-20　ADI XRS150 单片集成陀螺仪

表 28.4-4　XRS150 单片集成陀螺仪的部分参数

灵敏度	12.5mV/(°/s)
全量程	150°/s
散粒噪声	$0.05°/\sqrt{s}$
全量程电容变化量	≈120aF(≈1.5Å 最大位移)
可检测的电容变化量	≈12zF(12×10^{-21}F)
可检测的位移	≈16Fermi(16×10^{-15}m 或 0.00016Å)
Allan 均差	≈50°/h 渐近线

3　微滴发生器

由于喷墨打印机以及其他许多要求精确或微量控制的应用出现，微滴发生器成为微机电系统领域的一个重要研究方向。微滴发生器定义为液滴发生器在一种可控方式下产生小尺寸液滴，即液滴尺寸和数量可以精确控制和计数。因而，诸如喷雾器、传统燃料喷射或相似的液滴发生器件等无法精确控制液滴的器件不在此处讨论。

微滴发生器通常使用机械致动来产生高压，从而克服液体表面张力和黏附力，促使液滴喷出。根据液滴尺寸，实际应用压力通常大于几个大气压。微滴发生器工作原理、结构、工艺设计和材料对其性能起着至关重要的作用。

喷墨打印机目前已是激光打印机的廉价替代技术，它不但性能好，而且可以提供高品质的彩色打印。佳能公司（Canon）最早发明了基于热气泡技术的喷墨打印技术，而惠普公司（Hewlett-Packard）在 1978 年首先发明了基于硅微机械加工技术的喷墨打印机喷嘴。喷嘴阵列喷射出热气泡膨胀所需液体体积大小的小墨滴（根据需要喷射）。气泡破裂又将墨汁吸入到存放墨汁的空腔中，为下一次喷墨做准备。通过滴入红、黄、蓝（CMY）三种基色实现彩色打印。采用硅微机械加工技术，可以加工出尺寸非常小的喷嘴阵列，而且这些喷嘴阵列可以排列得非常密集，这对于实现高分辨力和高对比度打印非常重要。喷墨空腔非常小，相同大小的小型加热器可以迅速使墨汁升温（在喷墨过程中）和降温，这样喷墨打印可以得到较高的打印速度。1995 年，每个喷墨打印头上集成的喷嘴数目已经增加到 300，而墨滴的平均质量只有 40ng。到 2004 年，基于各种原理的喷墨打印头不断发明，如热喷墨型、压电喷墨型和静电力喷墨型。喷墨打印技术中每滴墨的体积大约为 10pL 的数量级，其分辨力可以达到 1000dpi。

除了喷墨打印机应用外，微滴发生器有很广泛的应用领域，包括直写、燃料喷射、固体成形、太阳能电池制造、聚合物发光显示器、封装、微光学器件、粒子分类、微小剂量供给、等离子体喷射、药物筛选/输送/配量、微推进、集成电路冷却和化学沉积等。

3.1　微滴发生器的工作原理

有人已经做了产生可控微滴的很多尝试。多数采用压力差原理，降低输出压力或增大喷嘴内部压力，从而将液滴推拉出喷嘴。典型的实例有气动致动、压电致动、热气泡致动、热致屈曲致动、聚焦声波致动和静电致动。表 28.4-5 列出了这些微滴发生器的原理和特点。

3.2　物理及设计问题

液滴产生的过程包括大量的物理问题和设计关键，有微流体流动、传热、波传播、表面特性、材料特性和结构尺寸。下面讨论微滴发生器中常见的频率响应、热串扰、水压串扰、溢出、附属液滴、水坑形成和材料问题。

表 28.4-5　微滴发生器的原理和特点

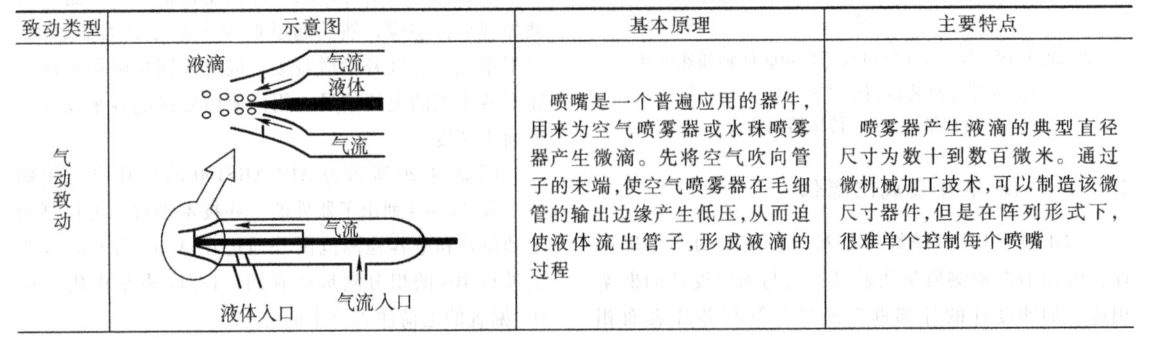

致动类型	示意图	基本原理	主要特点
气动致动		喷嘴是一个普遍应用的器件，用来为空气喷雾器或水珠喷雾器产生微滴。先将空气吹向管子的末端，使空气喷雾器在毛细管的输出边缘产生低压，从而迫使液体流出管子，形成液滴的过程	喷雾器产生液滴的典型直径尺寸为数十到数百微米。通过微机械加工技术，可以制造该微尺寸器件，但是在阵列形式下，很难单个控制每个喷嘴

（续）

致动类型	示意图	基本原理	主要特点
压电致动	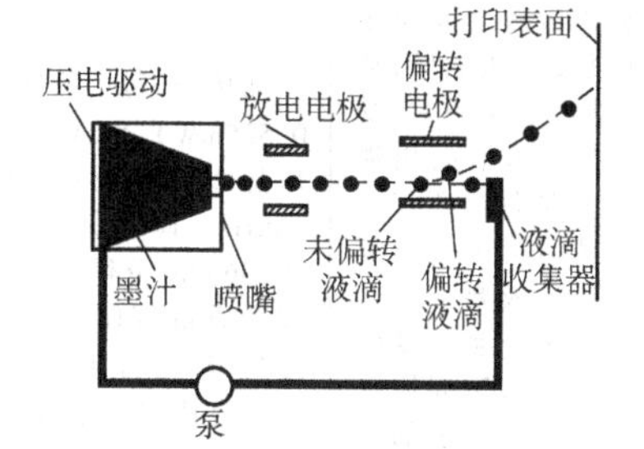	导电墨汁在受压下射出喷嘴，不断形成具有随机尺寸和间隔的液滴。尺寸和间隔均匀的液滴通过固定频率超声波使墨汁通过压电传感器来控制。连续产生的液滴穿过电荷平板，只有需要的液滴才被电场充电，并偏转打印输出，而非需要液滴将被储液槽收集并循环使用	一个压电传感器可以支持多种喷嘴，所以喷嘴间距可以为高分辨力阵列设计成足够小，然而，液滴充电和控制系统的复杂性是实际使用该器件的一个主要障碍
	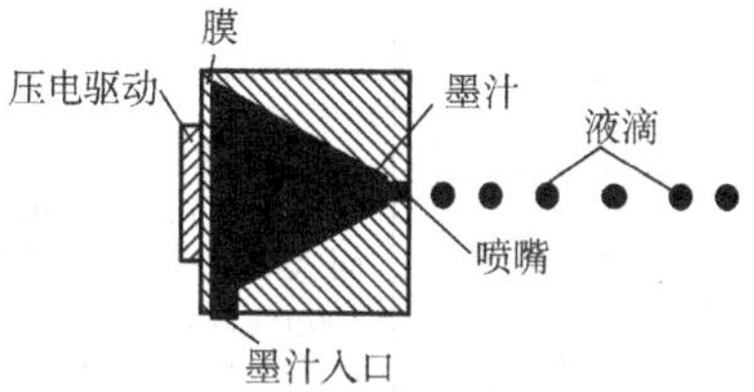	随选液滴喷墨打印机，只有当需要打印某个点时，才会利用压电管或盘来喷射液滴。通过电压脉冲，促使压电传感器在流体注入腔内产生声波，声波与喷嘴上的自由半月板表面相互作用，从而喷出单个液滴	不需要复杂的偏转和收集系统，缺点是压电管或盘的尺寸（亚微米到几个微米之间）不能满足高分辨力。稳定工作频率是几万赫兹
热气泡致动	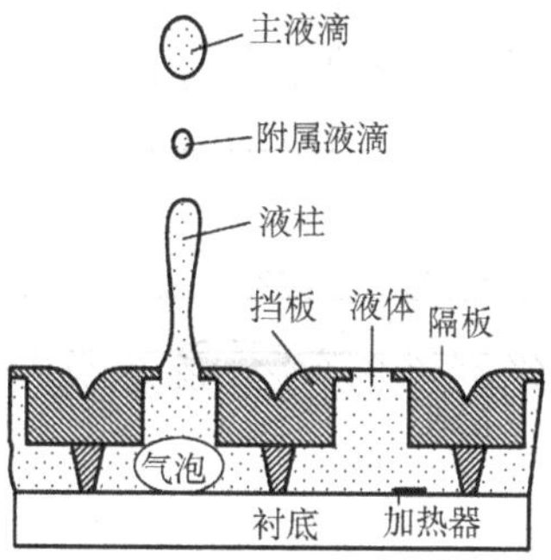	液体在腔中被电流脉冲加热器加热，覆盖在加热器表面的液体温度在几微秒内上升到液态临界点，然后加热器的表面产生一个气泡。该加热器的作用类似于一个泵，气泵推动液体流出喷嘴形成一个液滴。在液滴喷出后，加热脉冲关闭，气泡开始脱离。通过恢复到原始位置的半月板的自由表面上的张力，液体再次填充到腔内，然后第二次脉冲开始产生另一个液滴	每个液滴的喷射大约消耗0.04mJ能量。因为气泡能够自由变形，热气泡喷射腔的尺寸要比其他致动方式小，此特点对于高分辨力应用相当重要。热气泡喷射的工作频率从几赫兹到1万多赫兹不等
热致屈曲致动	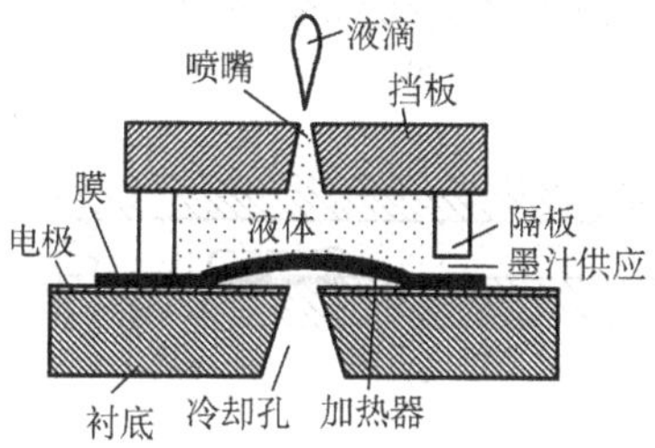	二氧化硅和镍层组成的复合圆形薄膜被固定在薄膜和衬底之间的间隙边缘，加热器被放置在复合薄膜的中心且电绝缘，脉冲电流流过加热器，然后加热薄膜几微秒，当热致应力比临界应力大时，振动膜突然翘曲且从喷嘴射出液滴	用直径300μm的振动膜产生速度为10m/s的液滴所需功率大约为0.1mJ，功耗和器件尺寸比热气泡喷射大很多。薄膜屈曲喷射的频响范围从1.8～5kHz不等
声波致动	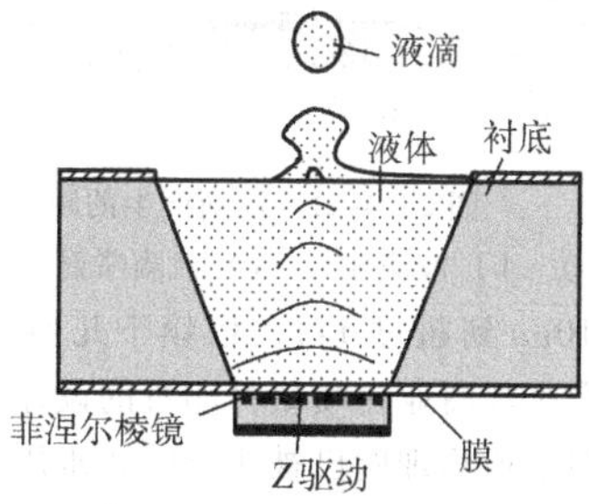	利用片上菲涅尔透镜，PZT薄膜致动器在空气-液体界面上产生并聚焦声波，从而形成液滴。该致动方式来自RF脉冲信号致动下的压电薄膜。不需要喷嘴来培养液滴，减少了大多数使用喷嘴的液滴发生器的堵塞问题。由于液体中声波的剧烈搅动，很难为可靠、可重复的液滴产生保持平静的界面	RF频率范围为100～499MHz，脉冲周期为100μs。产生一个液滴的功耗约为1mJ，相比其他机制较高。液滴尺寸范围为20～100μm。器件尺寸为1mm×1mm，比前面提到的其他液滴发生器大很多

（续）

致动类型	示意图	基本原理	主要特点
静电致动		在电极板和受压板之间应用了直流电压来使受压板偏转，从而填充墨水。当电源关掉时，受压板反弹回来推动液滴射出喷嘴。但是，制造该器件需要在三种不同的微机械结构中进行复杂键合工艺。受压板要求非常准确的刻蚀工艺来控制厚度的精确性和均匀性。由于固体材料的变形限制和键合工艺的对准精度，为了高分辨力应用而进一步减小喷嘴并不容易	低功耗（每个喷嘴的功耗小于 0.525mW），SEAJet™ 的驱动电压是 26.5V，驱动频率最大达到 18kHz。具有每芯片 128 个喷嘴，360dpi 分辨力的器件可以实现高质量打印（对条形码）、高速打印、低功耗，在高负荷工作时具有使用寿命大于 40 亿次喷射和低噪声特性
惯性致动		惯性液滴致动机制在喷嘴芯片上应用了加速度计来进行液滴喷射。打印模块由顶基板上巨大的储液池组成，这些池连接着底基板上的喷嘴。打印模块被设置在一个长悬臂梁上，该梁上有产生加速度的双压电执行器。液滴不能有选择且独立地从设计好的喷嘴中射出，该缺点限制了此机制的应用	从直径 100μm 的喷嘴产生 1nL 液滴需要 500μs。24 个不同类型的液滴能够同时从 500μm 区域内的喷嘴中射出。可为生物试剂提供柔和的喷射方式。然而，小液滴的喷出会遇到强烈的表面张力和小尺度的低拖曳力，该拖曳力比液滴的惯性力大很多

3.2.1　频率响应

液滴发生器的频率响应是评价器件性能的一个重要度量值。热气泡喷射、压电喷射、热致屈曲喷射、声波喷射、静电喷射和惯性喷射的典型频响范围从 1kHz 到几万赫兹不等。压电和声波喷射具有较其他致动机制高的频响特性。主要的喷墨打印机制造商目前正在研发更高速的器件（频响几十万赫兹以上）。

关系到微滴发生器频响的三个重要时间常数分别是致动时间、液滴喷射时间和液体回填时间，如图 28.4-21 所示。

对尺寸 20~100μm 的腔，在热气泡喷射中从加热到气泡形成的典型时间常数为 5~10μs。由于器件存在巨大的致动板以提供足够的位移来形成液滴，热致屈曲和静电微滴发生器的致动时间有数十到数百微秒。而对惯性致动而言，因需大尺寸悬臂梁结构来产生具有足够惯性力的大液滴，且要克服液体表面张力和黏附力，所以惯性喷射需要更长的致动时间，典型值为数百到数千微秒。压电和声波机制的致动时间较短，为 1μs~数十微秒。

在施加致动压力到液体上之后，液滴开始喷出，产生一个体积为 1pL~1nL 的液滴，喷射过程通常需要花费 2μs~数百微秒。

当液滴喷射之后，液体能够在表面张力的作用下自动回填，回填时间可在 3 个数量级范围内变化（如

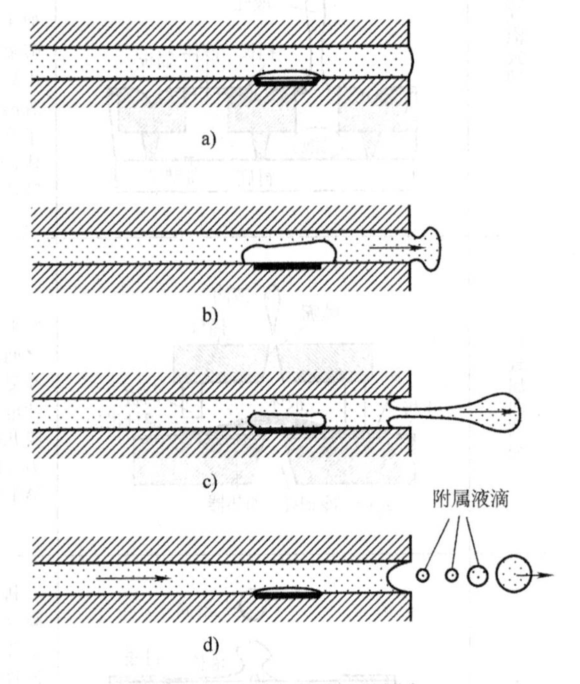

图 28.4-21　液滴产生的顺序

a）驱动　b）液滴成形　c）液滴喷射　d）液体回填

从小于 10μs 到超过 1s），依赖于几何回填路径和长度。在大多数商业化喷墨打印机的设计中，腔颈、拉长的腔沟道或物理阀已被用于防止水压串扰和维持工作腔的高压。然而，如若没有合适的组织，这些设计

会明显增长回填时间，引起频响的减小。因此，如何既防止水压串扰，又不牺牲器件速度，成为超高速、高分辨力液滴发生器设计中的一个重要问题。最近提出了虚拟腔颈的概念，以此来加速热气泡喷射机制的回填过程，同时抑制串扰。该虚拟腔颈由蒸汽气泡构成，当液滴喷射时提供封闭压力；当液体回填时打开以减小流体阻力，从而提高频响，原理如图 28.4-22 所示。

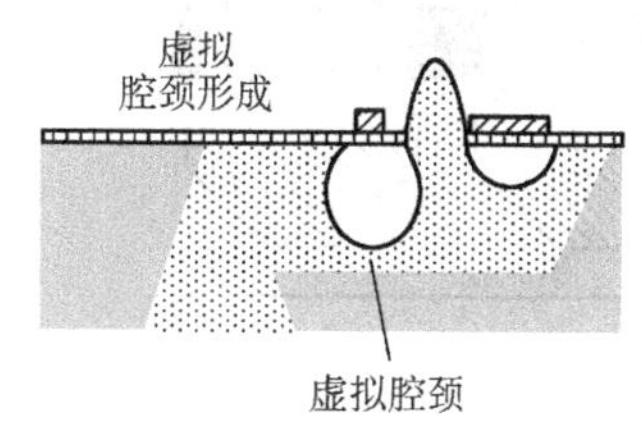

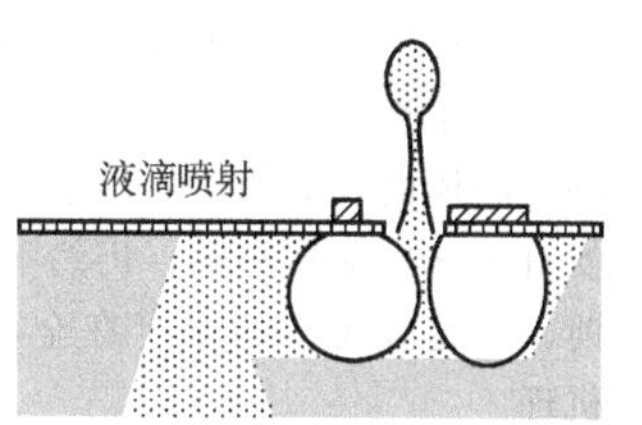

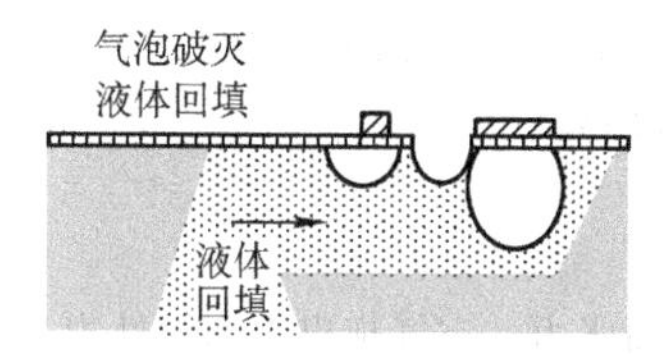

图 28.4-22　虚拟腔颈的工作原理

为了模拟液滴致动和形成过程，已经研究了气泡形成过程、液滴生成、热气泡及压电喷射机制下的液滴在空气中运动的气体动力学。

3.2.2　热/水压串扰和溢出

当喷嘴尺寸减小时，水压和热（针对热气泡喷射）这两种串扰在多喷嘴液滴发生器中具有重大的影响。水压串扰涉及压力波从喷射腔到相邻腔的传送，如图 28.4-23 所示。相邻腔的半月板振动将会导致液滴体积的不易控制，甚至产生不希望的液滴喷射。热串扰，往往出现在热气泡喷射中，是从喷射腔到相邻腔的热能量传输现象，也会导致液滴体积的不易控制。在液滴喷射之后，液体的回填过程有时候会引起半月板振荡，造成另外的回填问题。溢出，类似于串扰，增长了下一次液滴喷射的等待时间，甚至引起不希望的液滴喷射。溢出现象如图 28.4-24 所示。

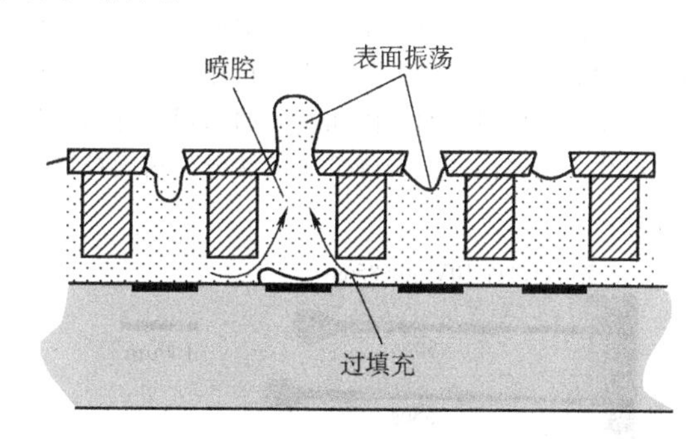

图 28.4-24　溢出现象

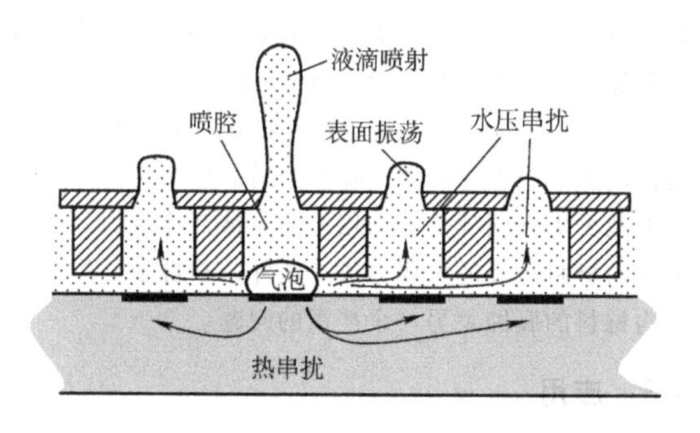

图 28.4-23　相邻腔间的串扰

这些问题来自于喷嘴之间没有足够的流动容抗。IBM 提出了一种解决办法来增加每个腔的沟道长度，然而，储液池和腔之间增长的沟道致使串联容抗增加，从而增强了流动阻力和惯性，导致回填时间的增加。HP 试图用并联容抗储液池或腔颈来解决这个问题，图 28.4-25 显示了放置在喷嘴后的狭槽作为储液池来存储能量（当气泡爆破时）和释放能量（当气

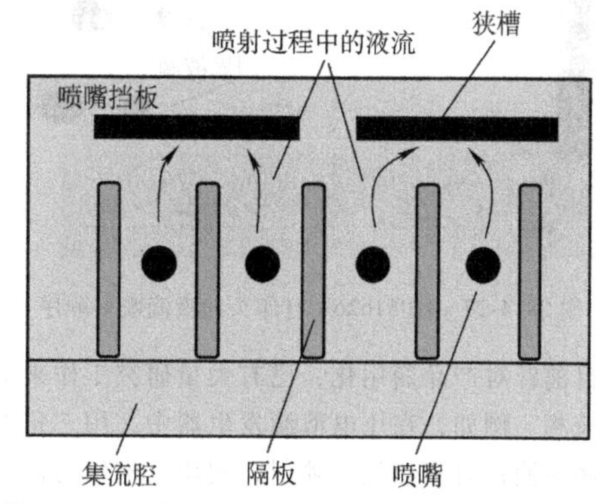

图 28.4-25　应用并联容抗储液池来克服串扰的方法

泡受压时)。图28.4-26显示了通过把腔入口变窄来形成腔颈的第二种方法。

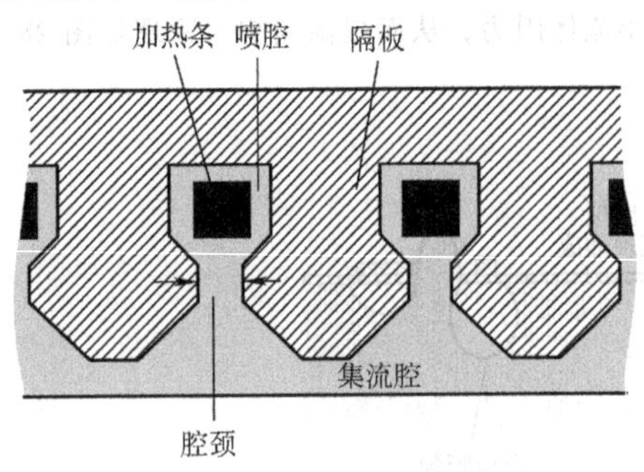

图28.4-26　通过腔颈来克服串扰示意图

在高分辨力和高速度液滴发生器的工作中,喷嘴阵列越是精密,串扰问题越是严重。

3.2.3　附属液滴

附属液滴源自被表面张力、空气拖曳力和惯性力相互作用而引起的长喷射液体柱的分裂。致动速度的改变导致液体柱的速度失配,从而加剧了分裂。如图28.4-27所示,液滴喷射顺序揭示了附属液滴形成的详细步骤。打印时,由于附属液滴的出现,打印质量发生退化。附属液滴同样降低了液滴分配精确控制的准确性。

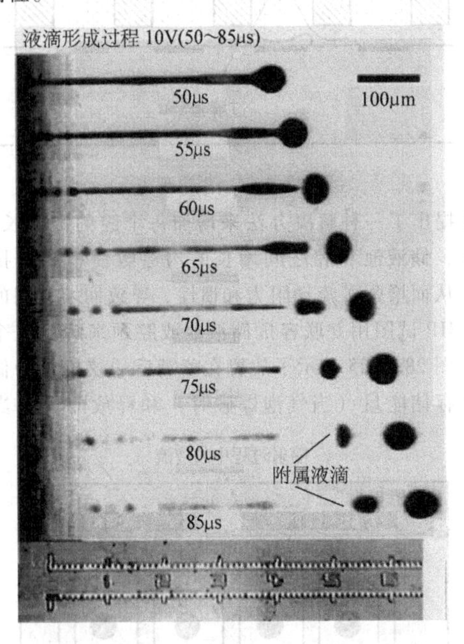

图28.4-27　HP51626A打印头的液滴喷射顺序

目前针对产品商用化,已有大量研究工作来消除附属液滴。例如,在压电液滴发生器中,用三角波消除附属液滴;对于热气泡喷射,利用气泡作为修剪器来切除长液滴的尾部,从而消除附属液滴。

3.2.4　水坑形成

当液体向外流出并堆积在喷嘴的外表面时,形成液体水坑。水坑会对液滴喷射施加很大的屈曲力,引起液滴喷射的扭曲甚至中断。水坑形成的其中一个主要原因是亲水性的喷嘴表面,当其与腔内的工作流体接触时,液体在喷嘴外表面上堆积。在几个连续的喷射操作之后水坑出现,即腔表面在几轮喷射弄湿之后才形成水坑。如果液滴喷射停止,则水坑会在表面张力的作用下拉回腔内。然而,一旦腔体表面变湿,在喷射再次开始时水坑形成会经常发生。

一种消除水坑形成的方法是在腔体外表面上涂覆一层疏水性材料,以防止工作流体弄湿腔体外表面,同时腔体内表面依然保持亲水性来促进液体回填。即便有了这层涂覆材料,仍然不能保证不形成水坑。目前,有越来越多的学者在全面研究水坑形成过程的机理。

3.2.5　材料问题

材料问题,包括应力、腐蚀、耐久力和兼容性,是设计微滴发生器中非常复杂的问题。材料的兼容性、应力和耐久力通常从加工工艺角度考虑。材料的兼容性问题来自加工温度、加工环境(氧化、反应气体等)、刻蚀方式和黏附能力;应力通常是加工温度和掺杂条件的影响结果;材料耐久力是材料本身的属性或者在加工过程中由于机械力导致的(如液体流动力、表面张力、真空力或操作力)。在工艺流程设计中需要很多考虑来消除材料问题,如在加工时和加工之后补偿材料应力,在低温材料之前进行高温工艺,在金属薄膜淀积或使用低温键合材料及工艺之前完成湿法刻蚀以保护集成电路和微器件。

从工作方面来说,耐久力、应力和腐蚀问题是最为关注的。由于液滴产生过程的循环性,致动用的材料不仅要面对应力,还有疲劳度的挑战。HP曾报道引起加热器钝化材料失效的可能原因是气穴现象和热应力。硅、低应力氮化硅、碳化硅、二氧化硅等材料通常用来克服上述问题。除了合适的材料选择,在设计中减少尖角同样是一个用于防止被消除应力集中点引发的材料破裂的重要方法。此外,来自于工作流体结构材料的腐蚀是另一个严重的问题。

3.3　应用

目前已经有超过100种使用微滴发生器的应用,表28.4-6列出了主要应用领域。

表 28.4-6 微滴发生器主要应用领域

领域	说明
喷墨打印	喷墨打印是最为熟知的应用,包括在打印媒介上打印小液滴来形成文字、表格或图像。液滴越小且清洁,打印质量越精细;然而,较小的液滴只能覆盖较小的打印区域,造成打印时间的增加。因此,在打印应用中,具有稳定、清洁微尺寸液滴的高速打印机被用于快速、高质量打印。打印媒体可以是纸张、纺织品或者其他可以吸附打印液体的表面。世界喷墨打印机市场在2000年交易额已超过100亿,并将继续增长
生物医学和化学样本操作	微滴发生器正逐渐用于生物样本操作,研究集中在液滴体积控制、液滴尺寸小型化、兼容性问题、样本多样性以及高通量并行方法上 注射器用于产生亚微米到微米量级的生物试剂液滴,这些液滴用于质谱仪的样本分离和分析,这些注射器与微芯片及宏观器械一体化,成为了"芯片上实验室"系统的一部分 微滴发生器同样被用于精确分配生物溶液。压电和热形式的注射器被用于蛋白质、缩氨酸、酶或DNA分配的研究。单一的生物液滴可精确分配并沉积在所需媒介上,也能完成液滴阵列分配。按阵列排列的生物试剂能够进一步生物处理,以此实现高通量分析 连续喷射型液滴发生器,通过静电力可以有效地进行粒子聚焦和分类。注射泵给含有粒子的样本流体加压,粒子穿过氮气流,以致聚焦。样本从压电传感器受扰喷嘴中喷出,形成液滴。包含所需粒子的液滴在分离点充电且偏向收集器。对于5μm、10μm和15μm的粒子的分离概率达到99%以上。内部的喷射直径限制了用于分离的粒子尺寸。与固体粒子分离器不同,该方法在细胞分类的生物医学应用方面具有潜力 除了生物医学试剂处理,微滴发生器广泛用于化学操作。例如,用喷墨打印机来打印催化剂图案,该方法得到的线宽为100μm,高度为0.2~2μm
燃料喷射和混合控制	微滴发生器可为燃料喷射、分配提供可控且均匀的液滴,该特性对于燃料混合及燃烧十分重要。燃烧效率依赖于反应物的混合率,剪切流中的反应物首先被巨大的旋涡式结构雾沫化,然后被精度标准的旋涡混合。通过主动或被动地控制大规模旋涡的演变,雾沫化得以很好的增强。增加燃烧效率可以提高控制大规模旋涡的效力。提高小尺度混合和减小液态燃料的蒸发时间是目前燃烧研究中的重要挑战 喷嘴直径为数十到数百微米的传统注射器既不能产生均匀的微滴来减小蒸发时间和精确混合,又不能喷射独立控制的液滴来调节旋涡结构。为了克服这些限制,可用微机械加工技术制造燃料注射的微滴注射器阵列。从微注射器中喷出的液滴大小均匀,直径为1μm到数十微米,该尺寸接近低紊乱旋涡的微小尺度。精确混合可通过低紊乱旋涡直接与微滴的反应实现。通过减小的和均匀的液滴尺寸来增加蒸发表面积,蒸发时间也被大为降低。此外,分布在倾卸式燃烧室的喷嘴周围微滴的合理选择为大旋涡提供了空间相干扰动。两种相干结构(如顺翼展方向和顺流方向的旋涡)会被施加空气喷射的最不稳定的振荡频率的次谐波所影响。通过对注射器的瞬时振幅调制,可以实现顺翼展方向旋涡的控制。若沿着方位角方向液滴的喷射相位是相同的,则零阶振荡模态将增强。当一个确定的相位迟滞强加在这些微注射器上时,将产生更高模态的振荡波,这些波往往对增强质量传递有益。因为大约有1000个注射器被放置在喷嘴周围,在方位角方向上的空间调制会对顺流方向旋涡产生干扰。微注射器顺翼展方向和顺流方向的旋涡的相互作用促进了精确混合
直写和封装	微滴发生器为电子光刻工艺和光电子加工技术提供了一种选择。这种方式具有精确控制分配材料的体积、数据驱动的适应性、低成本、高速度和弱环境影响的优点。该工艺中使用的材料包括:器件键合用的黏合剂、直写电阻和氧化沉积用的填充聚合物系统以及焊料。此焊料用于倒装芯片球栅格阵列、印制电路板和芯片级封装。在这些印刷应用中,温度需要提高到100~200°C,流体黏度大约为40cp($1cp=10^{-3}Pa \cdot s$);在某些情况下,用惰性的工艺环境(如氮气流)来防止材料氧化 对太阳能电池镀金和光发射聚合显示器加工中的光发射聚合物沉积,喷墨印刷直写可消除光刻或丝网印刷工艺的本质制造难点。在太阳能电池镀金工艺中,为了在传统丝网印刷方法要求的600~800℃燃烧工艺下避免p-n结退化,金属有机物分解(MOD)银墨水被用于在太阳能电池表面直接进行喷墨印刷。喷墨印刷同样允许在粗糙的太阳能电池表面形成薄膜均匀线条,该线条用传统光刻工艺制作不易实现 有机光发射器件面临着相似的问题,因其要求沉积多层有机物来完成全彩色工作。由于这些有机物层在很多溶剂和水溶液中具有溶解性,要求潮湿成型工艺的传统方法(如光刻、丝网印刷和蒸发)并不适用,因此,使用喷墨印刷的有机材料直写来提供一个无需湿法刻蚀、安全、可成型的工艺,已经成为一个有前途的解决办法。然而,因为小孔出现在成型材料上,高质量聚合物器件不易被喷墨印刷,故提出了结合喷墨印刷层和均匀旋涂聚合物层的混合方法来克服这个问题
光元件制造和集成	集成微光学具有低成本、微型化、改进的空间分辨率和时间响应以及减少了光学系统的组装工艺等优点。这些优点是用传统方法无法实现的。因此,制造和集成小型化且性能相似甚至优于传统器件的光学器件是集成微光系统中的重要问题。标准体微加工技术或表面微加工技术提供了多种方法来制造主动/被动微镜、波导和菲涅尔透镜,但仍不易制作具有弯曲表面的折射透镜。相比于使用成型和熔化光刻胶制作透镜的光刻工艺,就工艺、材料选择和系统集成来说,喷墨印刷方法具有更大的适应性。已应用喷墨印刷技术喷射热聚合材料来制造微透镜阵列,透镜直径为70~150μm,密度大于$15000/cm^2$,其焦距在50~150μm之间,透镜的形状由碰撞点处的液滴黏度、衬底湿润条件和液滴冷却率/愈合率来控制

（续）

领域	说　明
工艺制造	微滴发生器同样提供了新颖的材料加工工艺。例如，亚微米陶瓷颗粒可以用等离子体溅射来进行表面旋涂。一台连续型喷墨打印机用于从陶瓷溶液中形成液滴，产生后的陶瓷流传递到等离子喷出物的最热部分，然后溅射到工作块上。等离子体溅射制作的长条木板与使用粗糙粉末的传统等离子溅射加工的结构在外形上类似，但是尺寸上更加小，可提供特殊性能，如固体溶解性的延展、不同尺寸颗粒的提炼、亚稳定状态的形成和高浓度的点缺陷
集成电路冷却	传统上，排风扇广泛用于冷却集成电路芯片，特别是 CPU。近年来，随着 CPU 尺寸的增大，热功率也随之大为增加。很多先进的方法，如热管、CPL 和碰撞空气喷射用于快速移除热量。然而，无论怎么改进设计，这些器件热量移除能力限制在每平方厘米数十瓦数量级上。此外，虽然非常希望能够检测热点和选择性地从热区域移除热量来保存能量，但用传统方式不易实现。因此，通过液滴蒸发工艺来传输潜热的概念得到公认。在原理上说，这种方法能够移除比传统方法多 3~4 个数量级的热量。同样，通过集成微温度传感器和集成电路阵列，冷却点可被挑选和监控。预测的最大移除热量大约为 300000W/cm^2，比传统方法高 1000 多倍。温度传感器和控制电路能够制造在同一芯片上，形成独立的智能系统

4　微流控芯片

传统上，对医疗诊断和环境样品筛选等复杂的化学和生物分析，是由专业人员在专用实验室内进行的，并且这些操作规程要在实验台桌面上的试管和烧杯中完成。这种台式操作方式不易接近、周期长、后勤准备复杂（如样品的输送和存储）、成本高。

用于化学和生物诊断的微流控系统，一般又称为“芯片上实验室”（laboratory-on-a-chip）或“微全分析系统”（μTAS）。

微流控芯片是通过微加工技术将微通道、微泵、微阀、微储液池、微混合器、微检测元件、窗口以及连接器等集成到一起的微系统，并对微通道中的流体完成采样、稀释、加试剂、反应、分离、检测等分析功能。实际上，微流控芯片是一种操控微小体积的流体在微小通道或构件中流动的系统。一般通道和构件的尺度在几十到几百微米，承载流体的量为 10^{-9} ~ 10^{-18}L。

正如微电子电路给信号处理和通信带来的变革一样，在集成化、小型化微流体通道和反应器中的流体反应有以下应用的潜力：医疗诊断与介入、药物的发明、环境监测、细胞培养与生物粒子的操作、气体的处理与分析、热交换、化学反应器（产生动力或力）以及防范生物恐怖等。

以微流体平台代替台式的化学分析主要有以下优点：

1）微流控系统减少了无用流体的量，该量与具有大尺寸腔室和连接器的化学分析系统有关。

2）微流控系统减少了所需要的化学分析和溶液的数量，因此对同样的分析，由于节省分析中所用昂贵的化学药剂和生物样品而降低了成本。

3）微电子式批量加工会降低复杂系统的成本。光刻和并行加工技术降低了制造复杂流体管道系统和反应网络的难度。

4）微流控系统可达到高水平的多通道复用和并行操作，从而提高了化学和生物发现的效率。

微尺度流体部件不仅用于生物和化学分析中，还在其他领域得到了广泛应用，如正在试用的有：光通信、触摸显示器、IC 芯片的冷却以及流体逻辑学等。

用作微流控通道、反应器、传感器和执行器的材料必须与生物化学液体及粒子相兼容。MEMS 制造方法已在微流控芯片加工中广泛应用，而 MEMS 技术正逐渐在微泵、微阀、加热、传感（如温度、压力、流量）、电化学探测等方面发挥越来越重要的作用。

4.1　微流控芯片制造及材料

微流控芯片是由多种部件组成的，包括通道、阀、加热器、混合器、液体反应器和储液池等。

尽管微流体通道的形式和功能相对于其他部件（如泵和阀）来说都较简单，但它是微流体系统中最重要的部件。开发微流控系统，首先要选择微通道材料。在选择微通道的材料及其随后的加工方法时，有以下几个重要的方面需要考虑：

1）通道壁的疏水性。借助毛细作用，液体自由地通过亲水性通道，这就简化了样品加载和加注。例如，玻璃对许多液体是亲水性的，且它的性质也都为人们所熟知。而把液体引入疏水性的管道内则相对困难得多。

2）生物兼容性和化学兼容性。在理想情况下，通道壁不应与通道内的流体、粒子和气体发生反应。玻璃作为制造烧杯和试管的材料，或许是最成熟的生物兼容性材料，它是生物学和化学领域最喜欢使用的材料，但是缺少玻璃的微机械加工方法。

3）通道材料对空气和液体的渗透性。高渗透率会导致流体过多的流失，或者在多个通道相隔很近时造成通道间流体的交叉污染。不过也可以利用空气或气体对通道的高渗透率来排出通道内的空气或移除陷入的气泡。

4）化学药剂在通道壁上的抑制力。在重复使用通道时，通道壁上保留的化学药剂会引起交叉污染。

5）透光性。透光的通道易于观察和定量分析。

6）加工温度。总是期望低温加工过程。高温处理会使结构材料和表面涂覆材料的可选择范围缩小。

7）功能复杂性及开发成本。通道材料应该与其他有源部件（如泵和阀）的集成相兼容，原型设计和加工的困难应较低。

微流控的研究源于不同的两个领域：MEMS和分析化学。这两个研究领域使用了不同种类的材料。

在微流体系统开发和应用的早期，通道材料采用了MEMS研究中常见的无机材料，如硅、二氧化硅、氮化硅、多晶硅或金属。加工工艺包括体刻蚀、牺牲层刻蚀、直接键合或这些工艺的结合。尽管硅基微流体器件能加工出复杂的横截面通道，但是硅基器件存在许多问题。例如，硅作为一种透光性不好的材料，需要设计特殊的液体成像和跟踪方法；硅微加工技术成本昂贵且难于实现快速原型。

在分析化学领域，研究者开发的通道加工工艺是基于我们熟悉的材料（玻璃）和简单的加工技术（键合）。

就表面化学性质、透光性和构造的容易性而言，玻璃芯片是理想的。已有基于玻璃芯片的商业产品，如由Agilent和Caliper技术公司生产的电泳芯片。然而，在玻璃芯片上加工一体化先进的阀、泵和传感器时却存在困难。玻璃芯片经常采用永久性的封装，这使通道壁内表面的功能化变得困难。

目前用于微流控芯片制造的材料分为有机材料和无机材料，主要有：

有机聚合物：聚对二甲苯、聚二甲基硅氧烷（PDMS）、丙烯酸树脂、聚碳酸酯、生物降解聚合物、聚酰亚胺。

无机材料：玻璃（耐热玻璃、特种玻璃）、硅、二氧化硅、氮化硅、多晶硅。

第2章已经详细介绍了各种加工方法。表28.4-7列出了这些材料主要加工方法的比较。

表28.4-7 微流控芯片加工方法的比较

性能与成本 \ 加工方法	玻璃-玻璃键合	硅微机械加工	PDMS键合	塑料键合	聚对二甲苯表面微加工
疏水性	亲水性	用涂覆层（如氧化物）可改变	疏水性，可变为亲水性，不可靠	可用表面处理进行改变	疏水性
生物兼容性	非常好	可接受	非常好	非常好	中等
通道壁的渗透性	无	无	高（对有机溶剂和气体）	中等	低
化学试剂的抑制力	低	低	高（如无特殊涂层）	中等	不清楚
透光性	非常好	无	非常好	好	好（如果在透明的基底上）
加工温度	高（对热键合）	高	低	中等	低
功能的复杂性和成本	中等	高	低	中等	中等-高

4.2 微流体驱动与控制技术

在微流体芯片中，流体驱动与控制一般可分为两类：一类是机械方式，主要利用自身机械部件的运动来达到驱动（泵）与控制（阀）流体的目的；另一类是非机械方式，如电渗、重力、液体表面张力等，系统本身没有驱动的部件。

（1）机械方式

流体的压力驱动方式因其简单性与一般性成为微通道液流最常见的驱动方式。使用可变形的薄膜能在芯片上产生高压力，而薄膜的运动有多种方法实现：

1）静电驱动。

2）压电驱动。

3）静磁驱动。

4）热压驱动。

5）热气驱动。

6）双层片热驱动。

7）形状记忆合金（SMA）驱动。

8）离子导电聚合物（ICPF）驱动等。

上述驱动方式在第2章已做过介绍，可用于泵、阀的设计。压力驱动还可以由以下方式实现：

1）通道内蒸汽的产生（和气泡的形成）。

2）渗透交换。

3）离心力。

4）液体的热膨胀等。

图28.4-28所示为微机械循环式泵的基本工作原

理。液体储存在泵腔内，当执行器向下运动时，出口阀门关闭，入口阀门打开，液体吸入泵腔；当执行器向上运动时，入口阀门关闭，出口阀门打开，液体被压出泵腔。不同的机械驱动方式，主要是执行器的驱动原理不同。

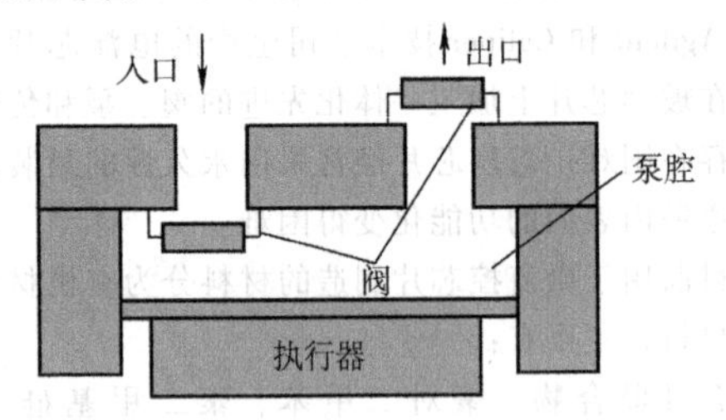

图 28.4-28　微机械循环式泵工作原理

在选择微流控芯片上的泵时，有以下重要因素需要考虑：

1）可达到的流速。

2）制造的简单性。

3）制造的成本。

4）控制的简单性。

5）薄膜的鲁棒性。

6）薄膜与通道材料的生物兼容性。

7）功耗，这对便携系统尤为重要。

一般而言，微通道的容积流量与其两端的压差成正比。对圆形截面的通道，截面半径为 r（m）、通道长度为 L（m），其容积流量 Q 与压力差的关系为

$$Q = \frac{\pi r^4}{8\mu L}\Delta p \tag{28.4-28}$$

对矩形截面的通道，截面宽为 w、高为 h，其容积流量与压差之间的关系可表述为

$$Q = \frac{wh^3}{12\mu L}\Delta p \tag{28.4-29}$$

式中，μ 为动力黏度。

如果比值 w/h 相当大，压差与容积流量之间的比率称为通道的流动阻力。由于大多数微通道具有小的截面面积，因此要达到一定的流速需要较大的驱动压力。驱动长通道内部的液体需要较大的压力聚集。通道内的压力增大聚集会导致通道和反应器的分层。当通道内的液体在压差的作用下移动时，紧邻通道壁的液体粒子相对于通道壁并没有运动。一般认为，界面处液体分子的速度服从于非滑移边界条件。随着液体粒子与通道壁之间距离的增加，液体粒子的速度也随之增加。

（2）非机械方式

非机械方式主要有：

1）磁流体动力（MHD）效应。即对导电流体施加电场和磁场后所产生的流动效应。在 MHD 泵中，要同时施加电场和磁场。电场和磁场的方向均垂直于通道的流向，且电场与磁场的方向也是相互垂直的。对导电液体施加电场会驱动导电液体在磁场中运动。

2）电流体动力（EHD）效应。这一效应利用了电场与介电流体中所嵌入的电荷之间的相互作用。电荷或带电粒子可以直接注入或通过加入含有高浓度离子的液体得到。

3）磁流变泵。它包括使用磁致动来驱动铁磁流体栓，铁磁流体是含有悬浮纳米铁磁粒子的溶液。

4）表面张力驱动。在微尺度范围，表面张力相对于诸如重力和结构恢复力等其他力而言是较大的力。它可用于驱动毛细管中的液体或平面上的液滴。例如，施加感应电荷可改变液体与基底界面之间的表面张力，这一现象称为电浸润（EW）；利用电致表面张力的电化学致动。

5）声表面行波。这种波能使与基底接触的液体流动。

6）电渗效应（EO）。在通道壁上存在电荷的通道中施加平行于通道的电场而使液体流动的效应。

微流体电渗驱动与控制，是微流控芯片分析系统中使用最广泛的技术。大多数微通道内壁表面在与弱电解质或强电解质溶液接触时会自然地产生电极化。这些极化电荷是由于液/固界面处的电化学反应导致的。对于玻璃表面，主要反应是酸性硅醇基的去离子化，在通道壁内产生负电荷（见图 28.4-29），体内液体的相反极性离子被吸附到通道壁，它们屏蔽了通道壁上的电荷。在液体和通道壁交界面的高电容带电离子区域被称为双电层。外层（称作 Gouy-Chapman 层）中的离子是可动的，并形成了带净正电荷的离子区域。这一区域的范围是溶液的德拜长度量级。对浓度为 1nM 的均衡一价电解质溶液，德拜长度约为 10nm。

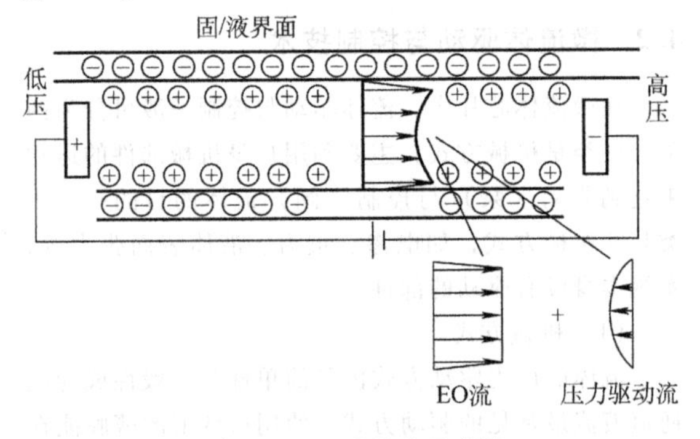

图 28.4-29　电渗流示意图

当沿通道方向施加电场后，固/液界面处液体一侧的离子在电场的作用下运动并拖动包围在其中的液

体分子共同运动。于是，离子的拖曳引起了液体沿通道长度方向的净运动。这一现象称为电渗流。

通道宽度上的流速分布不同于压力驱动的情形。流体的速度从通道壁处的非滑移边界条件迅速增大到通道中心处的最大值。电动流动的边界层非常薄。通常近似地认为流速在通道截面内是相同的（见图 28.4-29）。

电渗流（EOF）微泵利用电动流动输送液体或产生静压。毛细管充满了高密度颗粒，而颗粒构成了平行小孔，电动流动经由这些小孔产生。大的面积/体积比会引起高压的产生。在施加数十至数千伏量级的电压时，可产生超过 2MPa 的压力和几个 μL/min 的流速。为减小离子电流、增大热力学效率、消除不必要的发热，这类泵在理想情况应使用去离子水作为工作液体。电极一般是由手工插入微流体毛细管对应的两端。另外，可用集成的平面电极提高集成化水平。

在电渗流装置中，高电场会使电解反应发生，并使 H_2O 分解产生氧气和氢气。确保以下几点是十分重要的：气体的产生最小化（如通过增加电极间的距离降低电场强度）；形成的气体在阻塞通道之前被成功排除。使用特定的 AC 电压是一种有效的方法。表 28.4-8 列出了目前各种微泵性能的比较，其中 V 是电压、Q_{max} 是最大流量、p_{max} 是最大压力，也给出了研制的年代（如相同年代，则是来自不同研究机构）。

表 28.4-8　微泵性能的比较

工作原理（类型/执行器）	V/V	Q_{max} /$\mu L \cdot min^{-1}$	p_{max} /MPa	材料/结构	年　代
机械/静电式	200	850	0.31	硅-硅	1995
机械/静电式	200	30	0.02	塑料-金属	2001
机械/压电式	600	0.12	0.002	硅-硅-硅	1998
机械/压电式	110	13.33	0.35	硅-Pyrex 玻璃	1999
机械/压电式	190	1500	0.001	硅-硅	2002
机械/压电式	350	1900	0.012	塑料-金属	1999
机械/压电式	250	550	0.009	玻璃-硅-玻璃	1994
机械/热压式	8	14	0.0025	玻璃-硅-玻璃	2000
机械/热压式	n/a	9	0.016	玻璃-硅	2004
机械/热压式	15	44	0.0038	聚合物	1994
机械/SMA	n/a	340	0.1	硅-硅	2001
机械/SMA	0.6	50	0.0042	硅-硅	1997
机械/SMA	n/a	50	0.0005	硅-硅-硅	1998
机械/SMA	8	700	无	丙烯	2004
机械/双金属	5.5	44	0.107	硅-硅	1996
机械/双金属	16	43	无	硅-硅	1996
机械/ICPF	1.5	37.8	n/a	n/a	1997
非机械/MHD	60	63	0.1037	硅-硅	2000
非机械/MHD	4	2.88	n/a	玻璃-玻璃	2003
非机械/MHD	6.6	18.3	n/a	玻璃-硅-玻璃	2000
非机械/EHD	300	n/a	0.0007	陶瓷-矾土	2002
非机械/EHD	700	14	0.0025	硅-硅	1990
非机械/EO	1000	15	0.0334	玻璃-玻璃	2002
非机械/EO	2000	3.6	2.026	熔融石英毛细管	2001
非机械/EO	5000	1.75	11	熔融石英毛细管	2005
非机械/电化学	4.5	0.024	0.11	硅-硅	2004
非机械/电化学	1.5	0.08	0.0235	PDMS-玻璃	2003
非机械/渗透	0	0.0033	n/a	PDMS-PDMS	2004
非机械/毛细管	0	7.2	0.0065	硅-硅	2003
非机械/电浸湿	2.3	70	0.0008	硅-硅-玻璃	2002

4.3　微流控系统

目前已经报道了多种微流控芯片及系统，主要应用领域包括疾病诊断、药物筛选、环境监测、食品安全、司法鉴定、体育竞技以及反恐、航天等方面。下面列举两个代表性实例。

4.3.1　微流控大规模集成芯片

图 28.4-30 所示为美国加州理工学院 2002 年研制的微流控大规模集成芯片。整个芯片含有 1000 余个泵、3574 个微阀、20 个控制通道、1024 个流体通道。每个储液池容量为 250pL，流体通道尺寸是 9μm×100μm（高×宽）。制备材料是 PDMS，制造技术是多层软光刻技术，使用两种不同层，“控制”层放在“流体”层的上面，控制层含有控制阀门的所有通道，“流体”层含有被控制的通道网络。其主要思想是采用微流体通道网络类比电路网络，其中的关键元件是微流控多路转换器，它通过二进制（即开

或关）阀的组合实现。可寻址的储液池类似于集成电路的可寻址存储器。通过多路转换器，用 $2\lg 2n$ 个控制通道可控制 n 个流体通道。因此使用行列多路转换器，对每个储液池寻址，仅需要 20 个控制通道就可控制 1024 个储液池。通过编程可以控制每个储液池内的成分（样品：进样；水：冲洗）。外部接口较少输入端可大幅度处理复杂的微流控操作。

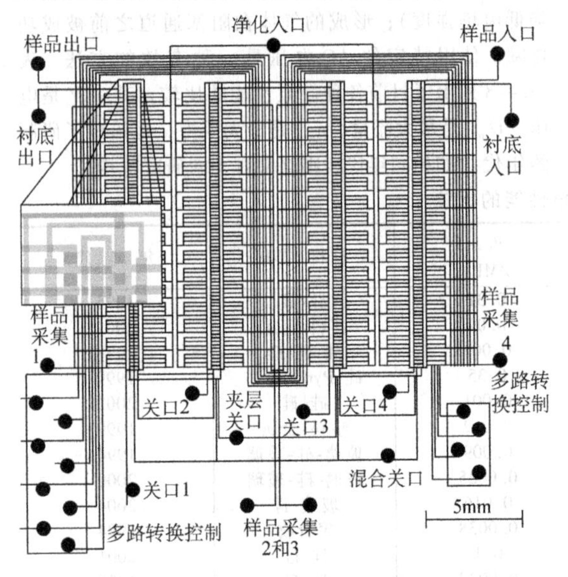

图 28.4-30　微流控大规模集成芯片

4.3.2　自调节治疗微系统（智能药丸）

美国 ChipRx 公司药物定点释放系统（智能药丸）如图 28.4-31 所示。整个系统的尺寸类似于感冒胶囊。该系统中含有：电池、控制电路、生物传感器、药物储藏室、药物释放孔、生物兼容的防渗透膜等。释放机械装置受控于“人工肌肉”，它环绕于微米直径的孔并能打开释放药物。通过接触膨胀的水凝胶来传递电信号使聚合物环做扩张与收缩的响应。

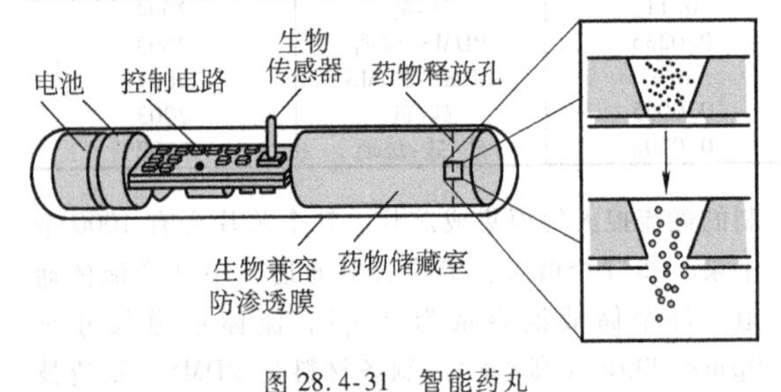

图 28.4-31　智能药丸

5　微机械装置

微小装置具有许多优点：①微小装置在航空航天中具有重要的应用，体积和重量的减少相当于拓展了航天范围或者减少飞行燃料的消耗；②微小尺度下，高速运转的机械装置受惯性的影响较小，如果需要装置迅速起动和停止，则可以大大受益；③更小的尺寸意味着微机械装置相对于宏观器件具有更好的耐冲击和抗振特性，这是因为组件强度随尺寸的平方缩小，而质量随尺寸的立方缩小；④装配成本减少，因为在大多数情况下，微机械装置允许元件在制造的同时完成装配，取代了工人对复杂机械装置的手工组装或购买复杂的机械设备，装配可以通过集成电路制造工艺批量完成。

表面微机械装置最大的缺点是设计者可使用的材料层数和种类有限。通常设计者只能采用有限层数（通常是两到三层）的结构材料。淀积速率和薄膜应力限制了层厚。释放速率限制了结构在衬底上的跨度。在只有一种结构材料的情况下也会出现摩擦问题，表面微机械装置最大的问题是材料之间的摩擦和磨损。

表面微机械装置的设计和宏观机械装置有很多共同之处，但也有许多区别。例如，对于宏观和微型机械来说，四杆联动机构的功能是类似的，但是在微小尺度下，连杆间的连接方式是不同的。在宏观机械中，多使用旋转连接；而在表面微机械装置中，更多使用柔性连接。

5.1　机械设计

结构和机械装置之间的根本差别在于机械装置具有给定的自由度，通常为一个自由度。根据运动方式，可以将微机械装置分为两类：弹性装置，借助柔性结构运动，如弹簧和扭转杆等；刚体（或整体运动）装置，借助铰链和轴承运动。刚体装置允许部件积累位移，如组装在固定轴上的齿轮可以积累角位移，而弹性装置一般将部件限制在固定点或固定转轴附近进行摆动。

柔性单元或弹簧使得装置组件可以运动。弹簧有多种形式，但是在微系统中它主要由梁或者扭转杆结构实现。弹性装置通常用于谐振器件。在某些情况中，弹簧单元也被作为谐振的质量块，此时，必须借助连续体力学推导梁方程进行设计。如果弹簧可以支撑其他更大质量的单元，则可以将其看作由弹性系数描述的集合单元。弹性系数为外力和形变之间的比值：

$$k=\frac{F}{\delta} \tag{28.4-30}$$

式中，k 为弹性常数，F 为外力，δ 为产生的形变。

5.1.1　柔性单元

表 28.4-9 列出了柔性单元基本结构、特点及设计参数。

表 28.4-9　柔性单元基本结构、特点及设计参数

名称	基本结构	特点及设计参数
柱体	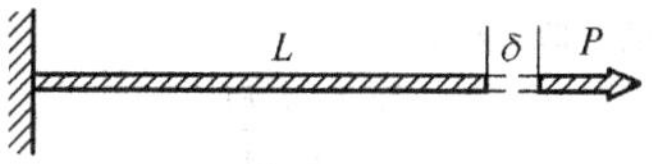	柱体是只提供轴向拉伸或压缩的结构部件。柱体一般沿其纵轴加载,并且比梁和扭转杆的硬度要高。如果对柱体的压缩载荷超过一定的临界值,柱体就会发生屈曲。屈曲是轴向载荷造成的横向大形变。没有屈服的屈曲柱体可以作为离面运动的装置。作用在柱体上的力 P 使其产生了伸长量 δ $\frac{P}{A}=E\frac{\delta}{L};\ k=\frac{EA}{L}$ 式中,k 为柱体的弹性系数,E 为弹性模量,A 为横截面积,L 为柱体长度
梁	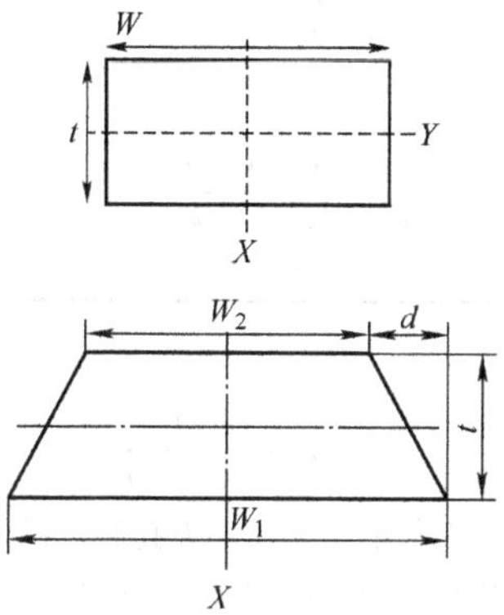	梁是以弯曲形变为特征的结构单元,它可以为结构提供线性的自由度。施加力矩和横向力载荷可以使梁弯曲。载荷作用下弯曲的梁,其一侧伸长,而另一侧缩短。弯曲梁的外侧处于拉伸状态,内侧处于压缩状态。梁几何中心的平面称为中性轴,中性轴上的梁长始终保持不变,并且也不会因为弯曲产生应力 梁的最大应力发生在表面处,在力矩或横向载荷作用下,弯曲梁中的最大应力为 $\sigma=\frac{Mc}{I}$ 式中,M 为力矩,c 为中性轴到梁表面的距离(通常是梁厚度的一半),I 为梁截面惯性矩 绕 y 轴、x 轴旋转的矩形梁截面惯性矩分别为 $I=\frac{wt^3}{12};I=\frac{tw^3}{12}$ 梯形梁绕 y 轴、x 轴旋转的截面惯性矩分别为 $I=\frac{t^3(w_1^2+4w_1w_2+w_2^2)}{36(w_1+w_2)};$ $I=\frac{t}{36(w_1+w_2)}[w_1^4+w_2^4+2w_1w_2(w_2^2+w_1^2)-d(w_1^3+3w_1^2w_2-3w_1w_2^2-w_2^3)+d(w_1^2+4w_1w_2+w_2^2)]$
扭转杆	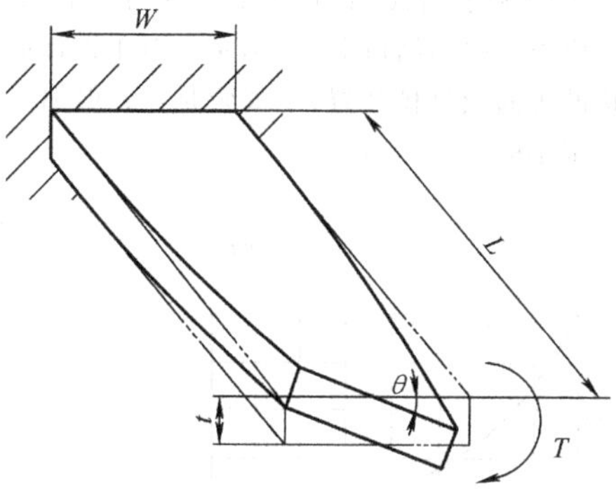	当需要转动自由度时,通常使用扭转杆。和梁不同,施加在梁上的力矩导致弯曲,而施加在扭转杆上的扭矩导致扭转。扭转杆的一端相对于另一端旋转角度 θ,产生的扭转会引起切应力。严格地说,简单的扭转方程只能应用于圆形截面。圆形截面在设计中并不常见,而矩形截面确是常见的 对于矩形横截面,扭矩引起的切应力为 $\tau=\frac{9T}{2wt^2}$ 式中,τ 为切应力,w 为扭转杆的宽度(长方向),T 为施加的扭矩,t 为厚度(短方向)。扭矩引起的转角为 $\theta=\frac{TL}{I_pG}$ 式中,L 为扭转杆的长度,G 为切变模量,I_p 为截面极惯性矩,定义如下 $I_p=I_x+I_Y$
悬臂梁弹簧	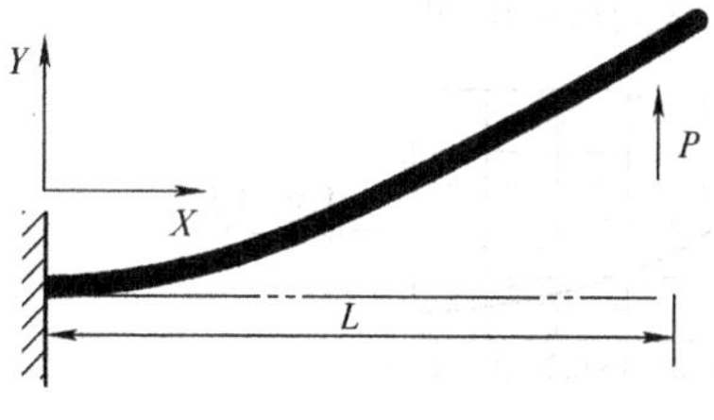	对终端的点载荷,悬臂梁上任意点 x 处的形变 y 为 $y=\frac{P}{6EI}(3Lx^2-x^3)$ 悬臂梁的最大应力发生在固支端,固支端处的力矩为 PL。对于厚度为 t、宽度为 w 的矩形横截面,最大应力为 $\sigma_{\max}=\frac{6PL}{wt^2}$ 简单悬臂梁的一阶谐振频率为 $f_1=\frac{3.52}{2\pi}\sqrt{\frac{EI}{\rho AL^4}}$ 式中,L 为梁长,E 为梁材料的弹性模量,P 为施加的载荷,A 为横截面面积,ρ 为密度(单位体积质量)

（续）

名称	基本结构	特点及设计参数
固支梁弹簧	Y X P a b L	对梁上任意位置的点载荷，固支梁上任意一点的挠度为 $y=\dfrac{Pb^2x^2[3aL-(3a+b)x]}{6L^3EI}$ 简单固支梁的一阶谐振频率为 $f_1=\dfrac{22.4}{2\pi}\sqrt{\dfrac{EI}{\rho AL^4}}$ 与悬臂梁方程相比，两端固支一阶谐振频率提高了 6 倍
组合弹簧	δ	弹簧是与电容相似的储能单元，计算等效弹簧系数的方法与计算等效电容的方法相同。如果弹簧产生的形变是相同的，那么它们是并联的；如果弹簧承受的载荷是相同的，那么它们就是串联 对并联的弹簧，等效弹簧系数为 $k_{eq}=k_1+k_2+k_3+\cdots$ 这里，并联弹簧具有相同形变 对于串联弹簧，等效弹簧系数为 $\dfrac{1}{k_{eq}}=\dfrac{1}{k_1}+\dfrac{1}{k_2}+\dfrac{1}{k_3}+\cdots$ 通过受力相同来识别串联弹簧

5.1.2 应力集中

应力方程是针对简单几何形状的匀质物体推导的。在实际器件中，几何形状通常是复杂的，这就导致了局部高应力区域的出现，这种情况不能由简单的方程进行预测。对于塑性材料，当载荷重复加载时，应力集中才变得重要。在静态加载下，应力集中对于脆而均匀的材料才是重要的。在设计中必须考虑应力集中。

通常有利于微加工的设计不利于应力优化，如释放孔在平板中造成应力集中。曼哈顿图形中的尖角（直角）也会造成应力集中。可用应力集中因子来修正标准方程计算的应力。如果用 K_σ 表示应力集中因子，则

$$\sigma_c=K_\sigma\sigma_n \tag{28.4-31}$$

具有圆孔的平板轴向加载时，标称应力由下式给出：

$$\sigma=\frac{F}{t(w-d)} \tag{28.4-32}$$

式中，w 为平板的宽度，d 为孔径。随几何尺寸变化的应力集中因子 K_σ 如图 28.4-32 所示。对于方形释放孔，也可以参考图 28.4-32 和式（28.4-32），其中方形孔的边长相当于圆的直径。

变宽度平板的标称应力由下式给出。几何形状和应力集中因子曲线如图 28.4-33 所示。需要注意的是，应力集中和倒角半径 r 有关。对于设计成曼哈顿结构的表面微机械装置，r 通常是零，但加工工艺会产生很小的非零拐角。

$$\sigma=\frac{F}{wt} \tag{28.4-33}$$

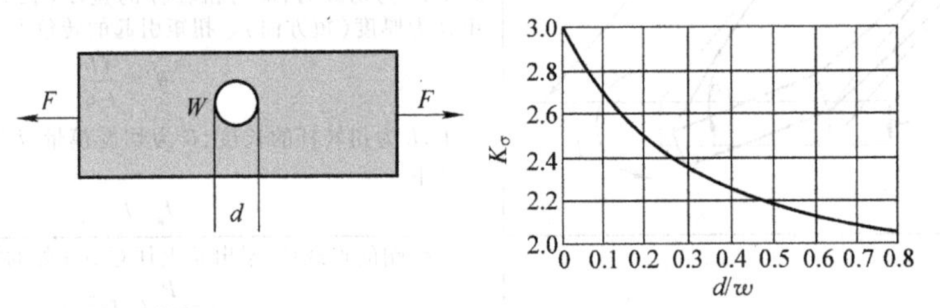

图 28.4-32 带有圆孔的平板在轴向加载时的应力集中

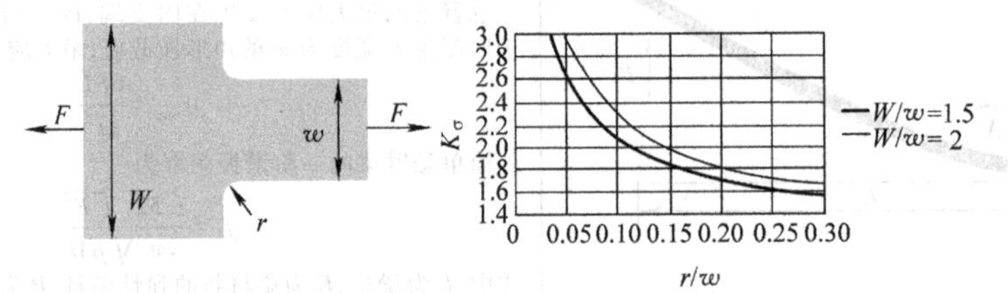

图 28.4-33 带有圆形倒角的变宽度平板在轴向加载时的应力集中

5.1.3　屈曲

如式（28.4-30）所示，当短柱体受到挤压时，可以简单地用载荷除以横截面积计算平均压应力。柱体上施加的压应力载荷超过一定限度时就会发生屈曲。当载荷低于屈曲阈值时，在压应力载荷作用下的柱体变短且保持平直。当超过了屈曲阈值时，柱体在垂直于轴的方向上发生形变且应力迅速增大。除了压缩外，柱体产生了弯曲应力，这是由于柱体偏离了力的作用线造成的。由于弯曲使得梁的内表面也产生压应力，两种压应力相加可能使梁发生断裂。

屈曲和弯曲有很大不同。只要存在力矩（弯曲载荷），梁就会发生弯曲。但是在临界载荷到达之前，柱体并不会发生横向偏移。超过临界载荷的负载使得横向变形大大增加。由于多晶硅具有良好的弹性，因此可以设计出不发生屈服的屈曲柱体。如果没有发生屈服，那么在载荷撤销之后，柱体就会恢复原先平直的状态。如果设计合理，屈曲柱体可以用于实现离面弯曲。

对于一端固定、另一端自由的柱体（如悬臂梁），引起屈曲的临界载荷为

$$F_{CR}=\frac{\pi^2EI}{4L^2}\tag{28.4-34}$$

式中，E 为弹性模量，I 为柱体截面的惯性矩，L 为柱体长度。

屈曲的临界值不能大于材料可以承受的最大作用力。换句话说，如果屈曲所需的载荷超过了材料的压缩强度，则柱体在屈曲之前就已经因断裂而失效。

5.2　失效机制

5.2.1　离面结构的垂直浮动和机械干扰

表面微机械组件的一个典型特征是厚度比宽度小得多。由于低压化学气相淀积的淀积速率和薄膜中的应力限制，在平面法向上，厚度被限制在几微米。在衬底平面上，结构的跨度可能达到几个毫米。这些因素导致表面微机械结构通常只有很小的纵宽比，并且由于部件厚度的限制，平面法线方向上的刚度存在问题，因此表面微机械的设计必须在三维方向上对结构进行设计，并且要考虑结构相对于衬底平面做离面运动的问题，一个潜在的问题是：在同一多晶硅结构层中加工的齿轮不能啮合，因为一个或者两个齿轮都发生了翘曲。另一个问题是结构运动时，其上方或下方的其他结构会对其产生干扰，而理想情况下两个结构是在不发生接触的情况下相互掠过的。以上这两种情况在实际中都有出现。

减小啮合齿轮垂直方向上相对运动的方法是提高转毂半径和齿轮半径的比值。

由于齿轮在垂直方向的位移也受到衬底的限制，因此限制垂直位移的一种方法就是在齿轮底部构造一些凸点。凸点通常相互远离，具体情况决定于齿轮的刚度以及对黏附作用的考虑。通常，凸点只占表面积的百分之一以下。

另一个限制表面微机械组件垂直运动的方法是在齿轮或其他运动结构的上面或者下面制作夹片。夹片的目的是限制齿轮的垂直移动，保证齿轮间的啮合。夹片中间为凸起结构，它进一步减少了齿轮的垂直浮动。

纵向柔软的结构会加剧表面微机械组件的垂直运动。解决这个问题的方法是使表面微机械组件在垂直方向上足够坚硬。为了增加垂直方向上的刚度，结构的厚度应该增加而长度应该减小。如果弹簧常数增加了，将结构拉向衬底则需要更多的能量。增加垂直方向上刚度的另一个方法是增加厚度，但是这种方法的效率不高。作为以上的补充，一个完全不同的方法是改变凸点的尺寸，使它大于齿轮的齿间距。

另一个在表面机械装置中引起垂直运动的原因是静电力，它来源于电介质中的固定电荷，如氮化硅和氧化硅中的电荷，尤其是氮化硅中的电荷不可移动，它们使得结构相互吸引。在加速度计和陀螺仪中，这个问题是致命的，因为设计使得器件对检测质量块的垂直移动十分敏感。除了在工艺过程中避免钠离子的引入之外，集成电路工业界消除陷阱电荷的技术对于 MEMS 并不适用。目前，消除陷阱电荷影响的最好方法是避免电介质被射线或高能电子照射。另一个方法则是将可动部件用接地的金属板屏蔽。

当结构的电位被浮置时，静电力的问题变得突出。在这种情况中，浮置电压最终会引起结构的吸引，如同介质俘获电荷的情况一样。解决这一问题的方法是将所有的电位固定下来。对于电介质，需要用接地的导体将它与其他结构隔离。对于旋转的齿轮或其他与衬底没有电连接的结构，转毂或者其他约束结构必须接地。如果约束结构和可动部件偶尔发生接触，则可动部件可通过约束结构放电。浮置部件间的静电吸引是一个令人头疼的问题，因为不同导体和电介质上的电势变化是随机的，导致结构间的相互吸引无法预测。

5.2.2　电学短路

由导电材料构成的表面微机械装置存在一种特别的问题，即装置中的短路问题。一种常见的情况是梳状执行器的叉指相互接触。另一种情况是可动结构，

如齿轮或快门上的凸点和下方的导体接触。裸露的多晶硅（及硅-锗材料）既不是良好的导体，也不是良好的绝缘体。即使结构被抗黏附薄膜或本征氧化物覆盖，绝缘性仍然不佳。本征氧化物覆层和抗黏附层一般会被静电执行器使用的高压击穿。由于各层结构之间通常没有绝缘的电介质，因此设计者只能从避免不同电势的导体相互接触的角度来解决问题。一种方法是使结构（特别是梳状结构）在运动方向以外具有足够的硬度，另一种方法是利用机械阻挡或者约束结构防止不同电势的导体相互接触。

5.2.3　光刻误差

工艺误差是各种机械设计中普遍存在的问题。在表面微机械装置中，由于工艺误差接近于部件的尺寸，因此这是一个严重的问题。例如，假设悬臂梁弹簧的宽度为 2μm，宽度误差为 0.2μm，悬臂梁梁弹簧的弹簧常数为

$$k=\frac{Ew^3t}{4L^3} \tag{28.4-35}$$

由于 w 和 k 为三次方关系，w 的很小变化将会导致 k 的很大变化，如果宽度变化 1%，那么弹簧常数约变化 3%。有一些方法可以减小尺寸变化带来的影响。首先，不要设计小尺寸的器件，由于线宽与尺寸误差并不同时缩小，尺寸误差通常是固定的。例如，5μm 宽的梁尺寸减小 0.2μm，弹簧宽度的变化只有 4%，弹簧常数变化约为 12%，而 1μm 宽的梁减小相同的尺寸，线宽变化 20%，且弹簧系数变化了 49%。

5.2.4　提高机械装置可靠性的方法

有多种方法可用于提高表面微机械装置的可靠性。表面微机械装置一个常见问题是装置和衬底的黏附。黏附既可能发生在释放之中，也可能发生在释放之后。避免黏附的方法之一是使装置在垂直方向上具有足够的硬度。避免黏附的方法之二是减小平坦组件的交叠面积，如使用凸点。如果每 75μm 构造一个 2μm×2μm 的凸点，则凸起使得接触面积减小了 1000 倍以上。其次可以在齿轮或其他结构中进行大面积的掏空。

提高表面微机械装置可靠性的另一个方法是了解技术的局限性，这是十分重要的。因为在 MEMS 领域，没有充分的了解就不能对工艺步骤进行合理的改进，因此，设计者必须对制造工艺和封装工艺进行实际的操作并且了解加工工艺的局限性。设计者必须预见加工工艺中可能出现的问题，并且保证当问题出现时，器件仍然可以正常工作。例如，引入大量导电粒子的释放工艺与静电驱动的梳状结构不能兼容，导电粒子可能积聚在叉指之间，造成结构短路，而热执行器制作在绝热的衬底上通常是较好的选择。同样，非气密性封装和易于由潮湿造成黏附的器件不能兼容。

提高表面微机械装置可靠性的最后一种方法，是在设计的同时考虑 MEMS 封装。封装可以使表面微机械装置不受粒子、潮湿和使用的影响。同时，它也带来了一些问题，如贴片时去除水汽的问题。

5.3　应用实例

5.3.1　微马达

多晶硅装置中最重要的元件之一是微马达。图 28.4-34 所示为微马达的示意图。一个梳状驱动器通过滑块曲柄装置与齿轮相连，另一个梳状驱动器用于控制齿轮通过上方和下方的静止点。梳状驱动器是静电器件，利用边缘场可以在较大的位移范围内产生均匀的作用力。由于齿轮的惯量不能使齿轮通过上方和下方的静止点，因此需要两个梳状驱动器。这个器件的重要特征是：将线性力矩转化为旋转力矩，使执行器和驱动齿轮之间的梁产生弯曲。弯曲是通过多晶硅连杆实现的，连杆的长度为 40μm，宽度为 1.5μm，厚度为 2.5μm。

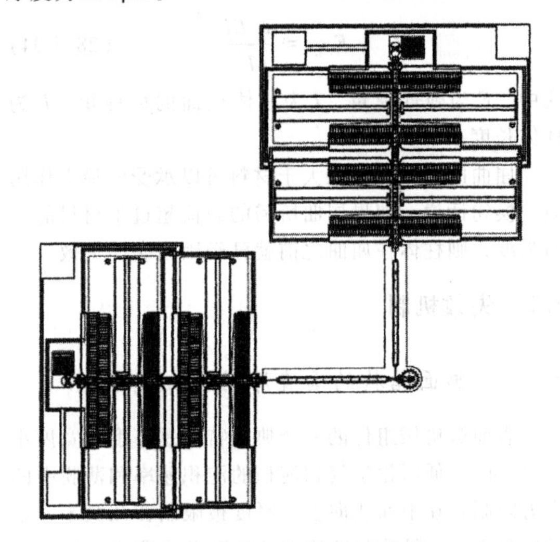

图 28.4-34　微马达的示意图
执行器尺寸为 2.2mm×2.2mm，
产生了大约 55 pN · m 的转矩

5.3.2　抗干扰齿轮鉴别器

抗干扰齿轮鉴别器包含两个带有编码齿的齿轮，齿轮由微马达驱动。反转制动杆限制了齿轮只能逆时针旋转而不能顺时针旋转。齿轮带有三层转齿，如果齿轮的转动次序不对，则转齿将相互干扰。只有次序正确的驱动信号才能使齿轮转动，并打开光快门。如果出现机械干扰，装置不能逆时针旋转，而由于制动

杆的限制，装置也不能顺时针旋转。抗干扰和相互啮合的齿轮鉴别器分别如图 28.4-35 和图 28.4-36 所示。图 28.4-35 中，带有五个轮辐的大齿轮为编码齿轮，反转制动杆与梳状驱动器、右下方长梁以及左上方长梁相连。图 28.4-36 中，左侧的齿轮齿在顶层多晶硅上，右侧的齿轮齿在底层多晶硅上。如果齿轮不倾斜或歪曲，则齿轮齿将顺利通过而不被干扰。齿轮具有三层相互啮合的轮齿，在多达 1600 万种可能的转动次序中只允许一种次序正常工作。由于一层上的轮齿不会对另一层产生干涉且执行器必须和编码齿轮啮合，编码齿轮的垂直位移受到一定的限制。通过编码齿轮下的凸点，垂直位移被限制在 0.5μm 以内。直径为 1.9mm 的编码齿轮可能发生翘曲，利用附加多晶硅层形成的肋条可以控制翘曲，制动杆限制了大编码齿轮的反向旋转。器件在一个方向旋转的同时防止了另一个方向上的旋转。

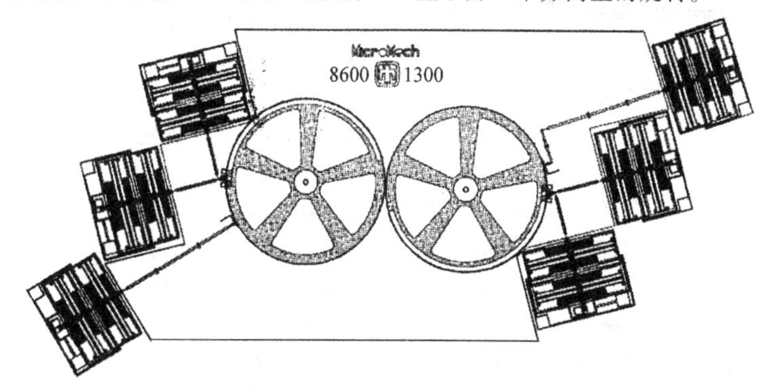

图 28.4-35　抗干扰齿轮鉴别器

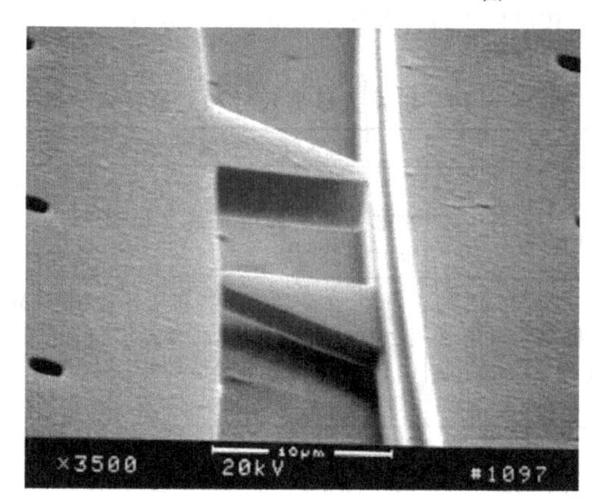

图 28.4-36　相互啮合的齿轮鉴别器

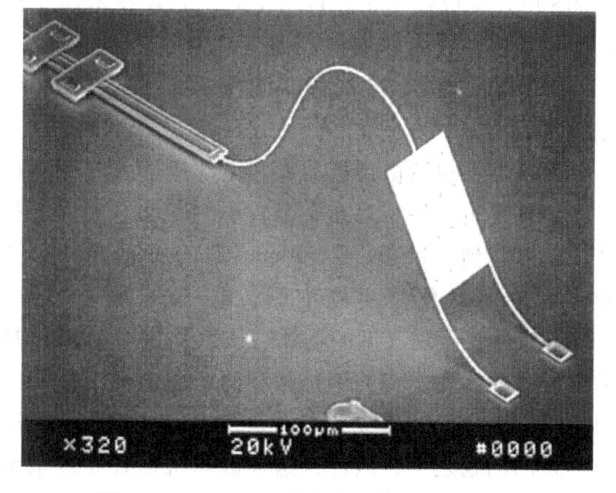

图 28.4-37　以屈曲方式工作的可动微镜

5.3.3　柔性微镜

柔性微镜的制作可以由任意具有单层以上释放层的表面微机械工艺实现。这种器件可以是微镜、光快门、微阀或者任意相对于加工平面做离面运动的结构。如图 28.4-37 所示，微镜包含一个柔软的长梁，梁与平板相连，平板又通过另外两个柔性梁与锚区相连。器件以屈曲方式工作。当作用在长柔性梁上的力指向锚区时，结构受到压应力作用。当力超过了式(28.4-34) 给出的临界值的时候，结构屈曲。由于长梁在平行于衬底方向上的尺寸比垂直于衬底方向上的尺寸更大，因此屈曲倾向于远离衬底平面。同样，由于平板和两锚区梁的宽度比长梁更宽，因此弯曲主要发生在长梁上而不是平板或锚区梁上。

另一种是以刚体模式工作的垂直铰链结构。在表面微机械加工中，铰链用于制作三维结构。通过两层多晶硅结构相互嵌套、中间由牺牲层隔开的方法制作铰链。图 28.4-38 所示为铰链结构。铰链和柔性接头相比具有以下优点：没有应力传递到铰链，因此它可以转动更大的角度；同样，铰链结构的性能也不受材料厚度的影响；铰链不需要发生机械形变。铰链结构的局限性在于牺牲层必须足够厚才能使铰链转动且至少需要两层牺牲层材料。

在表面微机械装置中，铰链也存在一些问题。由于滑动面不是弧面且没有润滑剂的作用，因此铰链中存在摩擦力。此外，系统往往也受到较大的冲击作用。第三个问题与铰链的旋转能力有关，通常，当结构通过铰链和表面微机械执行器相连时，旋转微镜所需的转动力矩不大。

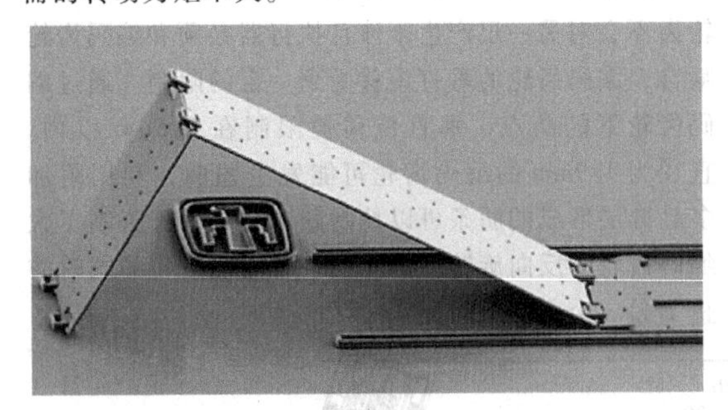

图 28.4-38　铰链连接的多晶硅微镜

6　微机器人

早在1959年，诺贝尔奖获得者Feynman教授在著名演讲中就提到了微尺度物体的制造和操纵问题。Feynman提出的方法是利用微型机械（即微型机器人）本身去制造或组装其他微机械和微型系统。这种方法实际上是一种混合加工技术，或者说是串行加工技术（一个一个部件依次组装）。这和基于IC的MEMS单片集成技术正好是相反的，芯片技术属于批量加工工艺，或者说是并行加工工艺（一次加工一批）。IC的这种工艺被MEMS沿用，成为其主要方法。

微机器人包括微型机器人和微动机器人。微动机器人系统是指末端工具在一个较小的工作空间内进行系统精度达到1~5μm或100nm~1.0μm的操作，被操作的主要对象是生物细胞、电子/光电子元件、MEMS元件等微观尺度的物体。该系统进行的操作是微细的，而装置本身并不是微型的。因为把不同功能的传感器、执行器集成到一个系统中，是微系统制造最重要的问题之一，因此，这种微动机器人在微系统中的机器人称为“用机器人做MEMS”。微型机器人则尺寸必须足够小，而MEMS技术本身就是缩小机器人的重要途径，因此微型机器人是基于MEMS的微机器人，称为“用MEMS做机器人”。

开发微机器人技术，其主要目的就是用它来组装微系统，微机器人技术可以组装出单片工艺所制造不出的复杂系统，也可以用来组装各种精密部件，如微型手表等。除了做组装外，微机器人的应用领域还有很多，如微创手术（MIS）中的可操纵导管等。

6.1　微机器人定义

目前研究者主要关心如何制造各类微机器人器件，包括微操作工具、微运输器或移动机器人等。微机器人这个概念实际上涵盖了相当大的范围。它既可以指整个微机器人系统，也可以用来指其中的关键部件，如可转动铰链、微型夹子、微运输器以及移动机器人等。这和MEMS这个概念比较类似。MEMS不只是说微系统本身，也指与之有关的各种材料、工艺及器件。因此，micromechatronics（微机电）、micromechanism（微机构）、micromachines（微机器）、microrobots（微机器人）等均可指微机器人。

（1）按尺寸定义

传统观念上，人们将微机器人设想为按比例缩小的宏观机器人，具备宏观机器人的各种功能，如操纵、运输物体等，唯一的区别只在于尺寸不同。因此，可以将微机器人定义为“能在微米到亚微米空间，移动、加力和操纵微米/亚微米尺寸物体的器件”。但需要补充的是，很多时候还需要微器件具有长程移动的能力。这种基于传统观念的定义方式是相当宽泛的，可以涵盖很多微小器件，甚至连体型较大的微操作系统也可以包括在内。这种微操作系统尺寸在分米量级，可以实现某些非常精确的微操作（微米甚至纳米量级）。

（2）按制造方法定义

按照尺寸和制造技术将微机器人分为三类，见表28.4-10。

表 28.4-10　机器人根据尺寸和制造技术分类

类别	尺寸和制造技术
小型机器人或迷你机器人	尺寸在分米量级，利用精密工艺将小型部件或某些微机械（如MEMS传感器）组装而成
基于MEMS的微机器人（通常简称为微机器人）	尺寸在微米量级，利用各种硅MEMS技术加工而成的“高级芯片”，包括体工艺、表面工艺、微铸模等批量加工技术
纳米机器人	尺寸在数百纳米量级，和生物细胞相近，利用非标准机械工艺制成，如细胞工程等

（3）按机动和功能定义

除了上面的定义方法外，还可以按机动和功能来定义。总的来说，表28.4-10中所列的三类微机器人都会包含传感器、执行器、控制单元和能源。这些元件无非是为了实现以下4种主要功能：①移动和定位功能（有或没有）；②操纵功能（有或没有）；③受控功能（有线或无线）；④自立功能（能量自带或外给）。

按功能划分，微机器人分为移动、操纵、受控和自立4种。

6.2　微机器人应用领域

6.2.1　基于MEMS技术的微机器人应用

微机器人的用途最早由Feynman在21世纪50年

代末期提出。他认为机器人变小后主要可用来实现微型工厂和（在病人血管里）微型手术这两个用途。

用基于MEMS技术的微机器人来实现可操纵导管和内窥镜，可以达到计算机辅助手术（CAS），甚至是网上手术的目的。方法是用MEMS技术做出体积很小、反应灵敏的程控实时内窥镜，其中装配有微执行器、各种传感器和光源等，还可以把图像处理单元集成进去。然后利用遥控技术使其进入血管中，到达特定患区，在那里执行各种测量和微操作任务，包括夹持、切割、压脉止血、划口、抽吸和清洗等。这种技术一旦实现，将有望取代常规手术技术，但实现起来会遇到诸多问题，包括摩擦、难以导航、材料的生物适应性等问题。此外，目前这种器件还做得不够小。

用基于MEMS技术的微机器人还可以实现微组装、微工厂、测量（利用微电子芯片测量材料和表面特性）、检测和维修、生物实验（摄取、排列和组合细胞）、生物工程和微光学操作（对准微光学芯片、微棱镜和透镜等）等。可以看出，这些应用很多都要求能对微小部件进行自动操作和亚微米级别的精密组装。因此，下面将着重讨论微组装和微机器人辅助组装等技术。

6.2.2　微组装应用

微组装这个概念在微机器人技术中有两方面的理解。“用MEMS做微机器人”是微组装，“用微机器人做MEMS”也是微组装。前者是用并行工艺进行批量自组装，如机器人的三维（离面）活动部件（手、脚之类）的自动对位等，后者是用串行工艺进行混合系统组装。

MEMS加工工艺大都是批量、在线工艺，尤其是表面工艺，可以一次性把圆片上所有的结构加工、组装到位。这样做有着非常显著的优点，特别是用MEMS制造包含马达、齿轮、铰链等结构的复杂微机械系统时，可以轻易实现微米量级的对准精度。在制作复杂微机器人或是微光学系统时，往往会同时用到并行和串行组装。例如，将每个微镜器件从平面上分别竖起形成光学系统的操作是由各个微马达串行实现的，而微马达本身则是由并行的批量工艺（光刻、薄膜淀积和刻蚀）加工出来的。

除了上面提到的工艺外，其他MEMS工艺可以实现微结构的离面旋转功能。利用结构的离面旋转不仅可以组装微光学系统，还可以组装微机器人器件本身。但对于微机器人应用来说，表面工艺的结构刚度不够，不适合用来加工其手、脚部件，一般可以用体工艺来加工。体工艺和表面工艺一样都能加工出复杂的微系统。体工艺中经常会用到多层异质圆片的直接键合。体工艺的缺点在于结构尺寸偏大，通常会比表面工艺大一个数量级。加工结束后，还可以进一步利用圆片级封装工艺对微系统进行并行、批量封装。

尽管理论上来说，整个系统制造从头到尾都可以采用并行工艺，而且这种工艺可以实现微电子和微机械的单片集成，但事实上并不是非得这么设计才是最好。微电子和MEMS的工艺兼容性并不是很好。前者以CMOS工艺为主，而后者要考虑材料、机械、热、圆片尺寸等更多方面的问题。因此，以单片集成和圆片键合为主导思想的全并行组装方案经常不太实用。这时候需要用到串行组装方案，用微镊子、微夹子之类的微机器人器件，对各元部件进行单独的拾放操作，将其组装成系统。除了用微夹持方法外，还可以进一步用到微运输器件和小型机器人（同样会用到MEMS工艺），加强串行组装的能力。

除了并行的单片组装，和串行的拾放组装外，还可以将这两个思路结合在一起，用并行的方法进行原本需要串行操作的混合组装。除了组装完整的微系统外，还可以组装复杂的三维微结构。三维微结构在各个维度上的特征尺寸都很小（微米或亚微米），因此加工每个维度时都需要用光刻工艺。而光刻工艺本身是平面工艺，所以一种制造思路是，先用光刻工艺把各个维度的结构都在平面内做好，并预留微铰链、柔性连接等结构，然后设法通过离面维度的结构竖起来。竖起来的方法也可以分为并行和串行两种。并行是利用一些物理原理进行批量自组装，如表面张力或是聚合热胀冷缩效应等。此外还有很多其他的自组装技术。尽管技术方案很多，但并不是所有情况都能靠自组装来实现。很多时候还是要用串行组装方法，也就是利用内建马达，或是外部微操作器件逐个组装。很多基于MEMS技术的微机器人都需要具备三维的手脚结构，这些结构需要有较高的强度，还要能输出较大的力和位移。

6.3　微机器人制造方法

设计微机器人时，需要对各参数进行权衡考虑，包括行程、强度、速度、功耗、控制精度、系统可靠性、鲁棒性、力的产生方式和承载能力等。这些参数与执行机制有着密切的联系。下面将围绕这些参数展开详细介绍。

6.3.1　微执行器阵列

对于多数微执行器而言，一个器件能产生的力和所能承受的载荷是十分有限的，所以简单地将机器人各个部件缩小这个思路并不完全适合做微机器人。微机器人中经常会用执行器阵列来增大执行力和承载能力。并行批量工艺可以同时制造出执行器阵列，而且可以把微电子电路集成到机器人当中，增强其任务执行能力。在驱动执行器阵列时，既可以用同步模式，即所有执行器同时开关，也可以用异步模式，执行器分别开关。异步模式往往更好，可以实现更有效和协调的运动。为了增强对执行器的智能控制，还可以用上集成传感器，检测重量和位置等信息。

6.3.2　微执行器的选择

不同原理的微执行器有着不同的应用，它们做小以后性能也不尽相同。这就牵涉到是否应该设计微执行器阵列，以及选择何种微执行器的问题。压电、静电类执行器缩小以后可以降低功耗，加快执行速度（千赫兹以上）。但它们的驱动力和承载能力都太弱。磁和热执行器的力和位移都很大，但是它们的执行速度不够快，工作时需要较大的电流和能量，还要散热。选择和设计执行器时需要对这些参数进行权衡考虑，包括行程、强度、速度、功耗、控制精度、系统可靠性、鲁棒性和承载能力等。能产生较大力和位移的执行器更适合用作微机器人。只要能保证响应频率在几十赫兹以上，那么速度是比较次要的因素。表 28.4-11 为对这些微执行器各方面的参数比较。

表 28.4-11　微机器人中所用微执行器的参数比较

执行器类型	体积/10^{-9} m^3	速度/mm·s^{-1} 或 rad·s^{-1}	力/N	位移/m	功率密度 /W·m^{-3}	功耗/W
			力矩/N·m			
线性，静电	400	5000	10^{-7}	6×10^{-6}	200	NA
转动，静电	$(\pi/4)\times0.5^2\times3$	40①	2×10^{-7}②		900	NA
转动，压电	$(\pi/4)\times1.5^2\times0.5$	30①	2×10^{-11}②		0.7	NA
转动，压电	$(\pi/4)\times4.5^2\times4.5$	1.1①	3.75×10^{-3}②		90×10^3	效率 2.5%
线性，磁	0.4×0.4×0.5	1000	2.9×10^{-6}	10^{-4}	3000	NA
蹭式驱动执行器（SDA）	0.07×0.05×0.5	50	6×10^{-5}	160×10^{-9}	300	NA
转动，磁	2×3.7×0.5	150①	10^{-6}②		3000	效率 0.002%
转动，磁	10×2.5	20①	$350\times10^{-}$②		3×10^4	效率 8%
EAP（Ppy-Au 双层）	1.91×0.04×0.00008	0.2		1.25×10^{-3}	1.4×10^4	效率 0.2%
多晶硅热执行器	约 0.27×0.02×0.002	2	$(1/96)\times30\times10^{-3}$	3.75×10^{-6}	2×10^4	NA
双层聚酰亚胺热执行器	约 0.4×0.4×0.01	1~60	69×10^{-6} MPa	$(2.6\sim9)\times10^{-6}$	$<10^4$	16.7×10^{-3}
PVG 执行器	0.75×0.6×0.03	3~300	10^{-3}	$(10\sim150)\times10^{-6}$	10^5	200mW；效率 0.001%

① 转动执行器的速度单位是 rad/s，线性执行器的速度单位是 mm/s。

② 对于转动执行器而言，无从力矩中区分出的力和位移，因此只给出了力矩数据。

6.3.3　基于微执行器阵列的移动微机器人

自然界的生物家族给微机器人的设计带来很多启示。例如，在多脚移动机器人方面，人们首先研制成功的就是六脚昆虫式微型机器人；在微运输器方面，人们又是模仿纤毛的行动原理提出和实现了接触式微运输系统。利用这种方式实现移动或运输功能时，要求纤毛能产生足够大的力将物体或机器人举到一定高度（以防止黏附），以及推动它们进行面内运动。为了达到这个目标，有两种基本实现方式：一个是非接触方式，利用各种力场，如静电、磁或气动场，在物体和衬底表面形成一层间隙将两者隔离；另一种是接触方式，利用腿部件与衬底接触推动物体移动。为了避免黏附，腿部件需提升物体到一定高度。这种工作方式有多种实现方法，这些方法通常用的都是分布式微运动系统（DMMS）。

在用外力场控制执行器阵列时，分别控制每一个执行器的动作并不是一件容易的事情。因此除了异步走动模式外，还可以采用同步跳跃模式来运输和移动物体。所有执行器同时发力，使它们支撑的物体或机器人跳跃。跳跃以后执行器关闭，物体或机器人移动一定距离并降落，降落后继续发力，如此循环。

DMMS 系统的一个重大研发问题是执行器阵列的成品率问题。只要一个执行器失效就可能导致整个移动功能失效，因此设计时需要加入很多冗余、并行考虑。

6.4　微机器人器件

微机器人器件种类很多，可以简单到就是一个可操纵的微导管，也可以复杂到一个配置了各种微工具的全自动行走机器人等。其中有各种各样的微机器人器件，可分为微夹子、微运输器和移动机器人三类。

6.4.1　微夹子和其他微型工具

第一个出现的微机器人工具是面内运动的静电执行器，其构成了一个微夹子器件。它由表面多晶硅工艺做成，有两个钳臂。此后出现的夹子改由高深宽比工艺制成，可以进行准三维（离面）运动。这一类的夹子都属于悬空类器件，它们都是通过刻蚀衬底来形成独立的夹子结构的。设计夹子时，既然有较大的夹持力，也要有较大的位移。热执行器通常都能产生足够大的力，但如果只依赖单层材料的热膨胀原理，它所能产生的位移太小。这对面内器件的设计提出了挑战。

配合杠杆原理和铰链结构（有时还会有齿轮结构以传递力），无论是热执行器还是静电梳状执行器，都可以较方便地获得大位移和力。这些热执行器用的杠杆原理还可以进一步优化设计。除了常规的杠杆结构外，杠杆原理还有一种实现方法，就是巧妙利用材料在关键位置的热膨胀达到放大变形的目的。图 28.4-39 所示为一种利用热执行器和杠杆原理制造的微夹子。

此外还有用 LIGA 工艺做的微夹子。用 LIGA 可以得到和准三维运动的厚结构；除去用单一材料做热执行器夹子外，还可以用双层材料做离面运动的夹子；用表面加工多晶硅的微铰链结构制作离面夹子。这种铰链结构既可以做微夹子，也可以做微机器人的其他可动关节部件。

上述这些（静电执行和热执行）微夹子的主要缺点是生物兼容性不好。基于热、磁和高压电驱动方式的夹子都可能会破坏生物中的有机体。气动微夹子就可以避免这个问题。此外，既然是采用热执行原理，也可以利用形状记忆合金（SMA）执行器来避免加热温度过高的问题。已研制的 SMA 三维微夹子可以用来夹昆虫的神经，记录不同昆虫的神经活动规律。

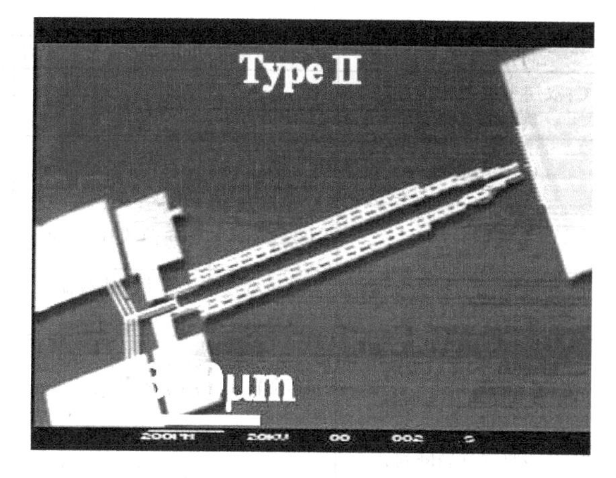

图 28.4-39　利用热执行器和杠杆原理制造的微夹子

在生物领域，微工具主要是用来操纵单细胞的。最好是这些微工具能实现大规模并行的单细胞操作和测量。细胞操作时，微夹持工具必须工作在液体环境中。而现有大多数微夹子都不能在水中工作，否则会短路或有其他故障。对此问题，或许可以采用一种导电聚合物的方法加以解决。这种导电聚合物在电化学氧化或还原时会发生显著的体积变化，常被称作电激活聚合物（EAP）或是微型肌肉。这种微型肌肉可用作微机器人手臂的组成材料，用于单细胞操作。

6.4.2　微运输器

已有很多利用微运输方式实现微机器人移动功能的方法。表 28.4-12 列出了这些器件的主要特点。它们大致可分为两类：非接触式和接触式系统。还可以分为同步驱动系统和异步驱动系统。

表 28.4-12　各类微运输器件的主要特点

器件微运输方式①	最大速度	运输对象，承载能力	步长，频率	执行器数，尺寸
CF：起动轴承（低摩擦漂浮）	慢	小片硅，<1.6mg	100～500μm，最大 1～2Hz	不详
CF：磁悬浮（Msissner 效应）+磁 Lorentz 力驱动	7.1mm/s②	Nd-Fe-B 磁滑道，8～17mg	不详	不详
C：双层聚酰亚胺腿部件③（悬臂梁），电热异步驱动	0.027～0.5mm/s	小片硅，2.4mg	$\Delta x=80\mu m$，($f<f_c$；33mW)，$f_c=10Hz$	8×2×16 条腿，每条长 500μm，总面积 $25mm^2$
CF：气动阀阵列，静电驱动	不详	小片硅，0.7mg	步长不详，$f=1Hz$	9×7 个阀，100μm×200μm，总面积 $6mm^2$
C：磁面内振动执行器，外磁场同步驱动	2.6mm/s④	小片硅，<222mg	$\Delta x=80\mu m$，$f_c=40Hz$	4×7×8 个执行器，每个 1400μm，总面积 $100mm^2$
C：转动硅尖，高 5μm，静电异步驱动	慢	玻璃片，1mg	$\Delta x=5\mu m$，f_c 在千赫兹量级	15000 个尖，180mm×240mm，总面积 $1000mm^2$

（续）

器件微运输方式①	最大速度	运输对象，承载能力	步长，频率	执行器数，尺寸
C：双层聚酰亚胺腿部件③，热静电异步驱动	0.2mm/s	硅芯片，250Pa	$\Delta x=20\mu m$，f_c 不详	8×8×4 条腿，每条长 430μm，总面积 $100mm^2$
CF：气动（喷气）	35mm/s⑤（平滑表面）	硅滑道，<60mg	不详	2×10 条，每条 50μm，总面积 $600mm^2$
C：直立硅腿⑥，异步热驱动	0.00755mm/s	塑料薄膜片，3.06mg	$\Delta x=3.75\mu m$，（$f<f_c$；175mW），$f_c=3Hz$	96 条腿，270μm，总面积 $100mm^2$
CF：平面电磁体阵列	28mm/s⑦（空载时）	磁体+外载荷，<1200mg⑦	不详	40×40 个线圈，每个 $1\times1mm^2$，总面积 $1600mm^2$
C：非直立硅腿阵列，异步压电或热驱动	不详	不详	$\Delta x=10\mu m$（$f=1Hz$，20mW），热驱动时 $f_c=30Hz$，压电驱动时 f_c 在千赫兹量级	125 个三角单元（腿），每个 400μm（300μm），整块六角形芯片面积 $18mm^2$
C：直立硅腿阵列，异步热驱动其聚酰亚胺关节	12mm/s⑧	小片硅，外部载荷，3500mg	$\Delta x=170\mu m$⑧，（$f<f_c$；175mW），$f_c=3Hz$⑨	2×6 条腿，每条 500μm，总面积 $75mm^2$

① C 表示接触系统，CF 表示非接触系统。
② 该超导体工作时需低温（77K）。
③ 腿直立时为自组装。
④ 每周期约 25ms，再快就会导致行动时跳跃且失控，8 个周期移动 0.5mm。
⑤ 对平滑块而言。速度受滑块表面质量影响。
⑥ 腿直立时为手动组装。
⑦ 与磁体和表面处理有关。
⑧ 如果加长腿长度，增加 V 形槽数目，还可进一步提高。
⑨ 还可进一步提高。减小聚酰亚胺部分质量，使腿变细，可以提高截止频率 f_c，频率越大，位移越大。

非接触式系统可以由气动、静电或电磁方式实现，利用这些力在系统和衬底之间形成空隙，使系统浮起。磁力浮动时可应用永磁体、电磁体或抗磁体（即超导）。非接触系统的主要优点是摩擦很小，主要缺点是它们对间隙距离敏感（也就是对载荷敏感），而且间隙距离很难精确控制。这类系统的负载能力通常都不太高。

接触式系统通过腿部器件与衬底的接触来推动系统。腿部器件可由热、静电或磁原理驱动，可以用同步也可以用异步方式驱动，后者更复杂但是更有效。

用磁和气动执行原理来做非接触式运输系统的缺点在于，需要在被运输的物体上专门做一个磁装置或滑道，才能达到运输目的。而基于热执行器的接触式系统就没有这个问题，它可以运输各种类型的对象（非磁的、非导体的、没有图形的、没有结果的）。但热执行器系统在工作时需要升温，这可能会限制它在某些场合的应用。一般来说，非接触式系统适合在超净环境中使用，因为运输器和被运物体之间如果发生接触，可能会产生一些碎粒，破坏超净的要求。

用非常结实的聚酰亚胺 V 形槽执行器也可以做微运输器。和其他微运输器相比，这种 PVG 结构的负载能力非常强，而且它的腿部件是自组装的，不用手动的去一个个直立起来。用 PVG 可以运输各种材料和形状的平板状物体，不像表 28.4-12 中所列的有些传感器那样需要制作额外的装置（如磁装置、滑道等）。PVG 系统的执行位移大，速度快，对待运输物体的表面粗糙度不敏感。驱动时每个热执行器可以单独控制，实现高效的异步工作模式。在设计时还可以采用平行设计方法，提高系统的冗余度，增强其可靠性。实验表明，该运输器工作性能良好，负载能力在所有 MEM 类微运输器中能达到最高。可运输的最大载荷可达 3500mg，运输时该物体放置在 115mg 的硅平板上。运输速度可达 12mm/s。运输时可以前后移动，也可以简单地转动。PVG 结构的工作寿命可以达到 2×10^8 个载荷周期，到目前为止还未观察到由疲劳导致的断裂失效。

6.4.3　行走 MEMS 微机器人

理论上来说，只要把上一节的微运输结构倒过来，就可以实现微机器人的移动功能。把接触式系统倒过来，就是可以实现走或跳的微机器人。把非接触式系统倒过来，就是可以实现浮动的微机器人。后者在实现起来一般比前者困难。

虽然把结构倒过来这个思路很简单，但已有的微运输器大多数在倒过来以后都不能支持自身的重量。此外，倒过来行动以后如何获取所需的能量也是一个问题。如果采用有线方法提供能量，那么会限制移动距离，而且线自身的刚度会影响控制。如果采用遥控或无线方法提供能量，则需要在机器人身上制作复杂的电路，况且微机器人执行器往往有较大的功耗，而用无线方法所能传输的能量相当有限。实际设计无线机器人时，人们尝试采用了太阳能电池的方法，执行原理方面尝试了低功耗压电执行器、静电梳状执行器以及尺蠖式执行器的方法。实际设计有线机器人时，人们尽量简化腿部件的工作机制，避免引入复杂的在线导航电路，以减少引线的数量。

（1）行走 MEMS 微机器人设计

行走机器人的设计有多种实现方式，大多模仿自然界生物。最可行的几种方案包括：

1）纤毛原理。

2）椭圆腿行动原理。

3）六脚昆虫原理，也就是螃蟹原理。

4）尺蠖原理。

5）振动原理。

摩擦对于微型机器人来说经常是不利因素，但如果利用摩擦效应实现机器人的移动功能反而使其成为好事。这种思路非常适合行走机器人的设计，已经渐渐成为重要的发展趋势。目前，研究者已经开始用摇摆工作方式和尺蠖马达，或是有灵活关节的执行器的方法，逐渐取代滑动摩擦和轴承马达的做法，这样可以避免磨损失效。

设计移动机器人时的主要问题是如何保证腿部件和关节部件具有足够的强度。很多工作采用的是表面加工的方法，这种方法制得的腿部件经常会较细，且强度不够。利用表面加工的微铰链结构制作腿部关节，用多晶硅梁对三角形的多晶硅腿部件进行刚性连接，用线性静电不仅使马达进行运动，一定程度上还提高了腿部件的强度。

在基于表面微加工多晶硅微铰链的微机器人中，多晶硅腿部件都是先加工好再手动竖立起来的。多晶硅铰链技术的缺陷在于长期工作后容易发生磨损。利用表面加工多晶硅平板和刚性聚酰亚胺关节构成的骨骼结构来制作昆虫状微机器人，这种做法就可以减小磨损的伤害。这种机器人由外部振动场（无线）来驱动。通过改变腿部件的质量和弹簧常数，可以改变其机械谐振频率，从而通过不同的外部谐振振动来加以驱动。该机器人在工作时可以“抖动”方式向前、左和右方向行进。但它在工作时必须依赖振动台作为基地，这也限制了它的应用。此外，腿部件很容易被表面力黏附在振动台表面，需要在设计上加以解决。

欧洲的 MINIMAN 微机器人项目中研究了多种小型微机器人。到 2000 年为止，他们研究的小型机器人以及微机器人可以达到五个自由度的微操作水平。利用高精度 CNC（计算机数字控制）机器加工出绿色陶瓷体作为机器人的定子部件，同时将驱动部件单片集成到定子基板上。整个机器人主体由两块压电定子单元背靠背组合而成，每个定子单元有六个可单独控制的腿部件。底下的定子单元用作定位，可以在平面上水平移动。上面的定子单元用于操作，如转动一个球。这种利用多层压电执行器来实现行走和操作的方法，可以达到较高的处理速度、力和精度。将来还将把驱动、控制电路同定子单元集成在一块柔性印制电路板上，电子芯片就放在两块定子单元之间，从而提高整个器件的集成度。

（2）行走微机器人的冗余设计

在设计基于执行器阵列的分布式微运输系统时，一个重要问题就是执行器的成品率问题。一个执行器不工作就可能导致整个系统失效，因此，需要尽量通过冗余设计方法提高系统可靠性。例如，腿部件可由多层压电材料叠层形成，每层压电材料之间夹着金属电极。一层压电厚只有 50μm，所以整个 1mm 长的腿部件是由多层压电材料和电极叠成的，这就对每层材料的成品率提出较高要求。为了防止失效，制作时将每个腿部件的各层金属电极从侧面边缘位置进行并联，以获得较大的设计冗余度。但这种设计也不是越多越好，多了就会凸现引线对机器人工作的影响。在设计中，定子单元和柔性印制电路板相连，冗余并联的线都和表面印制电路直接互连。可以看出，这样设计产生的引线数目还是很多的。实际上可以将这些冗余引出与一个表面组装的转接器相连，从而尽量减少引出线数目。如腿部件都是并联的，这样设计就不用太担心它们的可靠性问题。如果一个腿部件坏了，其他的还可以正常工作，因为它们是并联供电的。这种设计就比很多采用串联供电方式的分布式微系统要好。但也需要注意，不能让坏掉的腿部件卡住其他正常腿的工作。除此之外，还可以对驱动方式进行冗余设计，如可以设计多个加热电阻，这样部分电阻不工作（或电阻与金属间的接触失效）时还可以用其他部分代替。

（3）机器人驾驶

最简单驾驶 CMS 行走微机器人的方法是直接控制两列执行器的工作相位，一列向前，一列向后，这样机器人就可以像爬虫一样行动。驾驶 CMS 微机器人左右行走的方式包括：

1）改变功率。改变功率可以使 x 方向步进距离增加，但同时也会使 y 方向起伏增加，使机器人走起来一颠一颠的。

2）改变频率。增加腿的频率会使 x 方向和 y 方向步长都缩小，同时也会使机器人能走起来有些颠。

3）功率和频率结合。使步长相等，但一边的腿比另一边的腿频率快，可以使机器人的左右行走变得顺畅。

此外，还可以用 x 和 y 两个方向的二维腿阵列来实现机器人驾驶。但这么设计时需要尽量减少引出线的数量。在微运输系统方面，目前已经实现了 CMOS 驾驶电路与机器人系统的单片集成，但实现起来有一定难度，因为会牵涉到引线过多的问题。

6.5 微工厂或桌面工厂

Feynman 在 1959 年的美国物理学会上的演讲中描绘了一个全新的物理应用领域，也就是微型系统。他提出用小机器制造更小的机器或系统的微系统制造方法。然而这种思路目前还没能在 MEMS 领域得以实现。事实上，我们用的是很大很大的机械来制造小系统（如用大型真空腔来蒸发很薄的薄膜）和研究微观问题（如用大型粒子加速器来研究基本粒子性质）。

MEMS 技术通常被认为会引起硅系统技术的下一次革命（也即系统微型化）。利用 MEMS 传感器和执行器，硅系统打破了纯电路的束缚，开始可以同环境发生交互。MEMS 中很多应用成功的工艺都是从集成电路的工艺中移植而来的。这一类工艺的设备通常非常巨大和昂贵，但是它们可以进行批量制造，从而显著降低了大规模生产时的成本。但正如前文所说，除了这种源于 IC 的批量制造思路以外，今天人们还在研发其他的制造方法。这些方法可以制造出平面化 IC 工艺所加工不出的更加灵活多样的结构（真正的三维结构），而且可以采用常规半导体和薄膜以外的材料。例如，精密加工技术采用微型操纵工具用于局部加工，如钻、磨等。这种方法可以达到很高的精度，但是所花的时间也很长。为了提高其加工效率，一种可行的方法就是微工厂技术。微工厂用大量微机器人并行工作，完成各种所需的微操作。这种多机器人系统对微机器人技术提出了特殊的技术要求，包括无线供能（在线能量源，或遥控功能方法）和机器人间通信等。

很多微机器人研究者的最终目的是实现全自动机器人，并将其应用在多机器人系统，如微工厂中。本节所介绍的某些移动机器人是这些研究的第一步，但还远远不够。目前的研究还未能提供给完全自动的微机器人供能的合适方法。有些机器人的驱动方式，如聚酰亚胺 V 形槽执行器，以及一些热执行器，需要很高的功耗，因此需要研究一些降低功耗的方法。关于这一点，在设计上往往存在一个普遍的矛盾：结实而灵活的微执行器通常能耗都很高，以至于在线供能方式无法在指定时间内满足其需求。而利用引线来供能的方法则会受到引线刚度的干扰，这尤其不利于多机器人系统，因此最好能不用引线供能。为此，有些研究机构在着力研究微能源问题，如各种微能源发生器、热电单元、太阳能电池、燃料电池以及其他 MEMS 能源方法等。

除了供能问题外，还要研究无线传输驾驶信号的问题，以及研究其他的通信方法。其他无线方法包括声学、光学、电磁以及信号的热传输方法等。机器人之间的通信是多机器人系统设计中的大问题。一般来说，各种无线供能方法都可以用来实现信号通信，但也可以用其他的方法。在自然界中，蚂蚁通过在移动轨迹上留下气味来指引其同伴。

参考文献

[1] Chang Liu. 微机电系统基础［M］. 2版. 黄庆安，译. 北京：机械工业出版社，2013.

[2] Tai-Ran Hsa. MEMS和微系统-设计与制造［M］. 王晓浩，译. 北京：机械工业出版社，2004.

[3] 闻邦椿. 机械设计手册：第5卷［M］. 5版. 北京：机械工业出版社，2010.

[4] Menz W，Mohr J. 微系统技术［M］. 王春海，于杰，等译. 北京：化学工业出版社，2003.

[5] 利萨·格迪斯，林斌彦. MEMS材料与工艺手册［M］. 黄庆安，译. 南京：东南大学出版社，2014.

[6] Stephen D Senturia. 微系统设计［M］. 刘泽文，王晓红，黄庆安，译. 北京：电子工业出版社，2004.

[7] 黄庆安. 硅微机械加工技术［M］. 北京：科学出版社，1996.

[8] Madou M J. Fundamentals of Microfabrication［M］. London：CRC，1997.

[9] Elwenspoek M，Jansen H. 硅微机械加工技术［M］. 姜岩峰，译. 北京：化学工业出版社，2007.

[10] Brand O，Fedder GK. CMOS MEMS技术和应用［M］. 黄庆安，秦明，译. 南京：东南大学出版社，2007.

[11] 崔铮. 微纳米加工技术及其应用［M］. 3版. 北京：高等教育出版社，2013.

[12] Rao R Tummala. 微系统封装基础［M］. 黄庆安，唐洁影，译. 南京：东南大学出版社，2005.

[13] Tai-Ran Hsu. 微机电系统封装［M］. 姚军，译. 北京：清华大学出版社，2006.

[14] Ken Gileo. MEMS/MOEMS封装技术［M］. 中国电子学会电子封装专委会，译. 北京：化学工业出版社，2008.

[15] Tabata O，Tsuchiya T. MEMS可靠性［M］. 宋竞，尚金堂，唐洁影，等译. 南京：东南大学出版社，2009.

[16] 玛瑞克，等. 汽车传感器［M］. 左治江，译. 北京：化学工业出版社，2004.

[17] 方肇伦. 微流控分析芯片［M］. 北京：科学出版社，2002.

[18] 林炳承，秦建华. 微流控芯片实验室［M］. 北京：科学出版社，2006.

[19] 板生清，等. 光微机械电子学［M］. 崔东印，译. 北京：科学出版社，2002.

[20] 泽田廉士，等. 微光机电系统［M］. 李元燮，译. 北京：科学出版社，2005.

[21] Vinoy KJ，Jose KA. RF MEMS应用指南［M］. 赵海松，邹江波，译. 北京：电子工业出版社，2005.

[22] Rebeiz GM. RF MEMS：理论、设计与技术［M］. 黄庆安，廖小平，译. 南京：东南大学出版社，2005.

[23] Sami Franssila. 微加工导论［M］. 陈迪，刘景全，朱军，译. 北京：电子工业出版社，2006.

[24] Kovacs G T A，Maluf N I，Petersen K E. Bulk micromachining of silicon［C］. Proc IEEE，1998，86（8）.

[25] De Boer M J，Gardeniers J G E，Jansen H V，et al. Guidelines for etching silicon MEMS structures using fluorine high-density plasmas at cryogenic temperatures［J］. Microelectromechanical System，2002，11（4）.

[26] Tong Q Y，Gosele U. Semiconductor Wafer Bonding：Science and Technology［M］. New York：John Wiley & Sons，1999.

[27] Schmidt M A. Wafer-to-wafer bonding for microstructure formation［C］. Proc IEEE，1998，86（8）.

[28] Christiansen S H，Singh R，Gosele U. Wafer direct bonding：From advanced substrate engineering to future applications in micro/nanoelectronics［C］. Proc IEEE，2006，94（12）.

[29] Bustillo J M，Howe R T，Muller R S. Surface micromachining for microelectromechanical systems［C］. Proc IEEE，1998，86（8）.

[30] Bosi M，Watts B E，Attolini G. Crowthand characterization of 3C-SiC films for MEMS application［J］. Crystal Growth and Design，2009，9：4852-4859.

[31] Trevino J，Fu X A，Mehregany M. Doped polycrystalline 3C-SiC films with low stress for MEMS（Ⅱ）：characterization using micromachined structures［J］. Journal of Micromechanics and Microengineering，2014，24：065001.

[32] Fu X A，Trevino J，Mehregany M. Doped poly-

crystalline 3C-SiC films with low: stress for MEMS (Ⅰ): deposition conditions and film properties, [J]. Journal of Micromechanics and Microengineering, 2014, 24: 035013.

[33] Bien D C, Rainey P V, Mitchell S J, et al. Characterization of masking materials for deep glass micromachining [J]. Journal of Micromechanics and Microengineering, 2003, 13: 34-40.

[34] Li X, Abe T, Esashi M. Deep reactive ion etching of Pyrex glass using SF6 plasma [J]. Sensors & Actuators A, 2001, 87: 139-145.

[35] Eklund E J, Shkel A M. Glass blowing on a wafer level [J]. Microelectromech Syst, 2007, 16: 232-239.

[36] NanoTM SU-8: Negative tone photoresist formulations 50-100 [EB/OL]. http://www.microchem.com.

[37] del Campo A, Greiner C. SU-8: a photoresist for high-aspect-ratio and 3D submicron lithography [J]. Journal of Micromechanics and Microengineering, 2007, 17: 81-95.

[38] Holmes A S, Pedder J E A, Boehlen K L. Advanced laser micromachining processes for MEMS and optical applications [C]. Proc SPIE, 2006, 6261: 62611.

[39] Takahata K, Gianchandani Y B. Batch mode micro-electro-discharge machining [J]. Microelectromech Syst, 2002, 11.

[40] Becker H, Heim U. Hot embossing as a method for the fabrication of polymer high aspect ratio structures [J]. Sensors and Actuators A, 2000, 83: 130-135.

[41] Giboz J, Copponnex T, Mele P. Microinjection molding of thermoplastic polymers: a review [J]. Micromech Microeng, 2007, 17: 96-109.

[42] Williams K R, Gupta K, Wasilik M. Etch rates for micromachining processing-Part II [J]. Microelectromech Syst, 2003, 12 (6).

[43] Quinn D J, Spearing S M, Ashby M F, et al. A systematic approach to process selection in MEMS [J]. Microelectromech Syst, 2006, 15 (5).

[44] Gad-el-Hak M. MEMS Handbook [M]. New York: CRC Press, 2002.

[45] Srikar V T, Spearing S M. Materials selection in micromechanical design: An application of the Ashby approach [J]. Microelectromechanical Syst, 2003, 12 (1).

[46] Srinivasan P, Spearing S M. Optimal materials selection for bimaterial piezoelectric microactuators [J]. Microelectromechanical Syst, 2008, 17 (2).

[47] Srinivasan P, Spearing S M. Effect of heat transfer on materials selection for bimaterial electrothermal actuators [J]. Microelectromechanical Syst, 2008, 17 (3).

[48] Srinivasan P, pearing S M. Material selection for optimal design of thermally actuated pneumatic and phase change microactuators [J]. Microelectromechanical Syst, 2009, 18 (2).

[49] Cugat O, Delamare J. Reyne G. Magnetic microactuators and systems [J]. IEEE Trans Magnetics, 2003, 39 (5).

[50] Bell D J, Lu T J, Fleck N A, et al. MEMS actuators and sensors: observations on their performance and selection for purpose [J]. Journal of Micromechanics and Microengineering, 2005, 15: S153-S164.

[51] Verpoorte E, De Rooij N F. Microfluidics meets MEMS [C]. Proc IEEE, 2003, 91 (6).

[52] Tsai N C, Sue C Y. Review of MEMS-based drug delivery and dosing systems [J]. Sensors and Actuators A, 2007, 134: 555-564.